JN007916

備え力がつく！

天気予報の見方聴き方

伊藤みゆき

近代消防社

はじめに

「災害は忘れたころにやってくる」と言われていましたが、近年は忘れる間もなく次々に災害が上書きされてしまっています。

防災の第一歩は、「いつも」を知ることだと思っています。

「いつも」を知ることで、「いつもと違う」を感じ取ることが出来ます。

晴れた空の色や雲の形も様々です。

風の暖かさや冷たさ、心地よい風や怖さを覚える風、ほっこりする陽射しや焼き付くような陽射し、やさしい雨音や激しく迫りくる雨音……日々同じようで何かが違います。

私自身は文系なので、気象予報士になるまでは「自然がなせる業」としか考えていなかった空の色や雨音の変化を、今では理系っぽく気圧配置などを用いることで説明できるようになりました。

日ごろから五感で受け止めている空や風のサインを、気圧配置や天気予報とともに受け取ることによって、今後の変化を察知し、それが災害から身を守ることにつながるのです。

担当しているラジオの気象情報では、「いつもの空や風」に興味を持っていただくことで、天気の変化や注意点をより身近に感じてもらえるように努めています。

ありがたいことに、リスナーさんからは空の現象や気圧配置、暦などに詳しくなったとのお声を頂くようになりました。

もう一つ大切なのが、気象情報を知ることです。

日本が誇るスーパーコンピューター、予報モデルを組み立てる研究者や気象庁の方々によって年々精度を高めている気象情報。上手く使うことがより安全に過ごす近道です。

ただ、気象情報は気象解説の仕事を続けてきたからこそ「有効だな」と思えますが、普通に暮らしていたら災害時にしか出会わないし、なかなか親しみがわかないと思います。

気象現象や気象情報の「経緯」を知ると、少し親しみがわいて、次に同じような状況になった時への備えになるのでは……この本がそのきっかけのひとつになったら嬉しいです。

なお、この本は解説の現場で私自身が体験したことをもとに綴っています。現象の分析ではなく、図などの資料も当時のものを気象庁に許可を得て使っていることをご了承下さい。

伊藤 みゆき

※本書に掲載する主な図表は、気象庁ウェブサイトから引用しています。写真については、筆者が撮影したものです。それ以外の場合についてのみ各図表に引用元を記載しております。

contents

CHAPTER 3 覚えておきたい防災キーワード

昭和から平成に空白の20年!?
2004年からは災害が頻発

気象災害が増えている?

近年は気象情報もきめ細か…
最新情報を得ることで難を逃れる確率も上がる

近年は暑さや大雨で命を落とす人が多くなっているといわれています。私は2023年で気象予報士になって26年ですが、確かに予報士取得の勉強をしていたころと今では状況がかなり変わってきたと感じています。

まずは、大雨の災害です。

試験勉強をしていた1996年ごろ、気象関連の本に**過去の大雨災害の例**に挙げられていたのが長崎豪雨と鹿児島豪雨でした。

長崎豪雨は1982年７月23～25日に長崎県を中心に発生した大雨による災害で、気象庁は**昭和57年７月豪雨**と命名。鹿児島豪雨は1993年に鹿児島県内で発生した**8．1水害**、**8．6水害**と呼ばれる集中豪雨を含めた一連の大雨災害で、気象庁は**平成５年８月豪雨**と命名したものです。

気象庁は顕著な災害を起こした自然現象について名称を定めています。命名することで、災害の復旧活動などが円滑に行われ、災害における経験や貴重な教訓が後世に伝承されることを期待しているそうです。

2023年現在、**気象庁が命名した気象災害は32現象**です。最初が昭和29（1954）年９月の洞爺丸台風、次いで昭和33（1958）年９月の狩野川台風、昭和34（1959）年９月の宮古島台風・伊勢湾台風と続き、32番目が令和２（2020）年７月豪雨です。

昭和で16現象、平成で17～29番目の13現象、令和で30～32番目の３現象です。

気象庁が命名した気象災害

	名称	期間・現象等
1	洞爺丸台風	昭和29年９月（台風第15号）
2	狩野川台風	昭和33年９月（台風第22号）
3	宮古島台風	昭和34年９月（台風第14号）
4	伊勢湾台風	昭和34年９月（台風第15号）
5	昭和36年梅雨前線豪雨	昭和36年６月24日～７月10日
6	第２室戸台風	昭和36年９月（台風第18号）
7	昭和38年１月豪雪	北陸地方を中心とする大雪
8	昭和39年７月山陰北陸豪雨	昭和39年７月18日～19日
9	第２宮古島台風	昭和41年９月（台風第18号）
10	昭和42年７月豪雨	昭和42年７月７日～10日
11	第３宮古島台風	昭和43年９月（台風第16号）
12	昭和45年１月低気圧	昭和45年１月30日～２月２日
13	昭和47年７月豪雨	昭和47年７月３日～13日
14	沖永良部台風	昭和52年９月（台風第９号）
15	昭和57年７月豪雨	昭和57年７月23日～25日
16	昭和58年７月豪雨	昭和58年７月20日～23日
17	平成５年８月豪雨	平成５年７月31日～８月７日
18	平成16年７月新潟・福島豪雨	平成16年７月12日～13日
19	平成16年７月福井豪雨	平成16年７月17日～18日
20	平成18年豪雪	平成18年の冬に発生した大雪
21	平成18年７月豪雨	平成18年７月15日～24日
22	平成20年８月末豪雨	平成20年８月26日～31日
23	平成21年７月中国・九州北部豪雨	平成21年７月19日～26日
24	平成23年７月新潟・福島豪雨	平成23年７月27日～30日
25	平成24年７月九州北部豪雨	平成24年７月11日～14日
26	平成26年８月豪雨	平成26年７月30日～８月26日
27	平成27年９月関東・東北豪雨	平成27年９月９日～11日
28	平成29年７月九州北部豪雨	平成29年７月５日～６日
29	平成30年７月豪雨	平成30年６月28日～７月８日
30	令和元年房総半島台風	令和元年９月（台風第15号）
31	令和元年東日本台風	令和元年10月（台風第19号）
32	令和２年７月豪雨	令和２年７月３日～31日

昭和29年の洞爺丸台風から令和２年７月豪雨まで32の現象が命名されている。命名することで災害における経験や貴重な教訓を後世に伝承する目的も。

洞爺丸台風〜令和２年７月豪雨32現象

番号	期間	内容
1〜16	昭和の29年間	（昭和29年９月〜58年７月）
	↓ ９年間ナシ	
17	平成５年	８月豪雨（８.６水害）
	↓ 11年間ナシ	
18〜29	平成16年	〜平成30年
	平成16年から頻発	
30〜32	令和	（令和元年房総半島台風〜令和２年７月豪雨）

気象庁が命名した気象災害には10年前後の空白が２度ある。16番目から18番目までの20年間には17番目の「8.6水害」しか命名されていない。18番目以降は毎年のように頻発。

ここで目に付いたのが、昭和の最後である昭和58年７月豪雨から次の平成５年８月豪雨までは９年間空白、その次の平成16年７月・新潟福島豪雨までは11年間空白で、平成16年からは毎年のように15現象起こっているということです。

つまり1983年から2003年の20年間では、平成５年８月豪雨しか命名された災害は起こっていないのです。私はたまたま空白の20年間に物心がついて気象予報士の勉強をして合格し仕事を始めたので、リアルな気象災害をほとんど目にしていませんでした。教科書に載るような災害はかなり昔のものしかなかったのです。

壊れた農業用ハウス
2016年４月17日、台風並みに発達した低気圧が日本海を北上、富山県内では記録的な南よりの暴風が吹き、大きな被害が発生。

2018年1月12日、強い寒気流入により能登半島で大雪。輪島では最深積雪49cmを観測。除雪作業をしていたとみられる高齢女性が死亡した。

ところが、NHKラジオで気象解説を始める前の2004年からは頻繁に大きな災害が発生、以前だったらその先何年間も教訓として残るような豪雨災害がどんどん上書きされていくのです。防災士養成講座の講習用に作成した「近年の気象災害年表」というスライドは毎年のように項目が加えられ、結局1枚には収まらず、2枚になってしまいました。名前がつかない台風や前線による大雨でも、その地域によっては大きな被害が発生していることもあります。そんな中で気象庁が命名するような甚大な災害が頻発しているのが近年肌で感じる怖さです。

次に暑さです。日本の最高気温の記録は2007年に熊谷と多治見で40.9度が観測されたことで74年ぶりに塗り替えられました。これも私が気象予報士になってからの大きなトピックスでした。ところが2023年までに41度、41.1度と2度更新され、40度を観測するアメダス地点も増えてきました。1933年7月25日、山形で日本の最高気温を観測した日はきょうは何の日的に記憶に残っていましたが、最近では日本の最高気温が出たのはいつだっけ？と検索して確認するようになりました。40度を観測したニュースも「今年は」「今年も」という形で伝えられ、いずれ毎年当たり前のように40度超の地点を数え、驚きも少なくなっていくのではないかと懸念しています。

厳しい暑さや甚大な気象現象が増えていく一方、災害を防ぐべく、気象庁の情報は種類が増え、予想地域が細分化され、予想精度も高くなってきています。2023年6月26日からは台風の中心が70％の確率で入るとされる予報円がこれまでよりも小さくなりました。予報技術等の改善で台風の進路予想精度が向上したことを踏まえ、**5日先の予報円は従来比で最大40%小さくなる**そうです。

地震や火山など地面の中の現象を予測するのはまだ難しいですが、空の様子を予測する気象情報がきめ細かになったことで気象災害から生命を守ることができる確率は高くなっていると感じています。

それには自ら最新の気象情報を得ることが大切です。

気象現象には予測精度が高いものと、まだ予想が難しいものがあり、それぞれの特徴などを知っておけばより安全・安心に過ごせると思います。せっかくいろいろな気象情報が出ているので、活用しない手はありません。

私自身が20年以上気象解説をする中で得てきたことをこの本でお伝えす

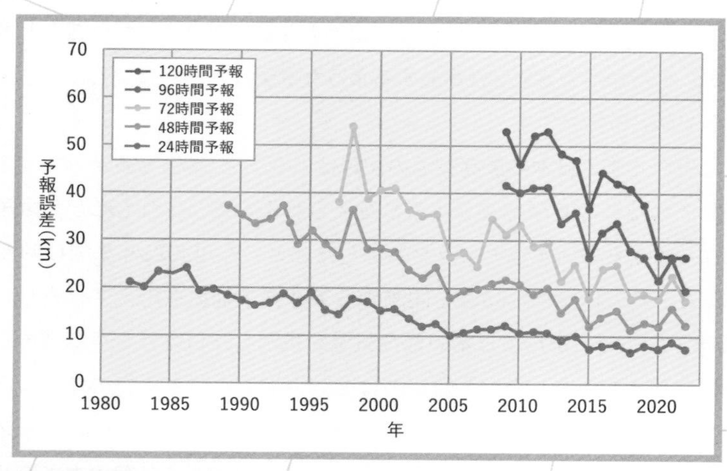

台風進路予想の年平均誤差

台風が発生してから消滅までの中心位置を、予想と実際の位置の距離（誤差）を求め、1年分を平均して算出。24、48、72、96、120時間予報（3、9、15、21時発表）をそれぞれ発表開始以降の年ごとに表示。進路が予測しやすい台風が多かったなど年々の変動があるものの、長期的に見ると進路予想の精度は向上している。数値予報モデルの改良や利用手法の改善等が向上の主な要因。2022年の誤差は、24時間先で72km、72時間先で172km、120時間先で267kmで、これまででそれぞれ、2番目、1番目、2番目に小さい値となった。

ることで、日々の天気予報を見聞きするコツをつかんで、より天気予報が身近になっていただけたら幸いです。

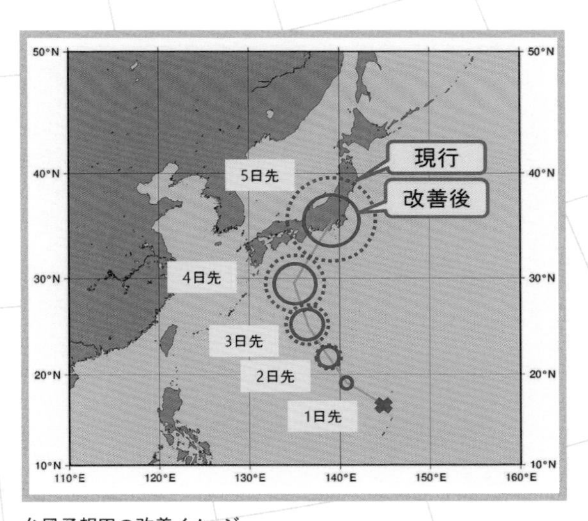

台風予報円の改善イメージ

令和元年東日本台風の例でみると、予報の信頼度が同じ場合、新たな5日先の予報円の半径が現在の4日先の予報円よりも小さくなる。

CHAPTER

1

備えることができる災害

① 台風

台風と温帯低気圧の違いは強くなるエネルギー源

台風ではなくなった…
で、むしろ注意が必要なのは広範囲の風

予め備えることが出来る気象現象は主に３つあります。台風、急速に発達する低気圧、日本海側の大雪です。

これらは比較的規模が大きい気象現象であるため、①コンピューターの予想精度が高いこと、②影響範囲が広く多くの人が災害に遭う恐れがあること、からも気象情報が重要です。

３つのうち、台風は熱帯低気圧、急速に発達する低気圧は温帯低気圧です。

熱帯低気圧と温帯低気圧の大きな違いは強くなるためのエネルギー源です。熱帯低気圧のエネルギー源は水蒸気。水蒸気は暖かい海面に豊富にあるため、熱帯低気圧は海水温が高い赤道近くで発生・発達することが多いです。

温帯低気圧のエネルギー源は性質の異なる２種の空気。低気圧付近でぶつかる暖かく湿った空気と冷たく乾いた空気のコントラストが大きいほど低気圧は発達します。

台風や低気圧が発達……天気予報やニュースで時々見聞きすると思いますが、どういうことでしょう？

ひとことで説明すると、発達＝風が強まるです。発達している状況を天気図上で目撃するのは、等圧線の数が増えていくことです。

地図の等高線は、同じ距離で線が無ければほぼ平ら。線の数が多い方が

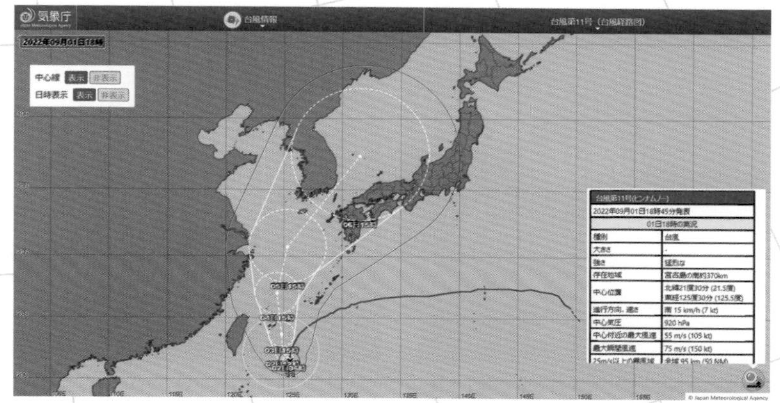

台風進路予想図

2022年台風11号　9月1日18時の実況に基づく台風の中心位置、進行方向と速さ、中心気圧、最大風速などが示され、青い実線で経路、白い破線の円で中心が入る確率が70％の予報円（この図では5日先まで）、赤い実線で暴風域と暴風警戒域、黄色い実線で強風域が示されている。（詳しくはQRコードよりアクセス。）

山や谷の傾きが急になります。天気図の等圧線も、**数が多い方が高気圧から低気圧への傾きが急**になります。

緩い坂より急な坂の方がボールは速く転げ落ちるように、天気図上で等圧線が増える方が、風が強まる（空気塊が速く落ちていくイメージ）ことになります。台風が発達して風が強まるのに必要なのが水蒸気、低気圧が発達して風が強まるのに必要なのが、寒気や暖気（性質の異なる空気）なのです。

毎年台風シーズンになると、たとえば「フィリピンの東で熱帯低気圧が台風15号になりました。台風15号は日本列島を北上し、三陸沖で温帯低気圧に変わりました」などと、台風から温帯低気圧に変わる報道があります。

このことを改めて整理すると、南の海上で雲がまとまって渦を巻き始めると熱帯低気圧が発生、さらに水蒸気をエネルギー源として強まって、最大風速が17.2m/sを上回ると台風に昇格（台風発生）。その後、日本列島に上

台風の一生

❶発生期　多くは赤道付近の海上で、入道雲が多数まとまって渦を形成。中心付近の気圧が下がり熱帯低気圧へ。風速が17.2m/sを超えると台風に。❷発達期　暖かい海面からの水蒸気をエネルギー源として発達、中心付近の風も急激に強まる。❸最盛期　中心気圧が最も低く、目がくっきり現れることも多い。❹衰弱期　海水温が低く水蒸気の供給が少なくなると、勢力が衰えて形が崩れてくる。

陸もしくは海水温が低い日本付近の海上を北上するうちに、水蒸気の供給が少なくなって台風は衰えてきます。

ところが、北上していくうちに、フィリピン付近には無かった**比較的冷たく乾いた空気**を巻き込むようになります。暖かく湿った空気の塊に、冷たく乾いた空気が混ざろうとすることで、温帯低気圧の性質を帯びていくので

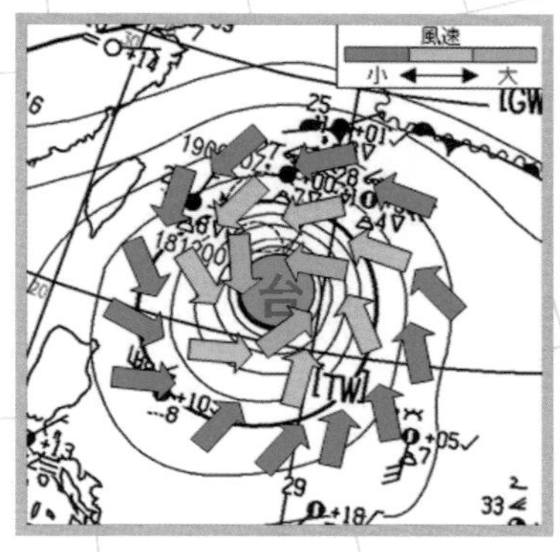

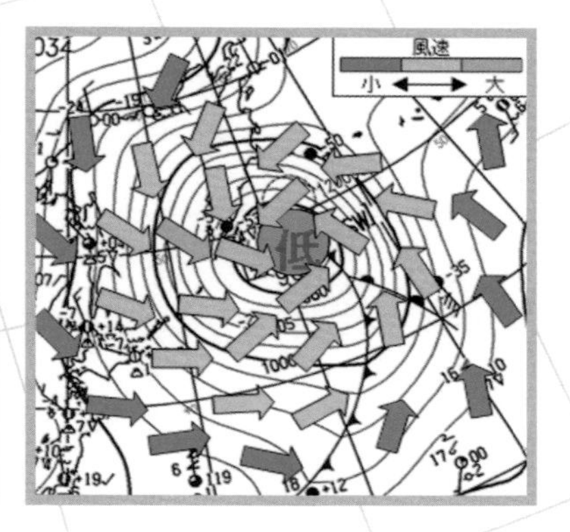

台風と温帯低気圧の風の吹き方
台風は中心付近に風が強い地域が集中し、温帯低気圧では中心から離れた地域でも風が強い。温帯低気圧には性質の異なる空気の境目に前線が現れている。

す。

丸かった台風の形が崩れてきて、天気図上でも**異なる性質の空気の境目＝前線**が現れてくると、間もなく温帯低気圧に変わるサインです。じきに、気象庁から**温帯低気圧に変わった**と発表があります。

台風でなくなったら安心というわけではありません。

温帯低気圧に変わってからの方が、**台風の時よりも強い風が広範囲に及ぶ**傾向が見られます。エネルギー源が変わって、再び中心の気圧が下がり、温帯低気圧として勢力が強まるのです。エネルギー源である冷たく乾いた空気を遠くからも引き寄せるため、すでに台風が通り過ぎて天気が回復している地域でも強い風が続いたり、低気圧の中心から離れた地域でも風が強まったりすることもあります。

台風の進路予想図で、台風が弱くなってきているのに、**逆に暴風域や強風域が広がる**のも温帯低気圧に変わりつつある状況です。温帯低気圧に変わると進路予想図が無くなってしまうので、特に北日本では注意する期間の目安が途絶えてしまいます。これは、低気圧に変わると、一般的に中心から離れたところに強風域や降水域のピークが出現するため、進路予想図を目安に

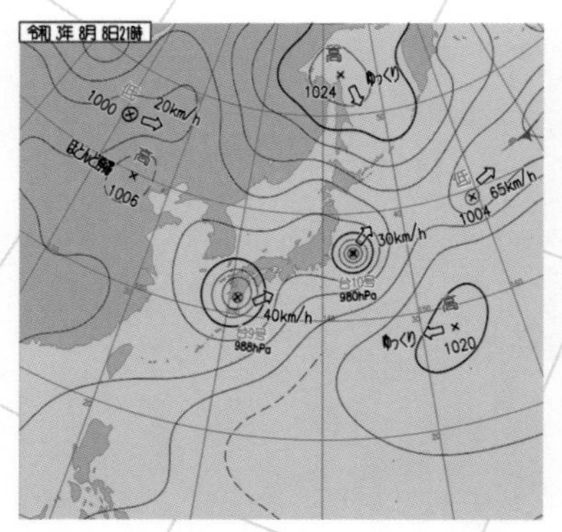

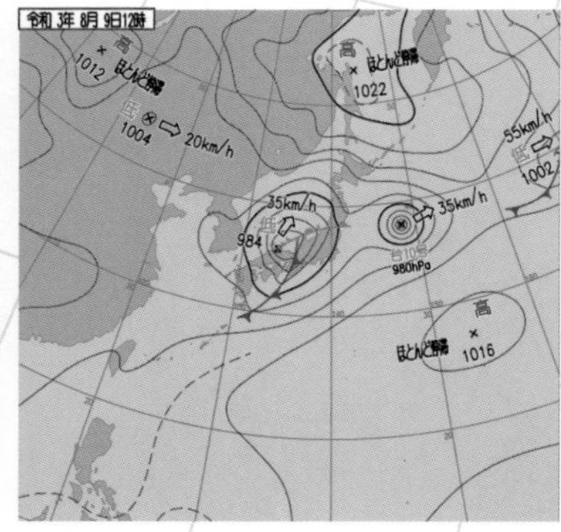

2021年8月8日21時と9日12時の天気図

8日は日本付近に台風9号・10号があるが、9日は9号が温帯低気圧に変わり山陰へ。

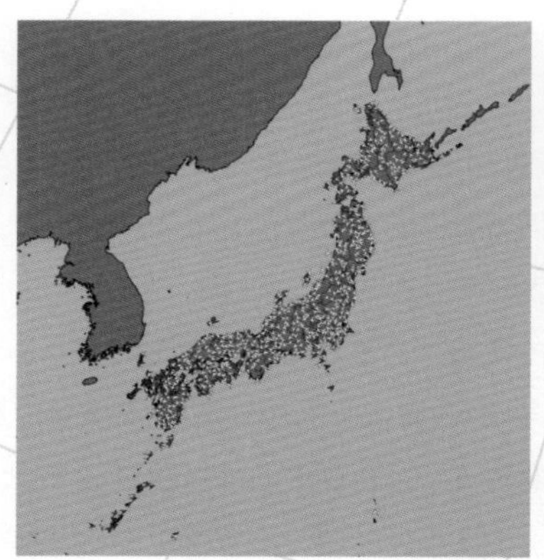

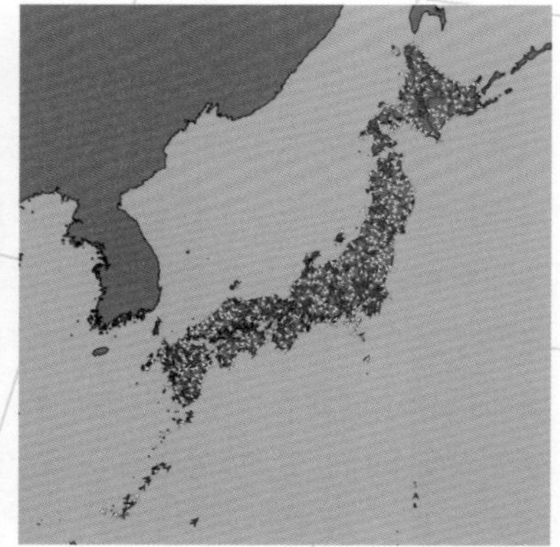

2021年8月8日21時と9日12時のアメダス風向・風速

8日は台風9号に近い九州北部付近で風が強いが、9日は広範囲で風が強まっている。強風を示す黄色やオレンジ色の地点が増えている。

することが不適切とされているからです。

雨に関しては引き続き警戒が必要です。

台風でなくなっても、大雨を降らせる熱帯からの空気は保たれています。台風から変わった低気圧によって大雨が降り災害が発生した例は過去に何度

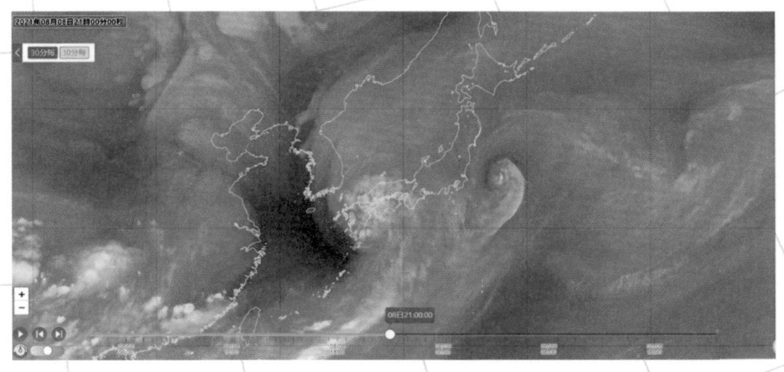

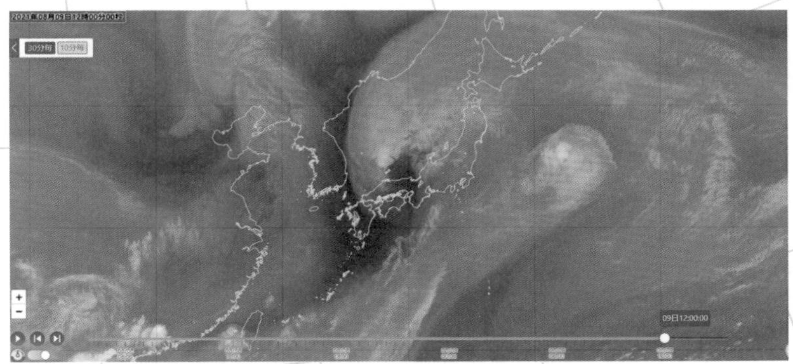

2021年8月8日21時と9日12時の気象衛星（水蒸気画像）

どちらも台風だった8日は白い円形が2つ確認され「暖かく湿った空気の塊」とわかるが、9日には10号は白い円形を保っているのに対し、9号だった白い円形には黒い部分が食い込んでいる。温帯低気圧の特徴である性質の異なる「比較的冷たく乾いた空気」が含まれている。

もあります。あくまでも台風の強さは風に関してなので、降る雨の量や強さとは別物なのです。

① 台風

「台風の強さと大きさ…「弱い台風」が無い理由は、油断をしないように」

以前は、小型で並の強さの台風も……

台風の大きさと強さは風を基準に区分されています。

大きさは**風速15m/s以上の強風域の半径**で、半径500キロ以上は**大型**、800キロ以上が**超大型**です。超大型の台風だと、本州と四国がすっぽりと入るくらいの大きさになります。

台風の強さは、よく中心気圧で判断されがちです。確かに990hPaと930hPaでは930の方が**強い**と言えますが、正式な区分は**最大風速**です。最大風速が33m/s以上になると**強い**、44m/s以上で**非常に強い**、54m/s以上で**猛烈**です。なぜ33や44など半端なのかというと、ノットをメートルに換

強さの階級分け

階級	最大風速
強い	33m/s（64ノット）以上～44m/s（85ノット）未満
非常に強い	44m/s（85ノット）以上～54m/s（105ノット）未満
猛烈な	54m/s（105ノット）以上

大きさの階級分け

階級	風速15m/s以上の半径
大型（大きい）	500km以上～800km未満
超大型（非常に大きい）	800km以上

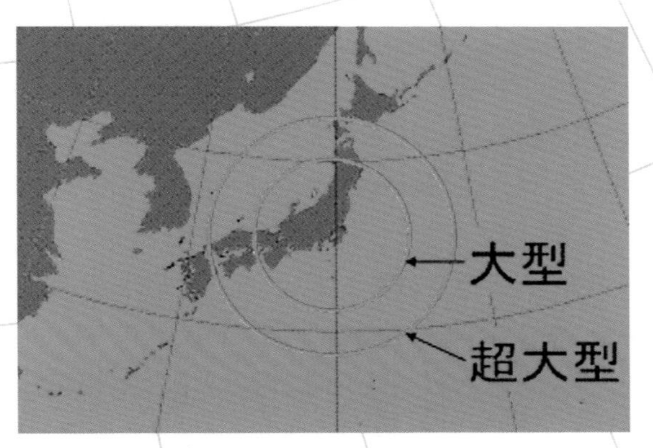

台風の大きさの目安
「超大型」は風速15m/s以上の強風域に本州と四国がすっぽり入るくらい。台風の中心が近づく前から長い間、大雨や強風が続く恐れがある。

算しているからです。熱帯低気圧が台風になる基準17.2m/sも34（33.5～34.4）ノットの最小値（33.5）を換算した値です。

この強さ3段階、大きさ2段階になったのは2000年6月1日からです。

それ以前は強風域の半径が200キロ未満だとごく小さい、300キロ未満が小さい（小型）、500キロ未満が並の大きさ（中型）と区分され、中心付近の最大風速が33m/s未満は並の強さ、17.2m/s以上25m/s未満は弱いとされていました。また熱帯低気圧も弱い熱帯低気圧と呼ばれていました。

ところが1999年8月14日に神奈川県の玄倉川（くろくらがわ）の中州でキャンプをしていた数組の家族が増水した川に流されてしまうという水難事故をきっかけに現在の区分に改められました。川の中で集まって固まって耐えていた家族たちが水の勢いに負けてしまう様子がそのまま放送され、衝撃を受けた人も多かったと思います。その時の気象状況が「弱い熱帯低気圧が近づく」気圧配置でした。弱い・小さいなどの表現では危険性が伝わらない、大したことないと受け取られる可能性があるとして翌年から廃止されたのです。

なお、強い台風の基準33m/sは時速に換算すると120km/hで特急列車並み。非常に強い44m/sは約160km/hでプロ野球大谷翔平投手が投げる剛速球並みです。マウンドからホームベース（距離18.44m）まで約0.4秒で届く速さです。猛烈な54m/sは約195km/h……もう例える速さが新幹線くらいしかなくなるほどです。この強さの風を受けた場合、木造の家屋が倒壊する恐れもあります。

なお、台風の強さや大きさの基準は風に関してだけで、雨に関しては台風の強さに関わらず注意・警戒が必要です。台風は大雨をもたらす熱帯からの空気の塊で、日本付近でも、熱帯地方で降るような非常に激しい雨が降るおそれがあります。過去には台風の勢力が強くなくても大雨による災害が多数発生しています。

2017年10月21日12時　超大型の台風21号を捉えた気象衛星画像
この時は強風半径が950キロで「超大型」、台風の目もクッキリしている。

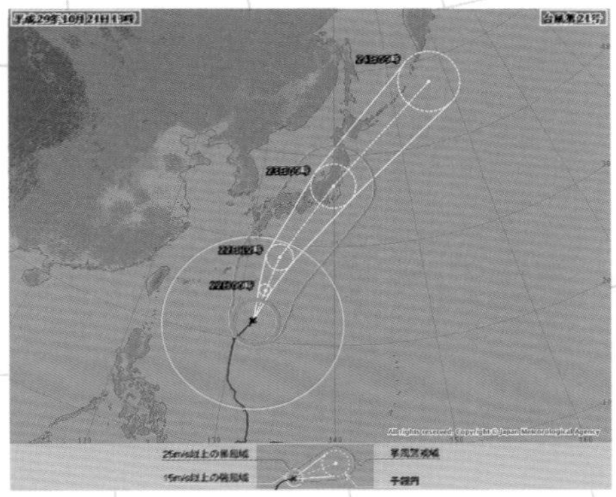

2017年10月21日13時　台風21号の進路予想図

台風の中心はまだ南に離れているが、強風域が九州にかかろうとしている。中心から遠い所でも影響を受ける恐れがある。

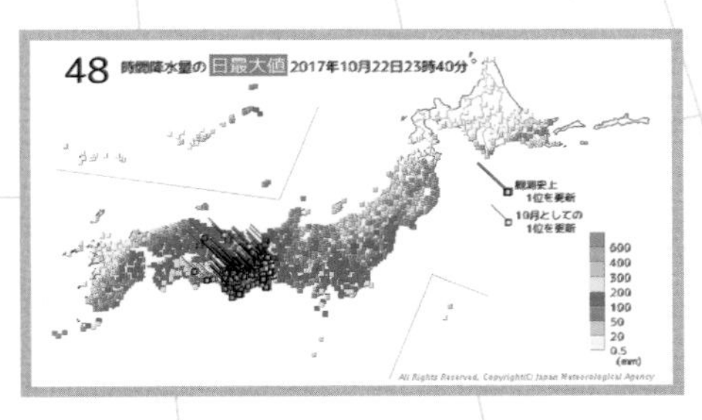

2017年10月22日までの48時間降水量分布

台風の中心が離れているが、南東からの風を受け続けた紀伊半島では記録的な大雨に。和歌山県新宮市では888.5ミリに達するなど、甚大な被害をもたらした2011年の12号よりも大雨になった地点もある。

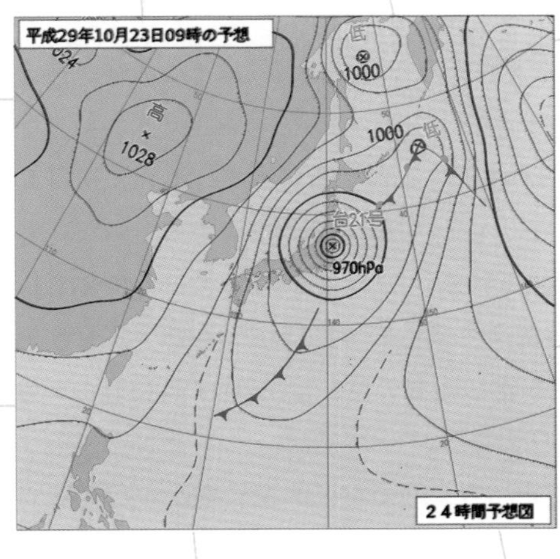

2017年10月23日９時の予想天気図

台風21号は10月23日３時頃、超大型・強い勢力で静岡県御前崎市付近に上陸（統計史上初めて「超大型」での上陸）。広い暴風域を伴ったまま北東に進み、23日15時に北海道の東で温帯低気圧となった。

① 台風

「台風のアジア名、ワシは引退、ハトはヤマネコに交代!?」

日本は星座の名前が選ばれています。

2000年から台風の強さ・大きさの階級が改めらましたが、もうひとつこの年から台風に関して大きく変わったものがあります。

台風のアジア名です。

台風は毎年発生順の1号・2号とは別に名前が付けられています。

1999年までは英語の人名で、Aがアン、Bはバートというように、アルファベット順に男女名が交互に並んだリストに基づいていました。以前は女性名だけでしたが、男女平等の観点から男性名も加わったという経緯があります。**ジェーン台風**など日本に大きな災害をもたらした台風はその名称が残っています。

そして2000年、日本など14カ国が参加する**台風委員会**が、アジア独自で馴染みのある呼び名をつければさらに人々の防災意識が高まるのではと、**アジア名**を採用しました。アジア名は140個、14の国が10個ずつ名称を出しました。台風は平均で年間27〜8個発生するので、ほぼ5年でリストを一巡、最初の**ダムレイ**（カンボジアが出した象の意）は、2017年23号で4回目になり、2023年には5巡目に入りました。

日本が出したのは**星座の名前**です。中立的で空に関連するからだそうです。当初は、テンビン、ヤギ、コップ、ウサギ、カジキ、カンムリ、クジラ、コンパス、トカゲ、ワシでした。星占いに登場する星座が少ない理由を気象庁に問い合わせると、他国の言葉でも不快な意味にならないようになどを検討して選んだとのことでした。

アジア名リストを初めて見た時は、各国のお国柄も含めて興味がわきました。例えば**コーニー**は「鋭く鳴き声をあげる白鳥（韓国)」。**サオラー**は「最近見つかった動物の名前（ベトナム)」などです。日本人の感覚だとちょっと想像がつかないですね。

ちなみにコーニーは2020年の19号で引退しました。甚大な被害を出した台風は引退⇒変更となる場合があり、最後のコーニーも猛烈な勢力でフィリピンに上陸しました。日本から出した名前もワシ・コップ・テンビン・カンムリが引退、ワシの代わりのハトは1回限りでヤマネコに。他もコグマ・コイヌ・コトに変わっています。

また、**リストにない名前**がつけられることもあります。2023年の7号は**ラン**だったので8号はリスト順だと**サオラー**になりますが、**ドーラ（DORA）**でした。これはいわゆる越境台風で、気象庁の台風監視領域である東経180度より東からハリケーンが進んできた場合はハリケーンの名前が引き継がれることになります。このように台風の発生は、熱帯低気圧から変わる場合だけでなく、領域を超える場合もあります。ドーラは8月12日午前9時、ハリケーンから強い台風8号となりました。東領域からの越境台風は数年に1度あり、2018年9月2日に台風になった17号**ヘクター**はリストの**バビンカ**と**ルンビア**の間でアジア名ではありません（2018年18号のルンビアは中国に大きな被害をもたらし使用中止。現在は**プラサン**に。）2015年には12号・17号と相次いで越境してきました。逆に台風領域から東に出るとハリケーンに変わり、台風監視領域の西端である東経100度から西に出てサイクロンになる場合もあります。近年では2019年22号**マットゥモ**がサイクロンになりました。

アジア名は、日本に影響しない台風も他国に被害を与える恐れがある、日本に留まらず台風の動向を追っていく重要性を気付かせてくれます。

台風のアジア名

	提案した国と地域	呼　名	片仮名読み	意　味
1	カンボジア	Damrey	ダムレイ	象
2	中国	Haikui	ハイクイ	イソギンチャク
3	北朝鮮	Kirogi	キロギー	がん（雁）
4	香港	Yun-yeung	インニョン	カモの一種(オシドリ)。香港で人気のある飲み物の名前。
5	日本	Koinu	コイヌ	こいぬ座、小犬
6	ラオス	Bolaven	ボラヴェン	高原の名前
7	マカオ	Sanba	サンバ	マカオの名所
8	マレーシア	Jelawat	ジェラワット	淡水魚の名前
9	ミクロネシア	Ewiniar	イーウィニャ	嵐の神
10	フィリピン	Maliksi	マリクシ	速い
11	韓国	Gaemi	ケーミー	あり（蟻）
12	タイ	Prapiroon	プラピルーン	雨の神
13	米国	Maria	マリア	女性の名前
14	ベトナム	Son-Tinh	ソンティン	ベトナム神話の山の神
15	カンボジア	Ampil	アンピル	タマリンド
16	中国	Wukong	ウーコン	（孫）悟空
17	北朝鮮	Jongdari	ジョンダリ	ひばり
18	香港	Shanshan	サンサン	少女の名前
19	日本	Yagi	ヤギ	やぎ座、山羊
20	ラオス	Leepi	リーピ	ラオス南部の滝の名前
21	マカオ	Bebinca	バビンカ	プリン
22	マレーシア	Pulasan	プラサン	果物の名前
23	ミクロネシア	Soulik	ソーリック	伝統的な部族長の称号
24	フィリピン	Cimaron	シマロン	野生の牛
25	韓国	Jebi	チェービー	つばめ（燕）
26	タイ	Krathon	クラトーン	果物の名前、サントル
27	米国	Barijat	バリジャット	風や波の影響を受けた沿岸地域
28	ベトナム	Trami	チャーミー	花の名前
29	カンボジア	Kong-rey	コンレイ	伝説の少女の名前
30	中国	Yinxing	インシン	木の名前
31	北朝鮮	Toraji	トラジー	桔梗
32	香港	Man-yi	マンニィ	海峡（現在は貯水池）の名前
33	日本	Usagi	ウサギ	うさぎ座、兎
34	ラオス	Pabuk	パブーク	淡水魚の名前
35	マカオ	Wutip	ウーティップ	ちょう（蝶）
36	マレーシア	Sepat	セーパット	淡水魚の名前

	提案した国と地域	呼　名	片仮名読み	意　味
37	ミクロネシア	Mun	ムーン	6月
38	フィリピン	Danas	ダナス	経験すること
39	韓国	Nari	ナーリー	百合
40	タイ	Wipha	ウィパー	女性の名前
41	米国	Francisco	フランシスコ	男性の名前
42	ベトナム	Co-may	コメイ	草の名前
43	カンボジア	Krosa	クローサ	鶴
44	中国	Bailu	バイルー	白鹿
45	北朝鮮	Podul	ポードル	やなぎ
46	香港	Lingling	レンレン	少女の名前
47	日本	Kajiki	カジキ	かじき座、旗魚
48	ラオス	Nongfa	ノンファ	池の名前
49	マカオ	Peipah	ペイパー	魚の名前
50	マレーシア	Tapah	ターファー	なまず
51	ミクロネシア	Mitag	ミートク	女性の名前
52	フィリピン	Ragasa	ラガサ	動きを速めること
53	韓国	Neoguri	ノグリー	たぬき
54	タイ	Bualoi	ブアローイ	お菓子の名前
55	米国	Matmo	マットゥモ	大雨
56	ベトナム	Halong	ハーロン	湾の名前
57	カンボジア	Nakri	ナクリー	花の名前
58	中国	Fengshen	フンシェン	風神
59	北朝鮮	Kalmaegi	カルマエギ	かもめ
60	香港	Fung-wong	フォンウォン	山の名前（フェニックス）
61	日本	Koto	コト	こと座、琴
62	ラオス	Nokaen	ノケーン	ツバメ
63	マカオ	Penha	ペンニャ	マカオの名所
64	マレーシア	Nuri	ヌーリ	オウム
65	ミクロネシア	Sinlaku	シンラコウ	伝説上の女神
66	フィリピン	Hagupit	ハグピート	むち打つこと
67	韓国	Jangmi	チャンミー	ばら
68	タイ	Mekkhala	メーカラー	雷の天使
69	米国	Higos	ヒーゴス	いちじく
70	ベトナム	Bavi	バービー	ベトナム北部の山の名前
71	カンボジア	Maysak	メイサーク	木の名前
72	中国	Haishen	ハイシェン	海神

	提案した国と地域	呼　名	片仮名読み	意　味
73	北朝鮮	Noul	ノウル	夕焼け
74	香港	Dolphin	ドルフィン	白いるか。香港を代表する動物の一つ。
75	日本	Kujira	クジラ	くじら座、鯨
76	ラオス	Chan-hom	チャンホン	木の名前
77	マカオ	Peilou	ペイロー	鳥の名前
78	マレーシア	Nangka	ナンカー	果物の名前
79	ミクロネシア	Saudel	ソウデル	伝説上の首長の護衛兵
80	フィリピン	Narra	ナーラ	木の名前
81	韓国	Gaenari	ケナリ	花の名前
82	タイ	Atsani	アッサニー	雷
83	米国	Etau	アータウ	嵐雲
84	ベトナム	Bang-Lang	バンラン	花の名前
85	カンボジア	Krovanh	クロヴァン	木の名前
86	中国	Dujuan	ドゥージェン	つつじ
87	北朝鮮	Surigae	スリゲ	鷲の名前
88	香港	Choi-wan	チョーイワン	彩雲
89	日本	Koguma	コグマ	こぐま座、小熊
90	ラオス	Champi	チャンパー	赤いジャスミン
91	マカオ	In-fa	インファ	花火
92	マレーシア	Cempaka	チャンパカ	ハーブの名前
93	ミクロネシア	Nepartak	ニパルタック	有名な戦士の名前
94	フィリピン	Lupit	ルピート	冷酷な
95	韓国	Mirinae	ミリネ	天の川
96	タイ	Nida	ニーダ	女性の名前
97	米国	Omais	オーマイス	徘徊
98	ベトナム	Conson	コンソン	歴史的な観光地の名前
99	カンボジア	Chanthu	チャンスー	花の名前
100	中国	Dianmu	ディアンムー	雷の母
101	北朝鮮	Mindulle	ミンドゥル	たんぽぽ
102	香港	Lionrock	ライオンロック	山の名前
103	日本	Kompasu	コンパス	コンパス座､円や円弧を描くためのV字型の器具
104	ラオス	Namtheun	ナムセーウン	川の名前
105	マカオ	Malou	マーロウ	めのう（瑪瑙）
106	マレーシア	Nyatoh	ニヤトー	木の名前
107	ミクロネシア	Rai	ライ	ヤップ島の石の貨幣
108	フィリピン	Malakas	マラカス	強い

	提案した国と地域	呼　名	片仮名読み	意　味
109	韓国	Megi	メーギー	なまず
110	タイ	Chaba	チャバ	ハイビスカス
111	米国	Aere	アイレー	嵐
112	ベトナム	Songda	ソングダー	北西ベトナムにある川の名前
113	カンボジア	Trases	トローセス	キツツキ
114	中国	Mulan	ムーラン	花の名前
115	北朝鮮	Meari	メアリー	やまびこ
116	香港	Ma-on	マーゴン	山の名前(馬の鞍)
117	日本	Tokage	トカゲ	とかげ座、蜥蜴
118	ラオス	Hinnamnor	ヒンナムノー	国立保護区の名前
119	マカオ	Muifa	ムイファー	梅の花
120	マレーシア	Merbok	マールボック	鳥の名前
121	ミクロネシア	Nanmadol	ナンマドル	有名な遺跡の名前
122	フィリピン	Talas	タラス	鋭さ
123	韓国	Noru	ノルー	のろじか（鹿）
124	タイ	Kulap	クラー	ばら
125	米国	Roke	ロウキー	男性の名前
126	ベトナム	Sonca	ソンカー	さえずる鳥
127	カンボジア	Nesat	ネサット	漁師
128	中国	Haitang	ハイタン	海棠
129	北朝鮮	Nalgae	ナルガエ	つばさ
130	香港	Banyan	バンヤン	木の名前
131	日本	Yamaneko	ヤマネコ	やまねこ座、山野にすむ猫
132	ラオス	Pakhar	パカー	淡水魚の名前
133	マカオ	Sanvu	サンヴー	さんご（珊瑚）
134	マレーシア	Mawar	マーワー	ばら
135	ミクロネシア	Guchol	グチョル	うこん
136	フィリピン	Talim	タリム	鋭い刃先
137	韓国	Doksuri	トクスリ	わし（鷲）
138	タイ	Khanun	カーヌン	果物の名前、パラミツ
139	米国	Lan	ラン	嵐
140	ベトナム	Saola	サオラー	ベトナムレイヨウ

2023年１月現在のアジア名のリスト。2022年は25号のパカー（リスト番号132）で終了。2023年８月に10号が発生しダムレイに戻った。2000年１号から５度目の登場になる。（詳細はQRコードよりアクセス。）

① 台風

台風のコース…季節によって通り道が決まってる? 進行方向右側は特に危険

風台風というワードに注意!

台風は季節によって通りやすいルートがあると私が気象予報士の勉強をしていた20年以上前から教科書的な図がありました。

どうして教科書的に導けるかというと台風は、太平洋高気圧の周囲を回るという傾向があるからです。太平洋高気圧は、梅雨前線を押し上げて日本に真夏をもたらす高気圧です。これに伴い台風も暑い時期に日本付近を北上しやすくなるのです。

もう一つ、台風の進路に影響するのが日本付近の上空を西から東に流れる偏西風です。偏西風は台風が速度を上げて進める高速道路のような役割。高速道路に入れば、台風は比較的予想通りに（速度を上げて）進むようになります。一方で、高気圧圏内にいる台風は、迷走するパターンが多いです。どのあたりから高速に乗ろうか……インターチェンジを探してノロノロ動くため、予想が難しくなります。

予想が難しいかどうかを示すのが予報円の大きさです。

予報円は台風の中心が入る確率が70%の円です。円が小さければそれだけ通るコースが定まっています。偏西風など高速に乗った時は、予報円が小さく、予報円の間隔も広がります。一方で迷走台風、ノロノロ台風の時は、大きな予報円が重なって見づらくなります。

予報円は、時間が先になるにつれて大きくなります。

パッと見ると大きく・強くなって近づいてくると勘違いしがちですが、

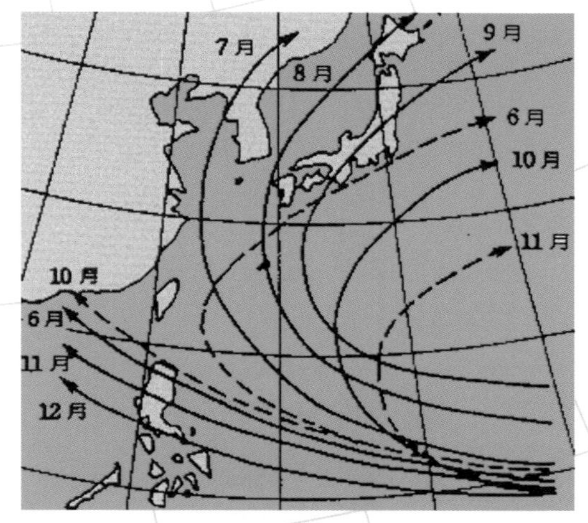

台風の月別の主な経路（実線は主な経路、破線はそれに準ずる経路）
夏になると太平洋高気圧のまわりを回って日本に向かって北上する台風が多く、9月以降になると南海上から放物線を描くように日本付近を通る傾向。広範囲に被害を及ぼす恐れがあるコース。太平洋高気圧が及ばない時期はフィリピンから南シナ海コースも多い。

まだ予報が定まっていないと思って、円が小さくなるまで最新の情報を確認しましょう。

もう一点、台風の進路を見る上で重要なのが台風の進行方向の右側は、左側より風が強いことです。右側が危険半円と呼ばれる理由は、次の2つの風向きが揃うからです。

①台風が進む方向

②台風自身が反時計回りに渦を巻く向き

例えば、①南から北へ進む台風⬆だと、②中心右側の風は時計の6時から0時方向⬆。①西から東へ進む台風➡だと、②中心右側の風は時計の9時から3時方向➡。

逆に左側は台風が進む方向と、台風自身の風向きが逆になるので互いの

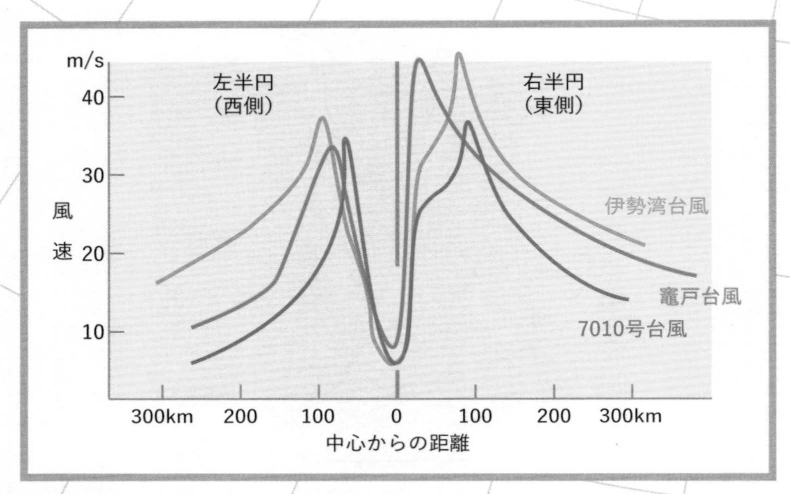

過去の台風の地上での風速分布
右半円と左半円に分けて示していて、中心付近の台風の目では風が弱い。右側では台風自身の風と台風を移動させる周りの風向が同じで風が強く、逆に左側では台風自身の風が逆になるので、右側に比べると風速がいくぶん小さい。

風を弱めることから**可航（かこう）半円**と呼ばれますが、危険な暴風や高波の恐れがあることに変わりありません。

日本海を台風が通る時は、日本列島の広い範囲が台風の進行方向右側に入るので、**風台風**というワードを用いて風への警戒を強く呼びかけることもあります。

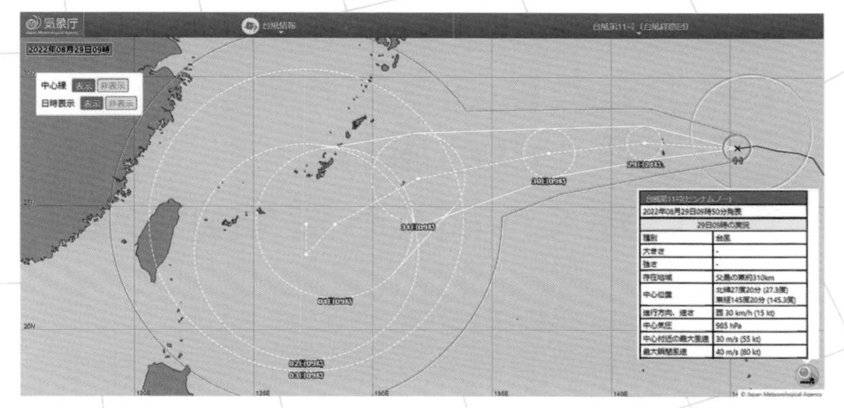

2022年台風11号の進路予想図

８月29日９時の時点では時速30キロで西進中だが、９月１日以降沖縄の南で動きが遅くなるとみられ、予報円が重なってしまっている。予報円も大きく、位置が絞り込めない。実際に９月１日15時から３日間は停滞〜時速15キロ以下と動きが遅かった。台風は向きを変えるときにブレーキをかける傾向。

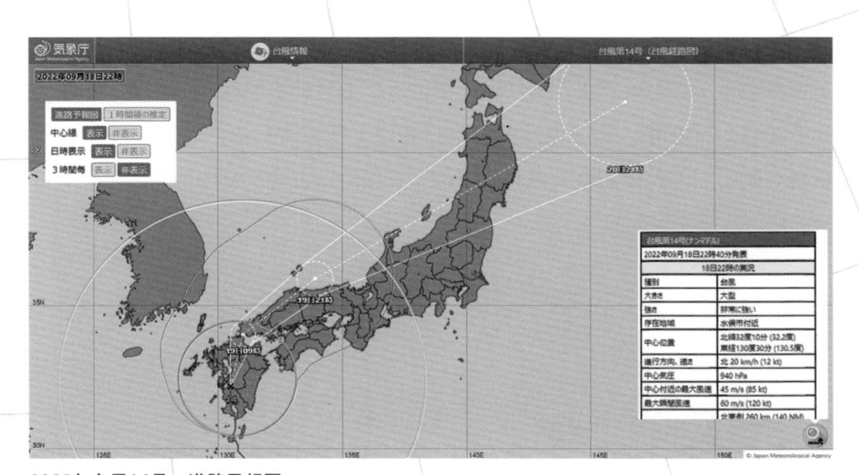

2022年台風14号の進路予想図

９月18日の時点では時速20キロで北上中だが、19日に向きを東寄りに変えると急加速。偏西風にのって速度を上げ、20日午前３時には新潟市付近を時速60キロで東北東に進むと推定された。

① 台風

「いつもとは違うコース」「初上陸」の台風は、さらに遠くへ高くへ避難が必要

これまでにない雨や風をもたらすおそれ……

近年は教科書的ではなく、これまでにないコースを進む台風が度々大きな被害を及ぼしています。顕著な例を3つ紹介します。

1 岩手県に初めて上陸した台風（2016年10号）

台風10号は8月21日21時に四国沖で発生、初めは南西に進みました。沖縄本島の東辺りで4日近く停滞、その後Uターンをして、発生した場所付近を通り越してさらに北上。当初は関東付近に上陸の可能性もありましたが、8月30日17時半頃、岩手県大船渡市付近に上陸しました。台風が1951年に統計を開始してから初めて東北地方の太平洋側に上陸したのです（上陸時の

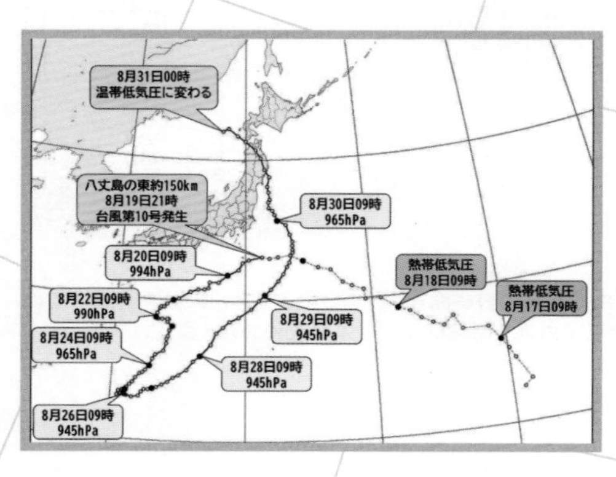

2016年台風10号の経路図・速報解析
台風10号は当初、8月19日21時に八丈島の東で発生したとされたが、後に21日21時に四国沖で発生と修正。20日に発生した11号より遅い発生に。南下したあとUターンするように北上、統計史上初めて東北の太平洋側に上陸した。

気圧は965hPa)。

東北地方の雨風のピークは30日の昼前後からということで、早朝のラジオでは北日本向けに以下の注意をしました。

1. 太平洋側は接近前から東風を受け続け、徐々に雨量が増えた後に台風本体の雨雲が通過。台風10号の雨だけで8月の月間雨量を上回る恐れ。大きな川が増水するのが夜間になる可能性あり。

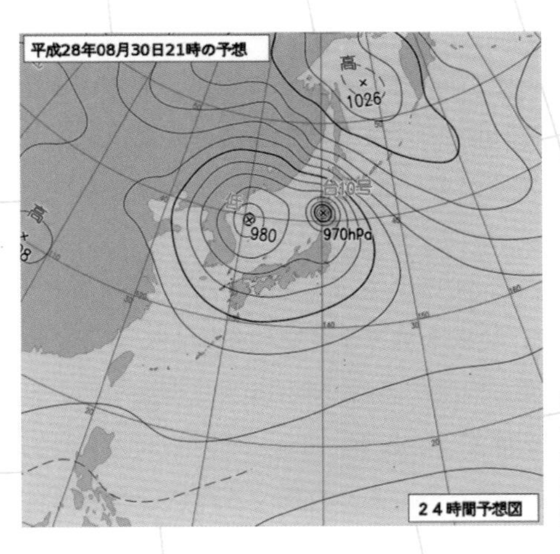

2016年8月31日21時の予想天気図
台風10号は夜間に東北北部を横切る予想で、進行方向右側の北海道では夜中に暴風による被害が心配された。中心気圧970hPa、高潮の恐れも。

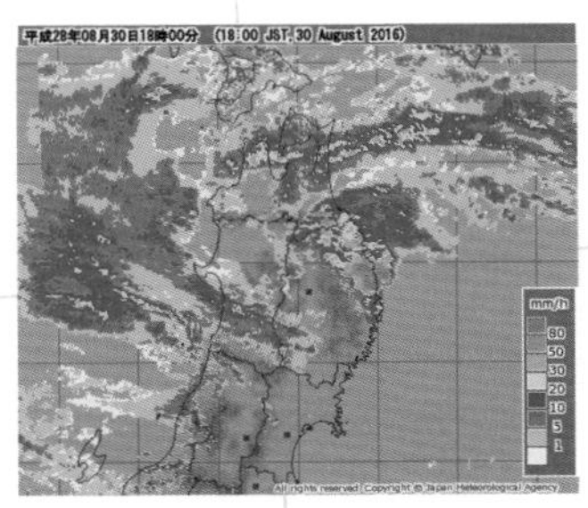

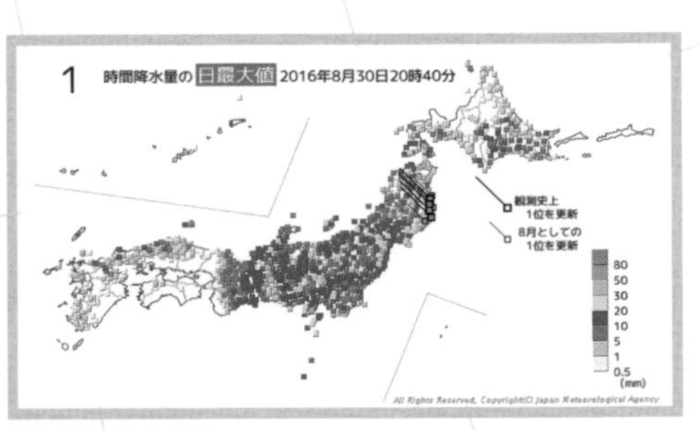

2016年8月30日18時の雨雲レーダー　　8月30日の1時間雨量
台風10号は岩手県沿岸南部の大船渡市付近に上陸。台風の右側にあたる沿岸北部に発達した積乱雲がかかり、宮古市や久慈市のアメダスで1時間に80ミリのこれまでにない猛烈な雨を観測した。

2．高潮の恐れ。970hPaくらいで陸地に近づけば今より20cm近く潮位が上がり（吸い上げ効果）、暴風も加わり浸水被害が広範囲に及ぶ恐れ。

3．今夜の予想図を見ても、東北北部や北海道にかかる等圧線の数が多い。それだけ風が強まる恐れがある。特に青森や北海道は台風の進行方向右側で暴風に一層の警戒が必要（台風は北上するにつれて北の方の冷たい空気も巻き込んで、広範囲に暴風をもたらす。）

8月30日夕方には岩手県久慈市（下戸鎖）と宮古市で1時間に80ミリの観測史上1位の猛烈な雨が降り、岩泉町でも70.5ミリを観測。台風10号による総雨量は久慈市で287.5ミリ、岩泉町で248ミリに達しました。平年の8月の雨量は久慈市182.8ミリ、岩泉町165ミリです。岩泉町では高齢者施設の近くを流れていた小本川が氾濫、濁流が押し寄せて施設の入居者9人が亡くなりました。

災害の1年後に小本川沿いを案内していただきました。

岩泉という地名にもあるように、山間をぬうように川が細かくカーブしていて、両岸は岩肌や山林です。同じ**大雨による川の氾濫**でも関東平野を流れる川とは状況が全く異なることを痛感しました。

川の下流方向に90度向きを変えて外れてしまった橋や道路側に倒れていたガードレールを目の当たりにしました。もともと川幅の狭い急流に、大量の雨水や石や木々が加わると、橋や建物が水の勢いだけでなく流木や石によって壊されてしまうのです。

岩手県はこれまでも台風が通過したことはありましたが、いずれも陸地を通って岩手県に入った台風です。今回のように海から直接やってくることはありませんでした。九州や四国で降るような**台風上陸時の大雨**が岩手県をはじめ東北北部や北海道を襲いました。

また、この災害において避難指示や避難準備情報の意図が伝わりにくかったとのことから、2017年から**避難指示**は**避難指示**（**緊急**）に、**避難準備情報**は**避難準備・高齢者等避難**に改められました。（2023年現在は避難勧告

台風10号で被災した小本川（2017年9月16日撮影）
❶本来は川を横切ってかかる橋が90度下流に向きを変えて外れてしまっている。
❷ガードレールが外向きに倒れている。幅の狭い急流の川を大量の雨水や流木・岩などが流れたことで受けた被害を目の当たりに。

が廃止され**避難指示**に統一、避難準備は外され**高齢者等避難**のみで運用されています。）

2 西に進んだ逆走台風（2018年台風12号）

台風12号は、7月25日3時に日本の南の海上で発生、小笠原諸島付近を東に回り込むように北上しつつ28日夕方には伊豆諸島・三宅島付近に南東から接近しました。台風はその後も西寄りに進み、伊豆半島の南の海上を通って29日1時ごろに三重県伊勢市付近に上陸しました。奈良市付近から大阪市付近を通過し、山陽新幹線のルートを西進するような形で明石市、岡山市、倉敷市、福山市付近を通過。いったん瀬戸内海に出たあと、17時半ごろ福岡県豊前市付近に再上陸しました。

この台風で大きく報道されたのが、静岡県熱海市の大きな温泉ホテルの宴会場の被害です。窓ガラスが高波や強風で割れ、水浸しになった床にガラスが散乱している映像が流れました。また、神奈川県湯河原町の海水浴場では、高波によって海の家12棟と警備本部の小屋が全壊してしまいました。

多くの台風は伊豆半島付近を南西から北東方向（今回の12号とは逆のコース）に進むので、伊豆半島では南西側の地域が最も影響が受けやすくなります。また、伊豆半島付近を台風が北上して南風が強まることもあります

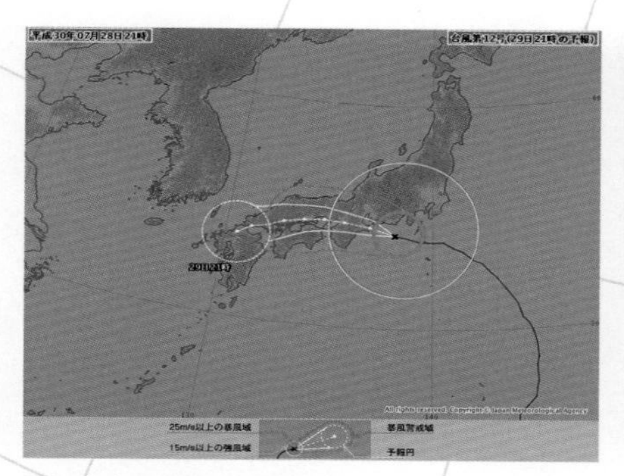

2018年台風12号の進路予想図

2018年7月28日発表の進路予想では、伊豆諸島や静岡の沖合を西に進み、紀伊半島から山陽新幹線に沿うような形で西進予想。異例の「逆走台風」として注意が呼びかけられた。

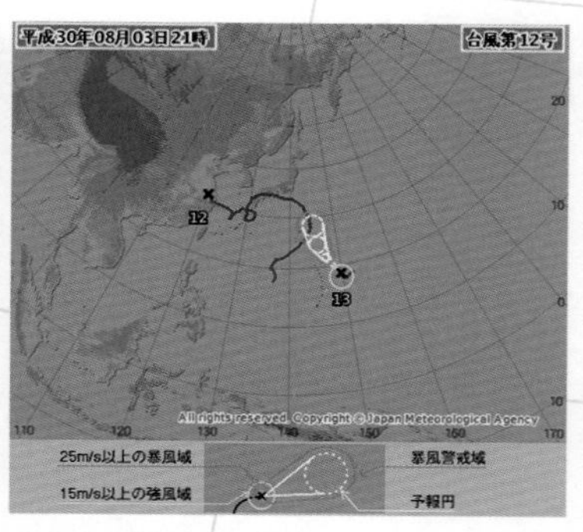

2018年台風12号の経路図

日本の北側に高気圧があり、日本の南側に冷たい空気の渦（寒冷渦）があり、台風は北上できず、寒冷渦の反時計回りの流れにのって西進。さらに九州の南で1回転、と複雑な経路をとった。

が、台風が西進したことで珍しく**東風**が強まり、東側の付け根の地域が海からの影響をダイレクトに受けてしまったのです。前述の2016年の10号もそうですが、**台風がこれまでにないコースで接近・上陸**した場合、経験したことがない被害が発生する恐れがあります。

通常自治体などは過去の雨風の記録などを参照・考慮し、防災計画を立てています。ところが、稀なコースから台風が近づくと、想定されていた台風接近時の基準では賄いきれない暴風・大雨・高波にさらされる危険があります。たとえば「西風に対しては比較的安全だったけれど、東風には弱かった」「1時間に50ミリの雨なら排水出来ていたが、80ミリ降ったらあっという間に冠水してしまった」などです。

今後もし、**これまでにないコース・稀なコース**というような言いまわしを聞いたら、「今までは安全だったところも危ないかもしれない。」「もっと遠くや高くに避難しなければならない。」と**早めに安全対策**をとってください。

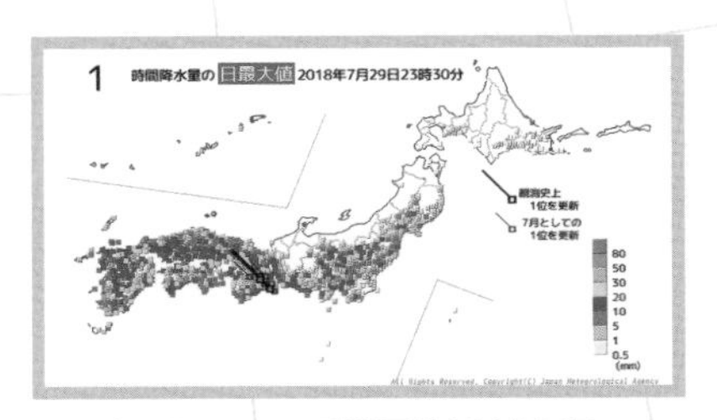

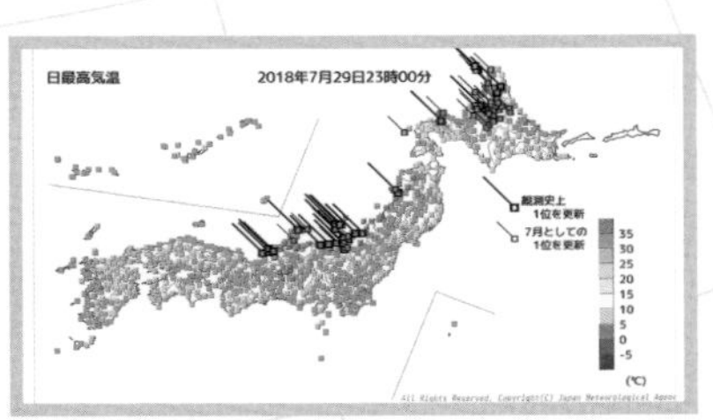

2018年7月29日の1時間雨量と最高気温
台風の進路にあたった太平洋側、特に三重県や奈良県で記録的な大雨。一方でフェーン現象で北陸や北海道は記録的な暑さに。新潟県の大潟や三条で39.5度を観測。

3 異例づくしの2016年……３つの台風が北海道上陸

台風が統計史上初めて東北地方に上陸した2016年は台風の発生が遅く、１号が７月３日に発生。1998年７月９日に次ぐ史上２番目に遅い１号でした。しかし、７月以降は台風発生が相次ぎ、結局、年間の発生数は平年並みの26個になりました。

特に、８月は７号が17日に北海道の襟裳岬付近に上陸。これが2016年初の上陸台風となり、その後11号、９号、10号と上陸が続きました。**ひと月**

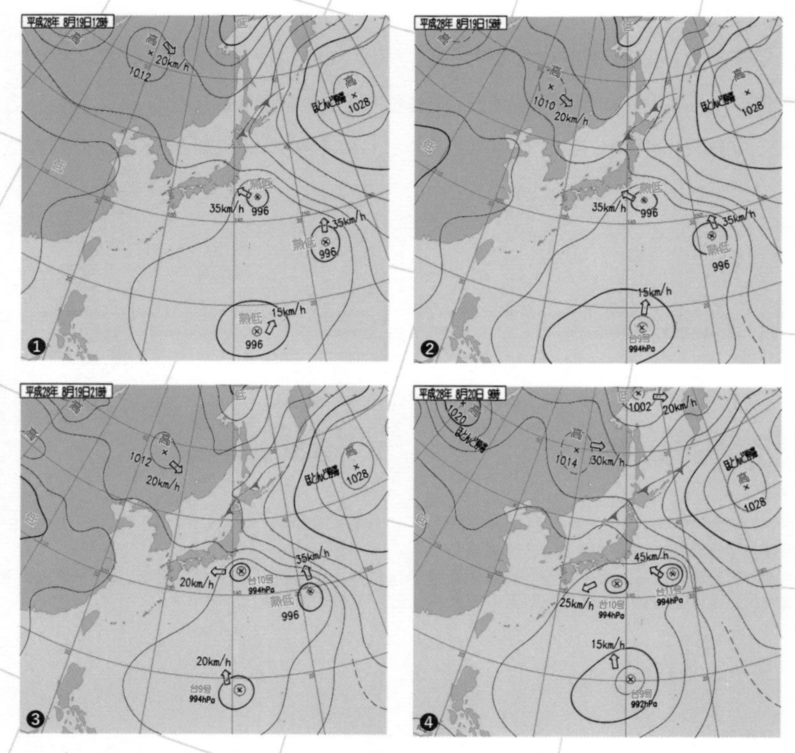

2016年８月19日12時の時点では３つの熱帯低気圧だったが（❶）、15時には台風９号が発生（❷）、続いて21時に10号が発生（❸）、翌20日９時に11号が発生（❹）と24時間で３つの台風が発生。後に10号の発生日時は21日21時に修正された。

に上陸台風が4個というのは1954年9月と1962年8月と並んで最多タイの記録です。

台風10号は、当初、8月19日21時に関東の南東の海上で発生と発表されました。

19日朝は関東の南の海上に、台風の卵・熱帯低気圧が3つありました。15時に最も南にあった熱帯低気圧が台風9号に、21時に最も関東に近かった熱帯低気圧が10号になりました。そして9号と10号の間、やや東にあった熱帯低気圧が20日9時に台風11号になりました。

相次いで台風が発生したので、台風の進路予想図も大混雑。最も遠い9号が北上する間に、最も陸地に近かった10号は西に進んで道を譲り、東の方から11号が速度を上げて北上して三陸沖に急接近する予想でした。

実際、三陸沖を加速しながら北上した台風11号は8月21日23時過ぎに北海道釧路市付近に上陸。次いで最も南から北上してきた9号が8月22日12時半頃、千葉県館山市付近に上陸。9号に道を譲って南西に進んでいた10号は、前述のようにUターンして8月30日に岩手県大船渡市付近に上陸しまし

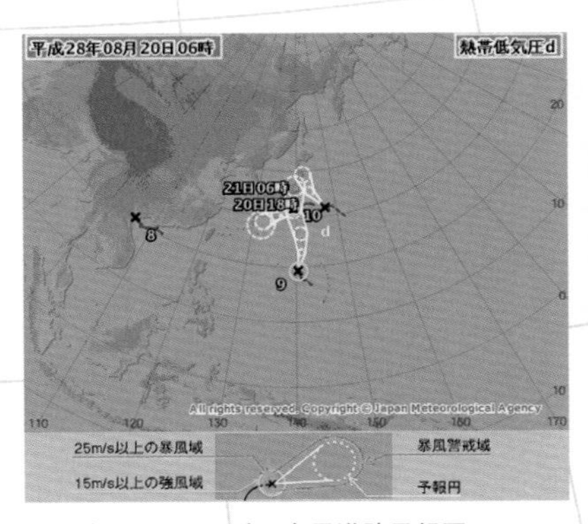

2016年8月20日6時の台風進路予想図

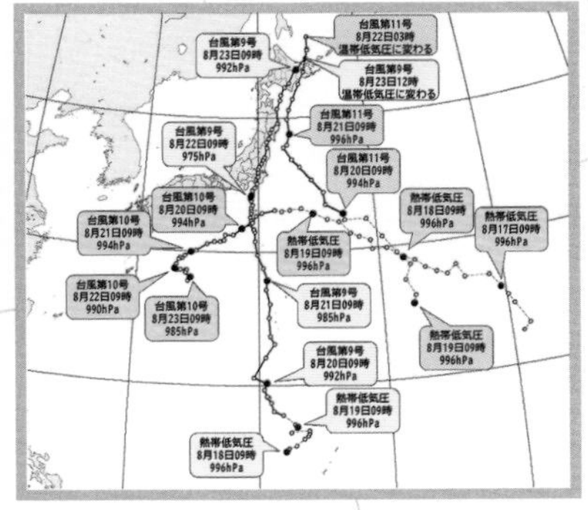

2016年8月23日正午の速報解析図

まだ台風11号が発生前の「熱帯低気圧d」として示されているが、9号・10号より先に北海道に近づく予想。遅れて9号が北上し、10号は道を譲るようにいったん西へ進む予想。台風の予報円が重なって見づらい状況だった。

た。

台風10号はコースだけでなく、発生日時が修正されたことも一般的ではありませんでした。後の解析の結果、本州の南を通っていた19日〜20日は熱帯低気圧のままで、21日21時に四国沖で発生したと改められました。20日に発生した11号よりも遅くなったのです。

このように、**後に番号と発生日時の順序が逆転してしまうこと**は何度かあります。2021年には、速報値で8月5日15時に台風10号と11号が同時発生とされましたが、確定値では11号は4日9時発生に修正され、実は9号と同時だったという記録になっています。

2016年に話を戻すと、この年は**3つの台風が北海道に上陸**した過去にない年でした。

7号が8月17日に襟裳岬付近、4日後の21日には11号が釧路市付近、その2日後の23日には関東から東北の陸地を北上した9号が日高地方に再上陸……と1週間に3つ台風が上陸しました。実は8月15日朝には6号が根室半島付近を通過しているので、これを含めると4つの台風が接近・上陸したこ

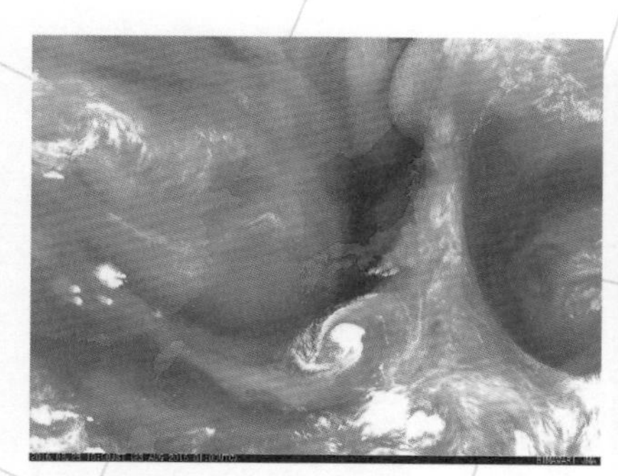

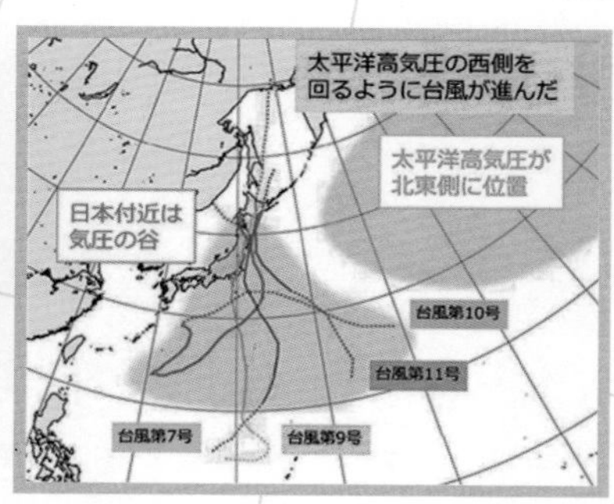

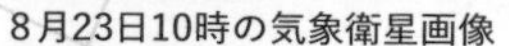
8月23日10時の気象衛星画像

2016年8月の台風経路図と気圧配置

2016年8月は4つの台風が北日本を襲来。太平洋高気圧が通常より高い位置にあり、日本付近が気圧の谷（台風など湿った空気が集まりやすい状況）になっていた。8月23日10時の気象衛星画像で白っぽい部分が気圧の谷、日本の南で真っ白の塊が台風10号。相次いで発生した台風は太平洋高気圧の西の縁を回るように北上。

2018年８月13日からの10日間雨量
北海道に相次いで台風が上陸したため、北海道は東部を中心に記録的な大雨に。一方で東海以西は雨がほとんど降っていない地域もある。

とになります。（小さい島や半島を横切って短時間で再び海に出る場合は上陸ではなく通過です。）

2016年の８月は、日本の東と西に優勢な高気圧があって、台風はその間を南から北に進みやすかったことが大きな要因でした。通常の夏のように日本付近まで太平洋高気圧が覆いきらなかったので、台風が沖縄や九州・四国付近まで回り込まず、そのまま北に上がってしまったことに加え、台風の卵が同時期に多数発生したことにより短期間に相次いで同じようなコースを進んでしまったのです。

北海道は相次ぐ台風襲来で農作物に大きな被害が発生しました。ポテトチップスの出荷にも影響が出たほどです。気候変動が問題になっていますが、夏の高気圧の張り出し方が変わってしまうと、これまでにないコース、異例のコースを通る台風につながる恐れがあります。

① 台風

台風最接近が雨風のピークとは限らない

台風に伴う雨雲の特徴を要チェック

台風接近時にはテレビなどで進路予想図を目にする機会が増えますが、ご自身でも調べることも大切です。

この時に、

①**進路チェック**：予報円が大きいうちは不確定なので小さくなるまで要確認

②**風への備え**：台風の進行方向右側に当たる地域は特に強風に注意

というポイントとともに、

③**雨への備え**として、雨雲レーダーを見ておくこと

も大切です。というのも、沖縄など海水温が比較的高い海上を進む台風は勢力が維持されて、台風に伴う雨雲も丸い形を保っている傾向です。こういう時は、**台風の最接近**と**雨風ピーク**の時間が大体重なります（台風の目に入ると一時的に雨風が弱まります）。進路予想図で台風が最も近づく時間帯（その前後も含む）に向けて安全確保を進めることが出来ます。

ところが、本州に上陸する台風は、すでに丸い形が崩れてしまっていることも多いです。台風は**丸い形を保っていると勢力が強い**ので、形が崩れてきたなら勢力が弱まってきたということですが、一方で、安全を確保するタイミングにとっては厄介です。

一例として、中心付近にはすでに雲が無くなってしまっていて、中心より北側に雨雲がまとまっている場合を挙げます。

2013年10月7日10時過ぎの雨雲レーダー
台風24号は10月7日9時から中心気圧が935hPaに下がり最盛期。最大風速50m/sで非常に強い勢力を保ったまま与論島付近へ。時速35キロ程度で進み勢力も保たれた。雨雲レーダーも円形で台風の目を縁取るようにアイウォール（積乱雲）の赤や黄色のエコーがみられる。

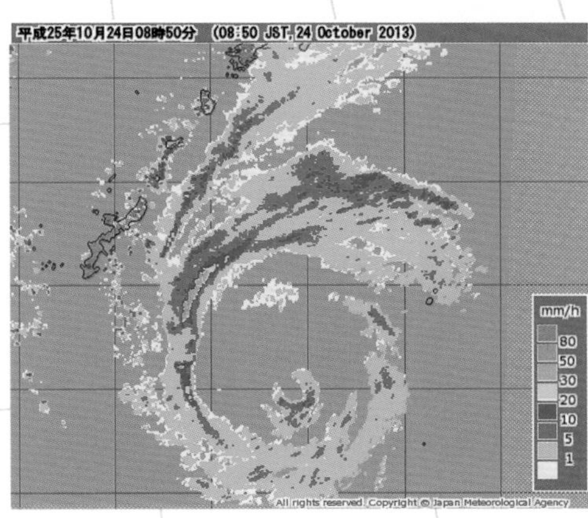

2013年10月24日9時前の雨雲レーダー
台風27号は10月20日ごろはフィリピンの東で中心気圧920hPa・最大風速55m/sと猛烈な勢力だったが、24日9時には中心気圧965hPa・最大風速35m/sに弱まっている。中心付近は雲がみられず、少し北側で雨雲がまとまっている。中心が近づくタイミングと雨が強まるタイミングがずれる。

進路予想図では**台風の最接近が翌日の夜**になっていたとします。これは中心が近づく時間帯です。しかし、台風の中心近くに雨雲がほとんどない場合は、翌日の夜はあまり雨が降らない可能性があります。むしろ**台風北側のまとまった雨雲がかかる翌日の昼間**の方が激しく降る恐れがあるのです。夜に備えて昼間に移動しようとしたら、そこが大雨ピークで外に出るのがかえって危険だった……ということもあります。

台風の進路予想とともに雨雲の特徴を見ておくと、「明日の夜、台風が近

2013年10月7日10時の気象衛星画像
台風24号の周囲には目立った雲は無く、丸い形を保っていて目もしっかり確認できる。台風の雲がかかると、晴れから急に暴風雨になる恐れ。

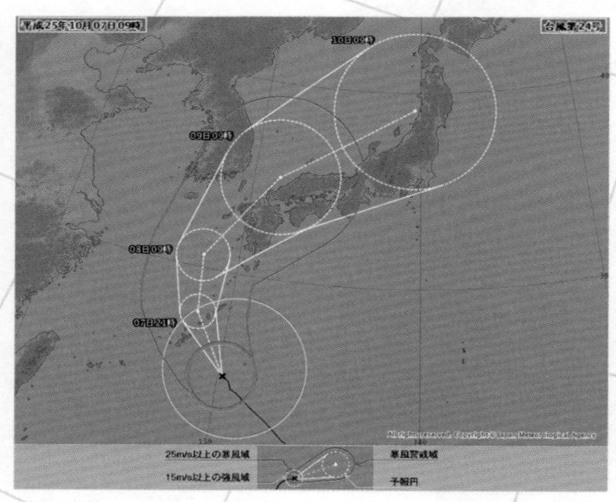

2013年10月7日9時の台風24号進路予想図
沖縄付近では台風は非常に強い勢力を保って進む予想で最接近の時間帯が要警戒。ただ、目に入った与論島は16:30頃だけ10m/s未満の東風で一時的に穏やかに。その前は北風、そのあとは南風で共に30m/s前後の暴風だった。

づくんだって。じゃあ昼間なら出かけても大丈夫だね。」と油断せず、「接近前にもかなり雨が降りそうだ。」と外出を控えたり、避難準備を始めるタイミングをはかったりすることができます。

もちろん、雨雲レーダーは随時確認が必要です。風の変化や地形の影響で急に雨雲がわき立つこともあります。特に台風が近づいてきたらこまめに確認しましょう。

2013年10月24日11時の気象衛星画像

台風27号の雲は九州南部付近に停滞中の雨雲と一体化しつつある。台風の中心から離れた所でも大雨になる恐れ。

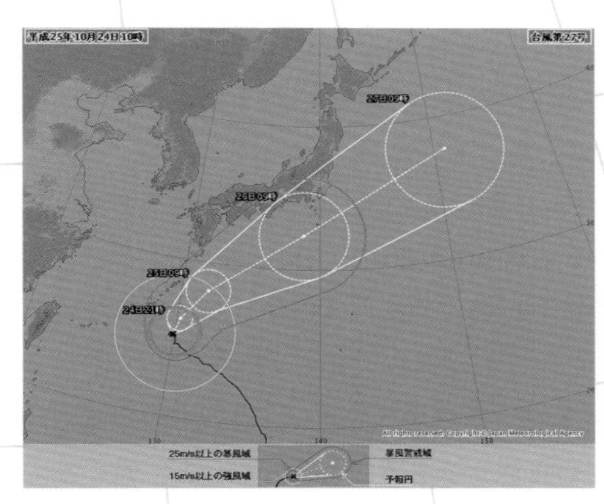

2013年10月24日10時の台風27号進路予想図

沖縄付近で向きを変えたあと、上陸することなく伊豆諸島付近を通る予想だが、台風が直撃しなくても九州や四国の太平洋側は大雨による被害が多発。台風北側の前線が大雨をもたらした。

① 台 風

「真ん丸の台風」の接近上陸は、晴れから一気に暴風雨

嵐の前の晴れをいかに有効活用するか

前項で本州に上陸する台風のほとんどは丸い形が崩れていると記しましたが、時には海上でみられていたような**真ん丸**のまま、上陸・進行することがあります。

たとえば2016年の台風9号です。8月22日午前2時に八丈島の西で**強い**勢力になり、そのまま12時半ごろ千葉県館山市付近に上陸しました。

上陸前、台風の雨雲は中心の北側で特に強まっていました。このため22日朝の放送では、

「今後、台風の進路に当たる関東から北海道の方は、ご自分の地域に台風が最接近する数時間前から雨風が強まることに注意して、備えるよ

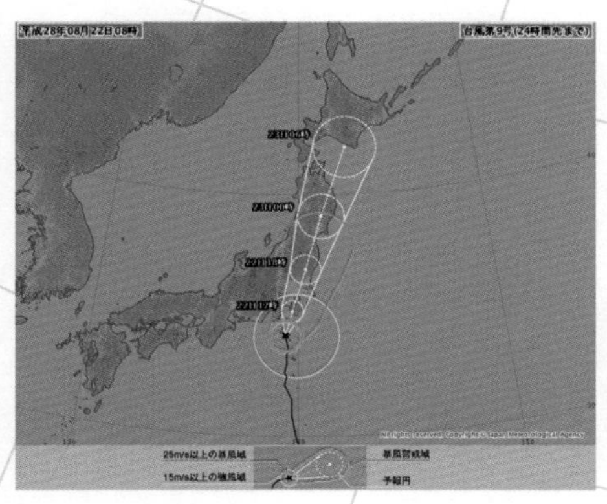

2016年8月22日8時の台風9号進路予想図
台風9号は前日に北上した11号を追うように関東付近から北海道付近へ北上する予想。午前2時に八丈島の西で「強い」勢力になり、12時半ごろ千葉県館山市付近に上陸した。

うになさってください。

台風の進行方向右側は風が強まるエリアです。今予想されるコースを北上した場合は千葉・茨城、東北の太平洋沿岸、北海道東部が風の強まるエリアに入る恐れがあります。」

と呼びかけました。

上陸直前の台風に伴う雨雲は丸い形を保っていたものの、南側は雲が途切れていたので「北上して中心が通り過ぎたら雨は弱まるかな」とみていました。

ところが、上陸後の台風の雨雲は再び丸く成形。同心円状に激しい雨を降らせる雲が広がってしまいました。台風自体は反時計回りに渦を巻いてい

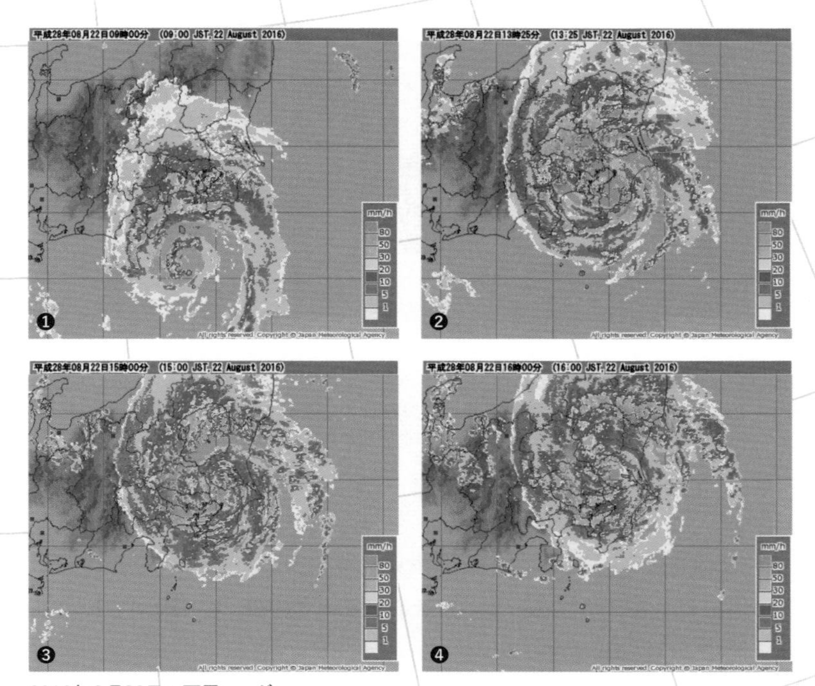

2016年8月22日の雨雲レーダー

9時、伊豆諸島付近を北上していた時は北側を中心に発達した雨雲があったが（❶）、上陸後の13時すぎには南側でも雨雲が発達（❷）、その後も丸い形を保ったまま北上（❸、❹）。

ます。つまり、激しい雨の部分に当たってしまうと、次々に同心円状の雨雲がかかり続けてしまうことになります。

埼玉の入間市や所沢市付近、東京の青梅市や瑞穂町付近では１時間に100ミリ以上の雨が降ったとみられ**記録的短時間大雨情報**が相次いで発表された他、関東各地で浸水や土砂崩れなどが発生しました。明治神宮でも倒木が発生、原宿駅ホームに木が倒れ込んで山手線がストップする事態になりました。

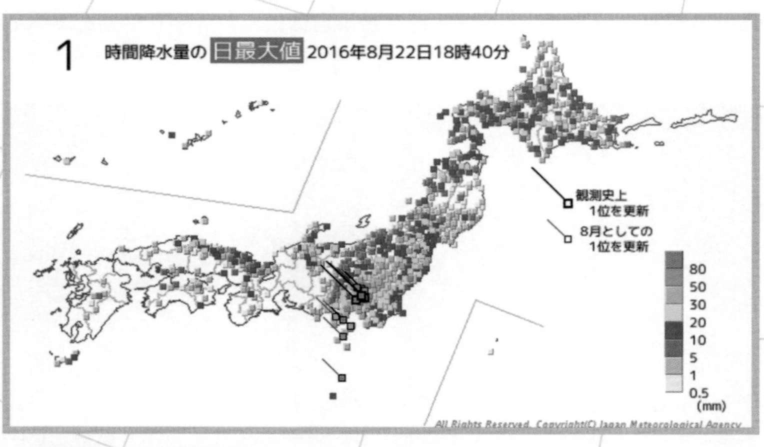

2016年８月22日の１時間雨量
埼玉の入間市や所沢市付近、東京の青梅市や瑞穂町付近では１時間に100ミリ以上の雨が降ったとみられ「記録的短時間大雨情報」が相次いで発表され、実測でも青梅のアメダスでは107.5ミリを観測した。

また台風に伴う風も、八丈町（八重見ヶ原）で50.4m/s、千葉県勝浦市で45.5m/s、成田空港で36.0m/sの最大瞬間風速を観測。いずれも台風の進行方向右側に当たる地域でした。

この真ん丸の台風は、台風本体の雨雲がかかるまではほとんど雨が降らない（場合によってはギリギリまで晴れている）ので、予告なしに急に暴風

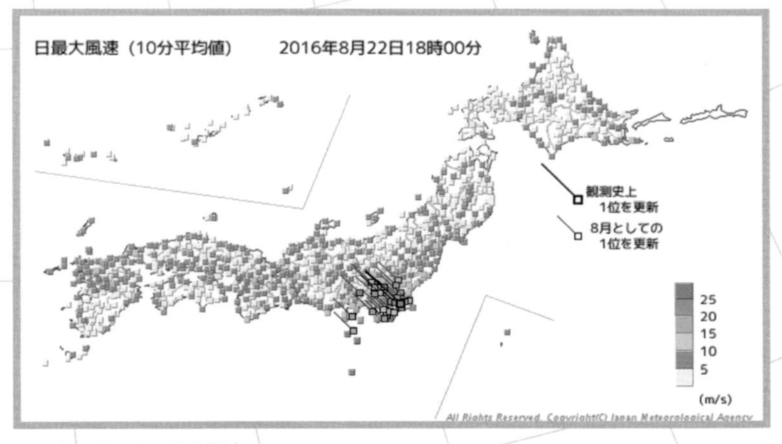

2016年８月22日の最大風速
伊豆諸島や関東沿岸部を中心に風が強まり、千葉県勝浦市で31.5m/s、三宅島で30.4m/sを観測。成田空港では36.0m/sの最大瞬間風速を観測した。

雨に見舞われることになります。「本当に台風来るの？」と油断せずに、雨雲レーダーを確認するなど、天気の急変に備えておきましょう。雨雲が集中していることから短時間で災害につながる大雨が降る恐れがあります。また、強い勢力が保たれているので、特に中心右側は暴風に要警戒です。

① 台風

「令和元年、昭和以来の命名台風、「真ん丸の台風」右側で暴風被害」

令和元年房総半島台風（2019年15号）

近年も**真ん丸の台風**が関東を襲ったことがありました。
2019年の台風15号、**令和元年房総半島台風**と気象庁が命名した台風です。

台風は9月9日3時前に非常に強い勢力で三浦半島付近を通過、9日5時前に強い勢力で千葉市付近に上陸しました。

台風の接近上陸は夜間から早朝とみられていたので、8日朝のラジオの放送で以下のように呼びかけました。

「とにかく今回は短期集中型の台風。夕方までには家に帰って、早めにご飯を食べてお風呂に入って、停電に備えてお風呂にお水を張ってお

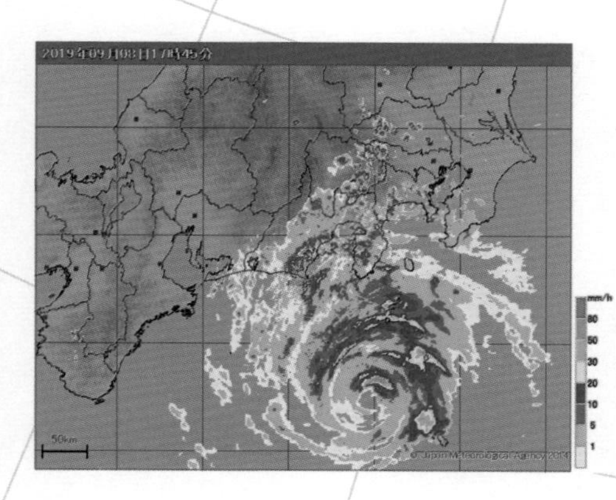

9月8日の雨雲レーダー
日本付近には前線などは無く、台風15号は単独で北上。大きさは比較的コンパクトなので、広範囲に雨雲がかかることが無く、中心が近づくまでは荒天の予兆がつかみくい。

9月8日の空
青空に入道雲が見えて、時々通り雨。この入道雲や通り雨が「台風が近づいて湿った空気が流れ込んでくる」サインになるかは微妙。前線がなく、コンパクトな台風は晴れのち暴風雨になる恐れがある。

いて、充電も忘れずに。懐中電灯とラジオも枕元に（私は、たぶん未明からラジオに出ます）。

昼頃までにはタオル・保冷剤・食料・水・乾電池などの確認を。

台風から離れた広い範囲は暑さに気を付けて。昨夜から気温が下がっていないうえ、陽射しとフェーン現象で気温がぐっと上がります。とにかくご安全に……」

伊豆半島⇒相模湾⇒関東⇒いわき沖というコースの場合、首都圏の広い範囲が**台風進行方向右側で、より風が強まる恐れ**がありました。

前年2018年９月、初めて首都圏のJRが軒並み計画運休した台風24号のとき、NHKの建物でも揺れを感じるほどの風が吹き荒れました。

わりと頑丈なはずの大きな建物でこうだから、普通の家はもっと怖かっただろうと案じていたら、一軒家に住んでいる友人は**怖くて眠れなかった**と話していました。この時は関東甲信南部では暴風による大きな被害が相次ぎました。今回も同等の暴風の恐れがあったのです。

暴風に加え、高潮・高波にも厳重な警戒が呼びかけられました。東京港の満潮の時刻は８日夜11時過ぎ、干潮は９日朝７時45分。台風接近時はちょうど潮位が高い時間に重なる恐れがありました。

８日朝の関東の気圧が1014hPaくらいでした。台風は、夜９時伊豆半島の南で960hPa、翌朝９時福島沿岸で980hPaと予想されていたことから、間

2019年９月９日の雨雲レーダー
台風15号は雨雲レーダーでも真ん丸な形と目を保って関東の陸地にかかった。午前０時過ぎには伊豆大島（❶）、午前３時前には三浦半島（❷）が台風の目に入った。

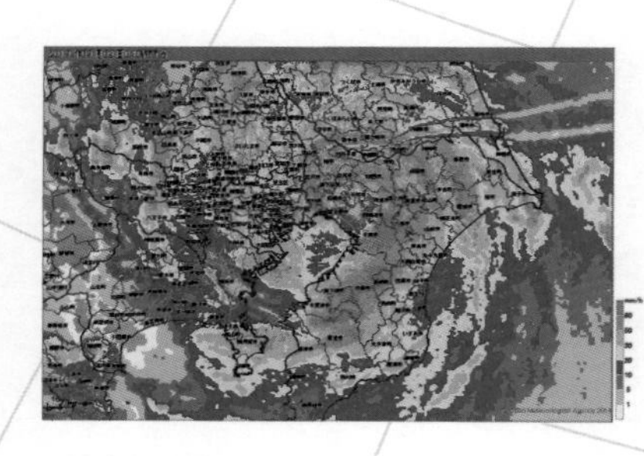

2019年９月９日５時前の雨雲レーダー
台風15号は９日５時前に強い勢力で千葉市付近に上陸。台風の進行方向右側に入った房総半島に暴風による被害が集中した。

をとって970hPaで通った場合、接近時の潮位は朝より40cm以上高くなる恐れ（１hPa気圧が下がると１cm潮位が上がる**吸い上げ効果**）。さらに東京湾は南に開けているので、南風の暴風による**吹き寄せ効果**も大きくなります。東京湾で予想される波の高さ４mはめったにない高さでした。

海岸付近だけでなく東京湾に注ぐ川沿いも高潮により川が増水しやすくなったり、水がはけにくく冠水しやすくなったりすることに注意を呼びかけました。

台風は、当初の予想よりも東側に上陸したため、暴風による大きな被害は台風の進行方向右側で中心に近かった房総半島に集中しました。市原市のゴルフ練習場の鉄柱が倒れたり、多くの屋根瓦が剥がれたりしました。長期間の停電が発生し熱中症で命を落とす人もいました。

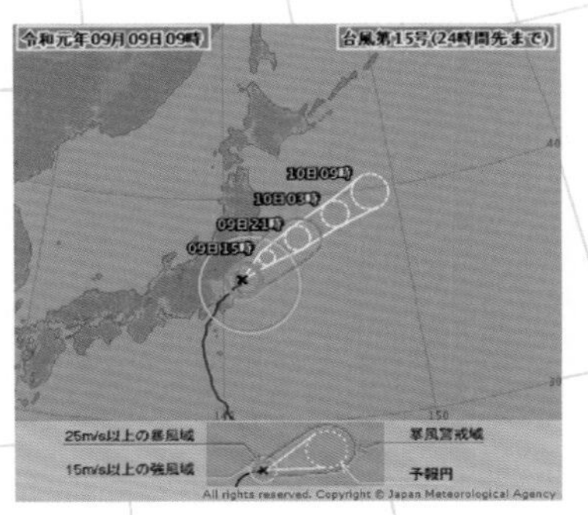

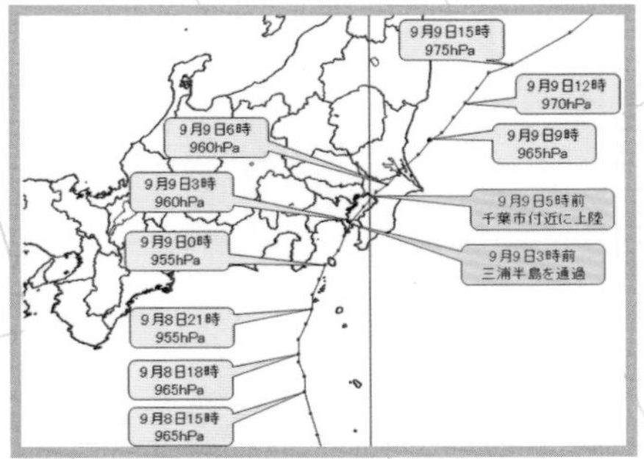

2019年９月９日台風15号の進路予想図と経路

台風は９日の早朝に千葉県から茨城県を北東進、当初の予想よりも東よりに通過。上陸後も速度を時速25キロを保ち、勢力も衰えなかった。

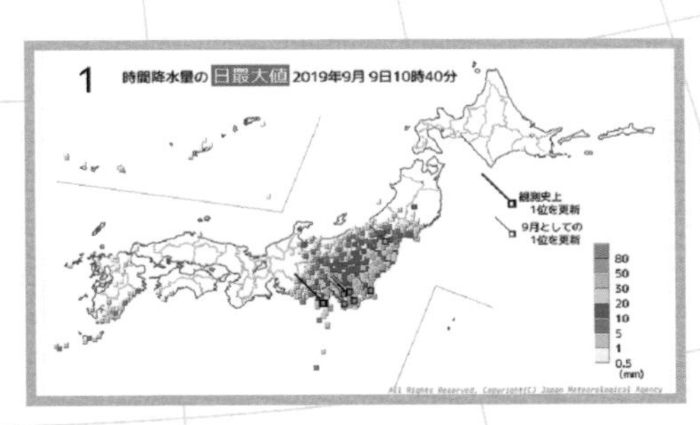

2019年９月９日の１時間雨量

台風に伴う雨雲の規模は大きくはなく、周囲に前線なども無かったため、雨が降った範囲は台風の経路とその周辺だけだった。ただ、台風の雨雲がかかった伊豆半島の天城山で109ミリ、伊豆大島は89.5ミリ、江戸川臨海と横浜で72ミリなど短時間で災害につながるような雨を観測。

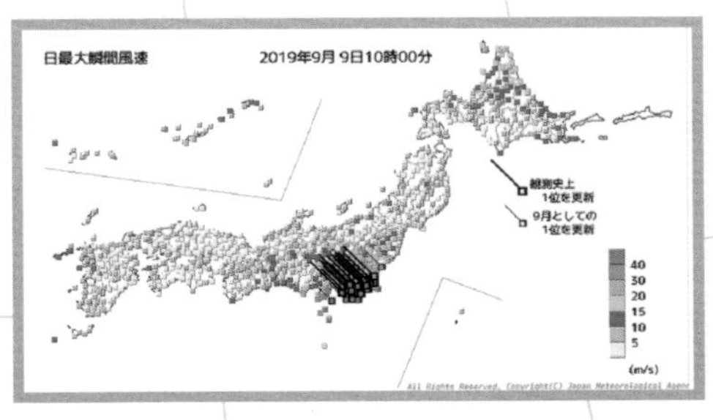

2019年９月９日の最大瞬間風速

神津島58.1m/s（８日21時03分）、千葉57.5m/s（９日４時28分）、新島52.0m/s（８日23時38分）、木更津49.0m/s（９日２時48分）、館山48.8m/s（９日２時31分）など伊豆諸島や千葉県で暴風。千葉県では統計史上最強の風を観測した。

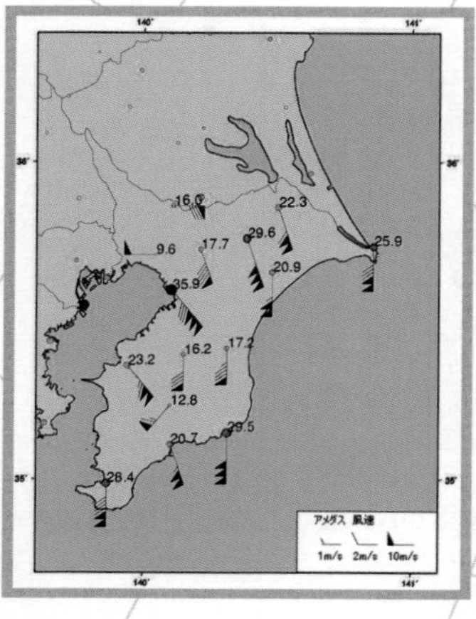

千葉県内の最大風速の分布。
千葉県でも台風の進行方向左側だった船橋では比較的弱い風。

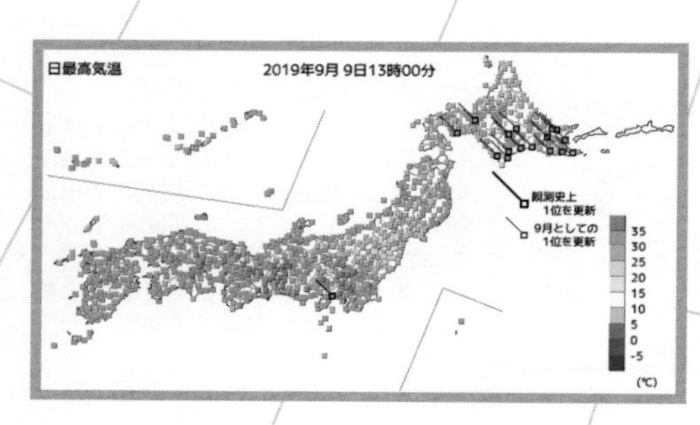

2019年９月９日の最高気温
関東も台風一過の晴天となり台風が残した暖気と日射で気温上昇。東京の最高気温36.2度は2019年の年間最高気温になった。９月に最高気温が出た年は16年ぶり。

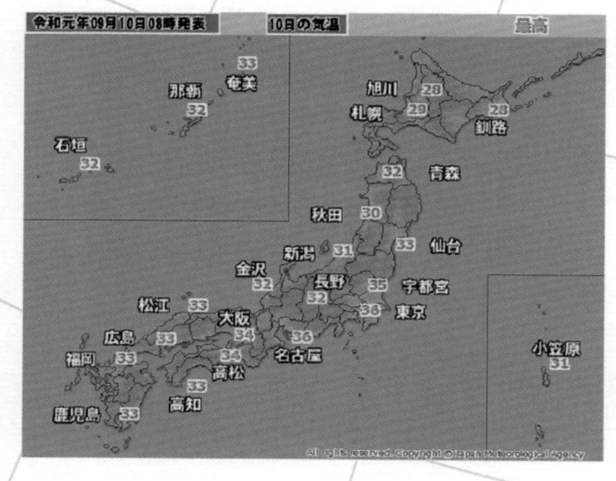

2019年９月10日の予想最高気温
翌日以降も猛暑予想。停電した地域では熱中症が懸念され、注意が呼びかけられた。熱中症で亡くなった方は災害関連死の認定をされた。

このことから気象庁は令和元年房総半島台風と命名。台風に名前が付けられたのは昭和52年の沖永良部台風以来、平成を通り越して令和元年の台風でした。

台風が通り過ぎたあとの代々木公園
大きな木が折れ、歩道には葉っぱが散乱していた。2019年9月9日撮影。

① 台風

「昭和以来の命名台風、令和２つ目は「令和元年東日本台風」」

2019年19号

2019年10月、まだ前月の台風15号の復旧作業が続く中、再び台風が関東を直撃する恐れが出てきました。台風19号です。

10月６日３時に南鳥島の南海上で発生したあと急速に発達、10月７日18時までの24時間に中心気圧が992hPaから915hPaまで一気に下がり、猛烈な台風となって北上しました。

進路予想が15号と似ている上に大型だったことで、15号よりも広範囲に大きな被害が及ぶ恐れが出たため、早い段階から気象解説でも台風への注意や備えが呼びかけられました。

台風が12日土曜日の夜遅くに関東周辺を通る可能性が高まってきた10月10日の朝、まだ広い範囲が晴れていました。その時点で、

・外回りの点検

・避難所へのルート確認、持ち出し品準備

・自家用車のガソリンや充電満タンに

・土日の計画再検討

を呼びかけました。前日11日もまだ晴れているところが多く、逆にこれから大変なことが起こると伝えるのに苦心しました。晴れから急に暴風雨が続くという急変に備えるのは難しいです。11日朝のラジオでは、今日のうちに

・家族皆さんの行動確認

2019年10月10日午前の気象衛星画像
台風19号は日本のはるか南の海上にあるが、大型で猛烈な勢力（中心気圧は915hPa）。この時点では広く晴れていたが、台風の大きな渦巻きが北上中。

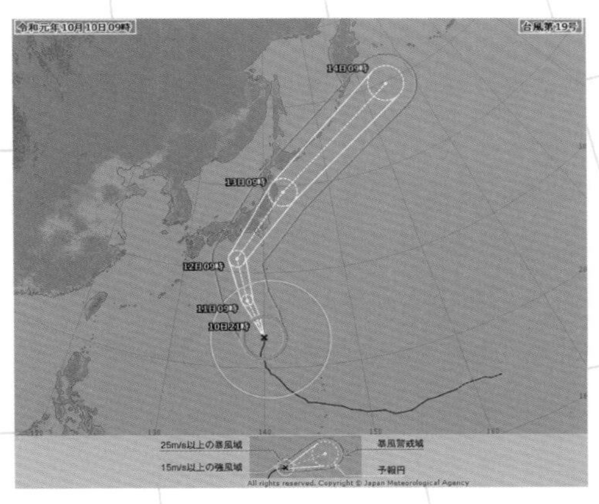

2019年10月10日９時　台風19号進路予想図
12日朝、紀伊半島の南で向きを変え東海から関東付近に近づく恐れ。まだ最も西なら東海地方で最も東なら房総半島の沖とコースは定まっていない。台風15号の被害から１か月、中心の右側に入る地域はどこかが気がかり。

・避難所の確認
・電池やカセットコンロ、ろうそくなどの停電対策
・自家用車のガソリンや充電満タンに
・多少の食べ物と水、薬などの確保

土日は

・外出は控える
・ドアや窓を開けない近づかない
・お風呂に早めに入って水をためておく

・念のため、スマホなどは温存

・電池式のラジオを用意

と呼びかけました。

気象庁では**狩野川台風に匹敵する恐れ**と具体的な台風を挙げました。

狩野川台風は昭和33（1958）年９月26日21時過ぎに静岡県伊豆半島の南端をかすめ、27日０時頃神奈川県三浦半島、１時頃東京を通過した台風22号です。

当初、白黒写真の時代に多くの死傷者を出した台風の例を、情報もインフラも進化した令和の時代に出して世の中がピンと来るのか疑問でした。ただ「大きな被害が想定される伊豆半島では**狩野川台風**ときけば大変な事態だと思うのではないか」との声で「なるほど」と思いました。現地の人が切迫感を持ってくれることが最も大切です。

このコースだと多摩川の増水も心配されたので、多摩川の河川敷が水没して１名死亡・高波で西湘バイパスの路肩がえぐられた2007年台風９号の例も出して「伊豆だけじゃないよ」と関東の人向けにも注意を呼びかけました。狩野川に印象が集中して、関東が油断するのを避けたかったのです。

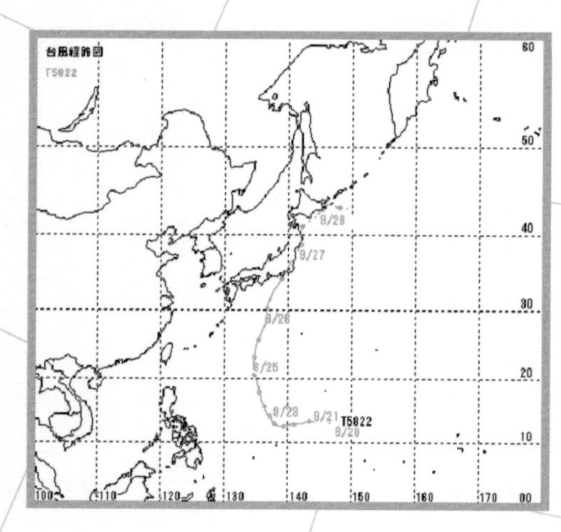

狩野川台風の経路図

気象庁では10月11日午前の緊急記者会見で「1958年の狩野川台風に匹敵する記録的な大雨になる恐れ」と過去の災害を引用して警戒を促した。東海や関東で大雨による甚大な災害が発生した台風と同じようなコースを通る恐れがあった。

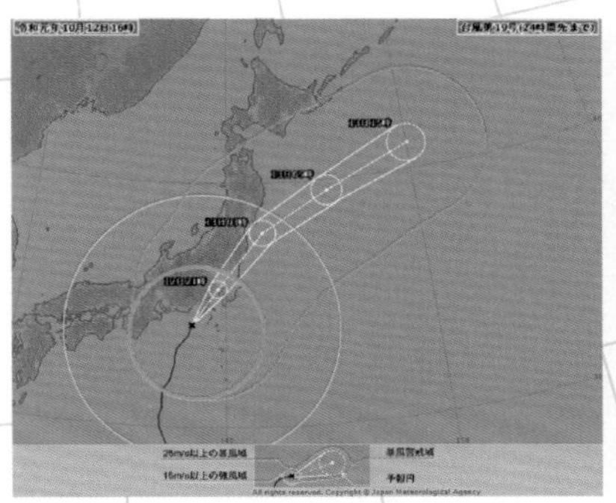

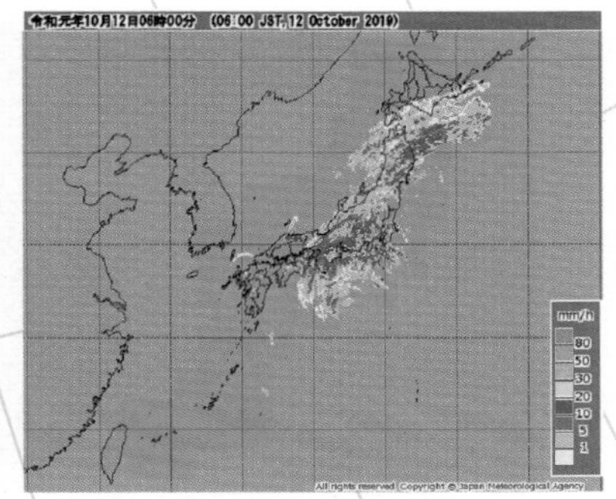

2019年10月12日夕方の台風進路予想図　　2019年10月12日朝の雨雲レーダー

台風19号は大型で非常に強い勢力を保ったまま伊豆半島に接近、19時前に上陸した。コンパクトだった15号に比べて暴風域も広く、広範囲に被害が及ぶ恐れがあり、すでに朝から本州の広い範囲で雨が降っていた。

12日土曜日は休日返上で21時から翌８時までの解説を担当する予定でした。夕方に出れば間に合う当番でしたが、夕方には交通がマヒして外に出るのは危険になると判断し、まだ影響が弱い午前中に出勤しました。出勤前にはお風呂に水をはり、おかずを数品作って保存し、２日程度は家でしのげる準備をしておきました。

土曜の昼間に出された情報では、翌昼までに静岡県の東部伊豆で600ミリ、東京も400ミリの降雨予想。これが24時間かけて降るわけではないので、ピーク時は１時間に静岡で100ミリ、都内も90ミリ降る恐れが出ていました。

既に午前中から山の方で降っている雨水が、遅れて川に流れ込みます。夕方には東京湾などは満潮を迎えるので、川の水かさが急に増す恐れもありました。

予想される最高潮位は静岡県で標高2.4m、横浜川崎2.6m、東京湾2.5m……隅田川や目黒川の下流は護岸ギリギリになるのではと案じていました。

波の高さも、東京湾で５m。気象予報士として働いて20年以上経ちますが、今まで見たことがない予報でした。相模湾12メートル、そのほか静岡

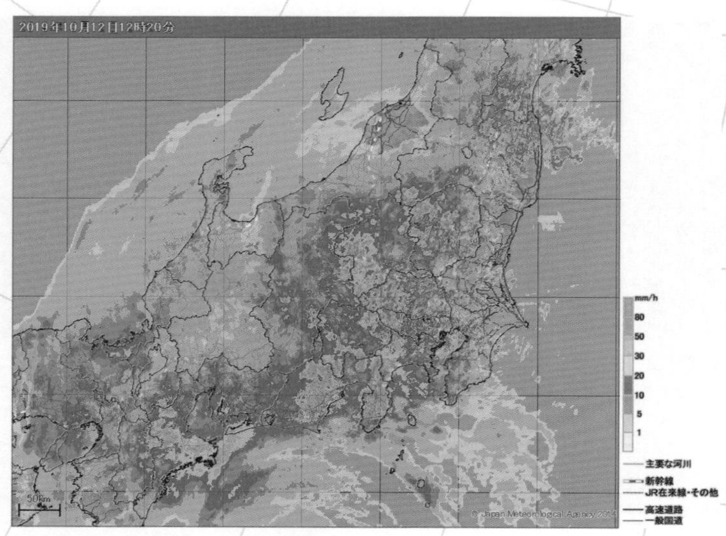

2019年10月12日夕方の雨雲レーダー

台風19号の最接近前から各地で大雨。午前中でJRなども計画運休すると予め発表があり、夜にかけてさらに雨風が強まり移動が困難になる恐れ。

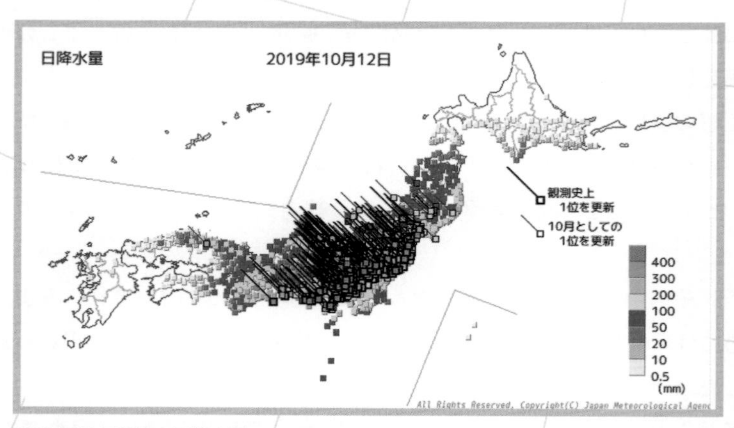

2019年10月12日の日降水量

結果的には狩野川台風を上回る広範囲での大雨になり、特に10月12日は東海から東北の太平洋側を中心に記録的な雨量になった。神奈川県箱根町は922.5ミリを観測し、全国のアメダスの歴代1位の記録を更新した。

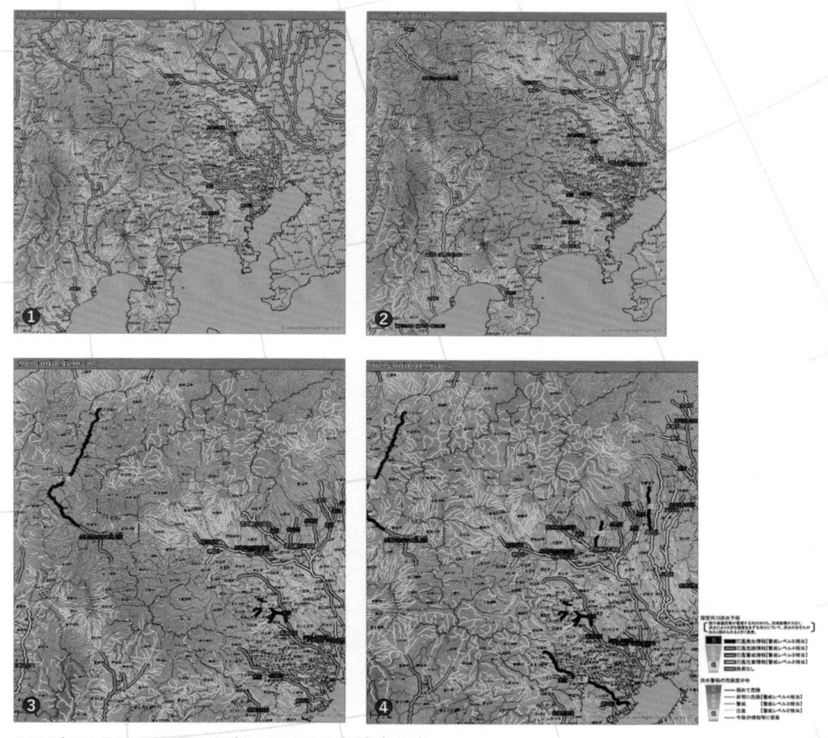

2019年10月12日の昼から夜にかけての危険度分布

10月12日昼から夕方には危険度レベル４に相当する河川が増え、大きな河川でも氾濫危険情報が相次いだ（❶、❷）。20時半には千曲川と入間川流域で氾濫発生を示す黒色の表示に（❸）。多摩川が氾濫した夜遅くには支川の水位は黄色表示が増えた（❹）。支川からの合流がある大きな河川は遅れて増水氾濫することに警戒が必要。

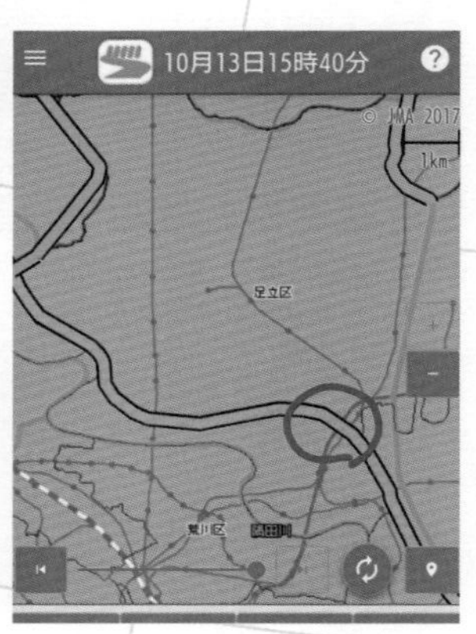

10月13日午後の荒川の様子

撮影時の荒川の危険度分布

足立区北千住駅近くの土手から撮影。すでに台風一過で天気は回復しているが、河川敷も水没して川と一体化するほど水かさが増し、流れが速い。大きな河川の特に下流は天気が回復してもしばらく水位が下がらないこともある。危険度分布を引き続き確認。右の図は気象庁ウェブサイトより一部加筆。

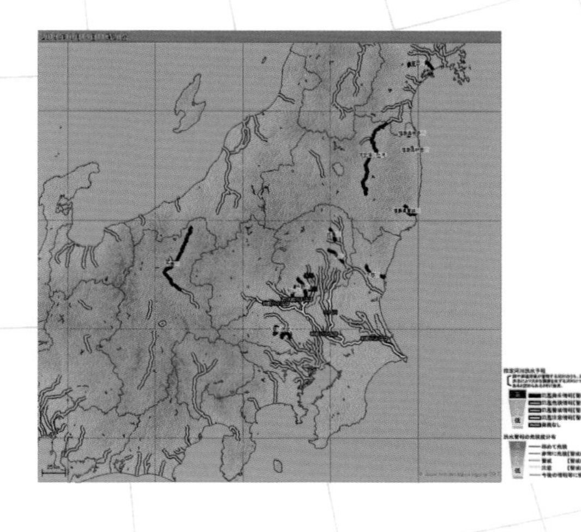

2019年10月14日午前の危険度分布

台風が通り過ぎて丸一日経っても、氾濫してしまった川だけでなく、利根川や渡良瀬川などもまだ水位が高い。氾濫後、浸水継続時間が長い地域は復旧までの時間もかかる。

〜関東の外海13m……とにかく明るいうちに海から離れるように呼びかけました。

昼間でも厚い雨雲で辺りが暗く、窓を打ち付ける雨音が大きい中、台風が接近する夜にはどうなってしまうんだろう……数日前から心構えはしていたつもりですが怖かったです。

この台風で最初に氾濫が発生し大きな被害が出たのが長野県の千曲川でした。

関東山地の手前である関東地方の被害想定ばかり気にしていて、山の向こうの長野県まで想像が及びませんでした。翌日の放送で長野県に時間を割かずに申し訳なかったと伝えたところ、長野のリスナーさんから「自分たちも山が守ってくれる、安全だと思っていた」「関東は大変だなと他人事だった」とのお返事がきました。

多摩川も氾濫し高層マンションの機能がマヒしてしまったり、東北地方でも川の氾濫により各地で大きな被害が発生してしまったり、**これまでにない規模の台風**という時の被害想定や伝え方について、大きな課題を投げかけられた台風でした。

① 台風

「大雨をもたらす台風のキーワードは「動き が遅い」「超大型」「前線」」

2011年12号は東京の年間降水量を上回る大雨

2011年の台風12号は紀伊半島に甚大な被害をもたらしました。

8月25日9時にマリアナ諸島の西で発生した台風12号はゆっくり北上、30日に小笠原諸島付近に達し、3日10時頃に高知県東部に上陸しました。その後も速度を上げずに北上、18 時過ぎに岡山県南部に再上陸、4日未明に山陰沖に抜けました。

この台風の大きな特徴は動きが遅いということでした。

小笠原近海に進んだ8月29日から30日にかけての進行速度はほとんど停滞かゆっくり……気象庁ウェブサイトによると、【台風の進行速度が5ノッ

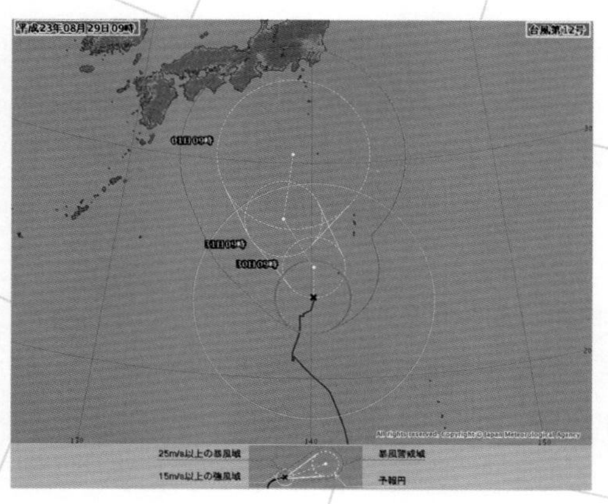

2011年8月29日の台風12号進路予想図
台風12号は発生してから速度を上げずに北上し、29日9時の時点でも小笠原近海で「ほとんど停滞」。本州付近の陸地に近づくのもまだ先の見通しだった。

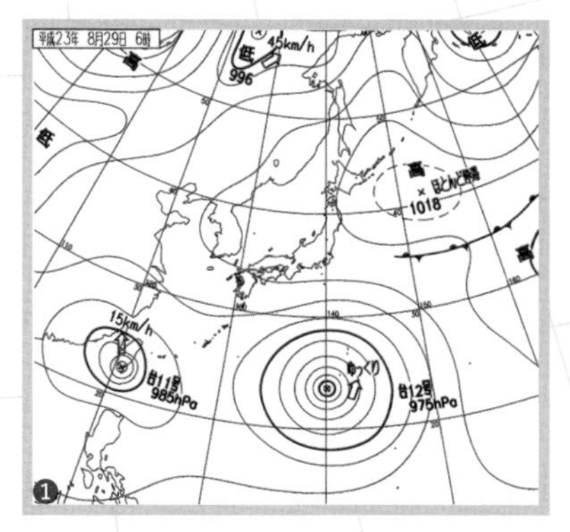

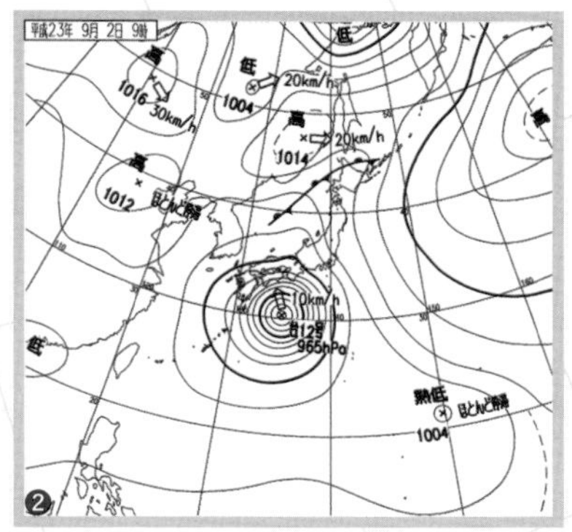

2011年８月29日と９月２日の天気図

2011年８月29日と９月２日の気象衛星画像

台風の動きが遅く、５日近くかけて徐々に北上。９月２日には台風の強風域が広くかかり（❷）、台風に伴う雨雲もかかっているが、まだ台風の中心は南の海上（❹）。

ト（時速９km）以下で方向が決まったときはゆっくり、方向が決まらないときは停滞またはほとんど停滞とする】とあります。その後、日本海で温帯低気圧に変わった９月５日15時まで、最も速くても時速20kmというノロノロペースで四国から中国地方を北上していきました。

大型で動きが遅い台風は広い範囲に大雨をもたらしました。

８月30日17時から９月５日24時までの総降水量は、紀伊半島を中心に広い範囲で1000ミリを超え、多いところでは平年の年間降水量の６割に達し、紀伊半島の一部では解析雨量で2000ミリを超えたのです。

2011年台風12号の経路図

台風12号は8月30日ごろからゆっくりと北上を続け、9月3日10時ごろに高知県東部に上陸、18時過ぎに岡山県南部に再上陸。9月4日も速度を上げずに山陰沖を北上し、広範囲期に記録的な大雨をもたらした。

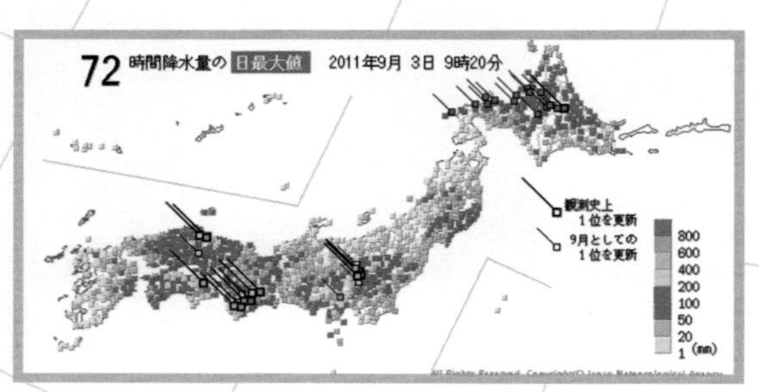

2011年9月3日の72時間降水量

台風が上陸するまでの72時間で見ると、紀伊半島を中心に四国東部や関東西部の山沿いで記録的な大雨になった。台風がゆっくり北上を続ける間、南東からの風が続き、風を受けた斜面に雨雲がかかり続けた。前線が停滞していた北海道でも大雨。

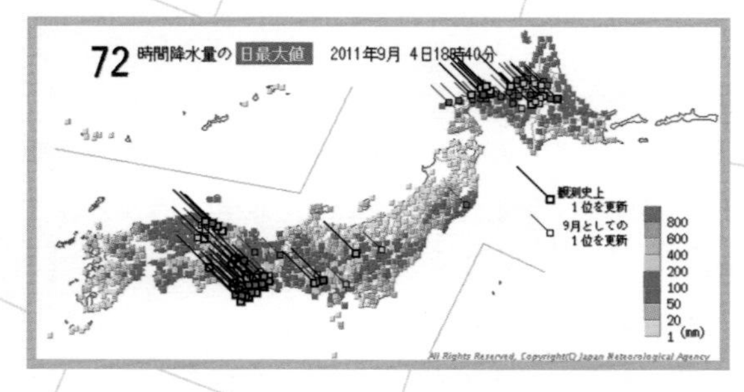

2011年9月4日の72時間降水量

台風が日本海を北上中の9月4日夕方までの72時間の降水量。台風本体の雨雲がかかった紀伊半島は記録的な大雨。静岡県や関東は50ミリ未満の地域がある一方600ミリ以上の地域もあり極端な降り方。

具体的には奈良県上北山村では期間中の最大72時間降水量が1652ミリ、これは1976年の統計開始以来の全国最大記録1322ミリ（宮崎県美郷町神門）を大きく上回りました。上北山村の年間降水量の平年値は2909ミリですが、今回の台風での総雨量が1814.5ミリでした。1回の台風で東京の年間雨量の平年値（約1600ミリ）を上回り、雨の多い紀伊半島のアメダス地点としても年間の62％の雨が降ったことになります。

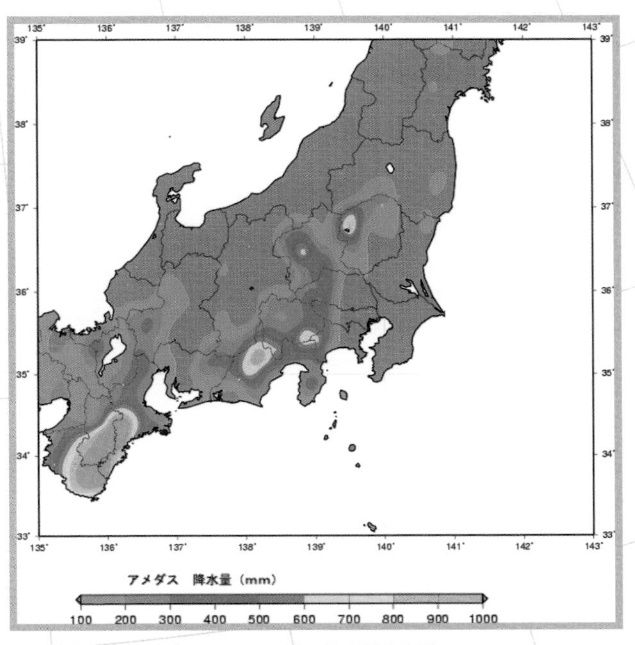

2011年8月30日18時～9月5日9時の降水量分布図

100ミリ以上の地域が色分けされている。紀伊半島の南東部で1000ミリを超えたほか、静岡県から関東西部の山沿いで雨量が多くなっている。一方、関東平野や長野県、愛知県では雨量が100ミリ未満で降り方に極端な差。風向きが変わらず、天気変化が小さかった。

ここまでの大雨が降ったことで、甚大な被害が発生しました。熊野川が氾濫し、土砂崩れがあちらこちらで発生。山の深いところまで雨水がしみこんだことによる**深層崩壊**も起こりました。

1年後に熊野詣をした際、初めて熊野川を見ました。川幅が広く穏やかな流れからは氾濫したことが信じられませんでしたが、まだ周囲には多くの爪痕が残り、復旧工事も行われていました。改めて2000ミリもの雨を降らせた台風12号の恐ろしさを実感しました。

熊野川沿いの被害状況
2012年8月撮影。川幅が広い雄大な熊野川（❶）が氾濫するとは、当時の大雨を思い知らされた。表層ではなく山の深い所から崩れる深層崩壊が発生するなど（❷）、被災から1年後も多くの爪痕が残り（❸，❹）復旧活動が行われていた。

大雨の一方、晴天続きで暑さに注意が必要な地域も

台風12号では紀伊半島だけでなく四国から北海道にかけての多くのアメダス観測地点で観測史上1位の大雨になりました。降水量分布を見ると、特徴的なことが2つありました。

1．南東の風を受ける山沿いで大雨になり、風下側では雨量が少ない。

2．台風からは遠かった北海道でも前線の影響で大雨。

です。

まず、1の**偏った雨量**についてです。

南東の風を受ける紀伊半島（三重県から和歌山県）や四国（高知県西部から徳島南部）、関東山地などで記録的な大雨になった一方、風が吹き降りたり、吹き抜けた所では雨雲がとどまらずに雨量は増えませんでした。

たとえば埼玉県では秩父市の浦山ダムのアメダスでは8月30日～9月5日の総雨量が603.5ミリだったのに対し、さいたま市は79.5ミリでした。特に9月1日の日雨量は浦山が331ミリでさいたまは7ミリです。

静岡県でも静岡市葵区井川ダムのアメダスでは総雨量が1027ミリに対し浜松市は83ミリ。9月3日の日雨量だけでも井川が504ミリで浜松市では2.5ミリと大きな差がありました。

雨が少ない地域では、むしろ**晴れて暑い、熱中症の搬送者数が増える**という点に注意が必要です。フェーン現象で連日の厳しい暑さに見舞われることもあります。特に報道では大雨のことばかり取り上げる傾向なので、晴れている地域の熱中症にも目を配る必要があります。

動きが遅い台風・超大型の台風が日本に近づく時はしばらく同じような天気が続く、と備えることが肝心です。**雨が降り続いて記録的な大雨になる地域**と、**雨が降らずに晴れて高温が続く地域**に分かれる可能性があるので、それぞれの対策で安全・健康を維持しましょう。

2023年8月は、動きの遅い台風6号と7号によって、大雨になった地域もあればフェーン現象で体温を上回る暑さに見舞われた地域もありました。台風6号は沖縄付近を西進したのち東進してから北上、沖縄や奄美は長期にわ

たり暴風域に入り、船や飛行機の欠航が数日に及びました。九州や四国の太平洋側も大雨になり、本州の太平洋側にも暖かく湿った空気が流れ込んで、激しい雷雨が相次ぎました。

一方で新潟県など本州の日本海側は山越えのフェーン現象で気温が上昇。連日のように38〜39度を観測しました。台風7号は時速15km程度で本州の南の海上から近畿地方を縦断。お盆休みの交通が大きく乱れたほか、紀伊半島を北上中の台風に向かう北風により鳥取市内で大雨になり、**特別警報**が発表されました。

この台風でも北陸以北の日本海側は**フェーン現象**で高温が続き、新潟市では1カ月の平均気温が30度以上、雨量は0.0ミリという状況でした。6号・7号によって南東からの風を受けやすかった三重県大台町宮川の雨量は1586.5ミリ、高知県馬路村魚梁瀬では1233ミリに達しました。

2つ目の特徴の**台風＋前線**も大雨に注意が必要な気圧配置です。

梅雨前線や秋雨前線が停滞中に台風が北上すると、まだ前線と台風の雨雲が離れていても暖かく湿った空気が前線に供給され、**前線付近で大雨**になる恐れがあります。さらに、北上してきた台風本体の雨雲がかかった場合は、長く続く雨で地盤が緩んだ所に台風由来の激しい雨が降って大きな土砂災害が発生する危険が高まります。

2023年6月1日から3日も梅雨前線と台風2号によって東海地方を中心に四国から関東で大雨になり、平年6月の月降水量の2倍を超えた地点がありました。

線状降水帯発生を知らせる**顕著な大雨に関する情報**は、6月2日の朝8時から夜9時までに高知県から静岡県にかけて11回も発表されました。台風2号は大型で速度を上げずに沖縄本島付近を北上していたため、中心から離れた四国から関東付近に停滞していた前線にも湿った空気を送り込み続けたのが大雨の要因です。

四国から東海は梅雨入り（当時の速報値で5月29日ごろ）直後に梅雨末

期のような大雨に見舞われました。

今後も5月末から10月ごろまでは前線と台風の組み合わせによる大雨シーズンといえます。

地元の気象台が発表する情報や自治体の避難情報などにも注意して安全を確保しましょう。

① 台風

「ひとつ手前の地方」に台風があるとき、竜巻・突風に要注意

中心から離れたところで台風直撃のような災害も

最近は台風接近時の気象情報に**台風の中心から離れた所でも竜巻や突風の恐れがあります**という一文が添えられています。その顕著な例が2009年の台風18号です。

この台風は10月８日の午前５時ごろに愛知県の知多半島に上陸しました。

朝のニュースなどは愛知県に中継が集中していましたが、ちょうど同じころに**千葉県や茨城県で相次いで竜巻が発生**。台風が直撃したかそれ以上の被害が発生した所がありました。

千葉県では九十九里町から山武市にかけて幅20〜30m、長さ1.6〜1.7キ

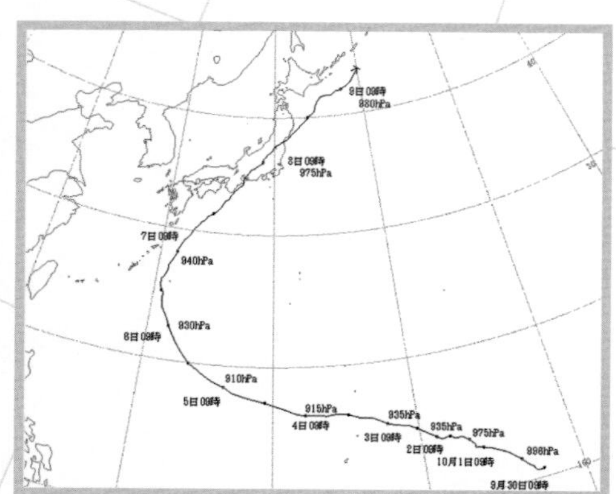

2009年台風18号の経路図
台風は10月８日５時過ぎに愛知県知多半島付近に上陸したが、そのころに中心から離れた千葉県や茨城県で竜巻が相次いで発生した。

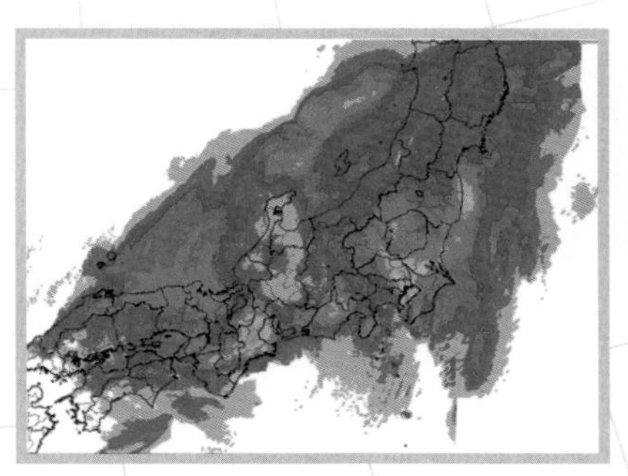

2009年10月8日4時半までの1時間雨量分布

雨雲レーダーなどを解析した雨量分布をみると、台風中心に近い紀伊半島付近と、少し離れた関東平野に発達した雨雲が発生していたことがわかる。

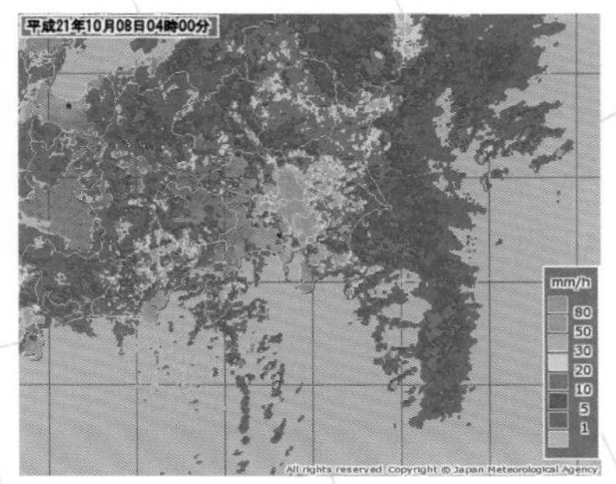

2009年10月8日4時の雨雲レーダー

関東地方にも非常に激しい雨や突風、竜巻をもたらす恐れのある積乱雲がかかっている。千葉や茨城では台風の直撃が無くても局地的に大きな被害が発生した。

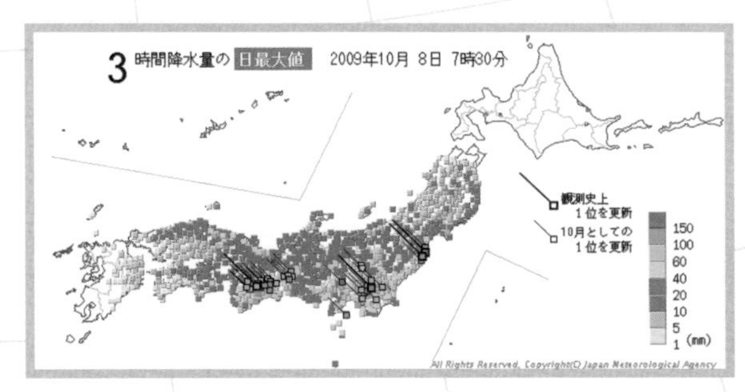

2009年10月8日の3時間降水量

関東地方は台風本体とは別の雨雲によって雨量が多くなっている。

ロに及ぶ地域でビニールハウス7棟全壊などの被害が発生、茨城県では4時50分ごろ利根町から竜ケ崎市にかけて幅100～200m、長さ6キロにわたり175棟の住家などに、5時ごろには土浦市で幅200～300m、長さ2.8キロで155棟の住家などに被害が発生、つくば市でも幅30m、長さ300mにわたりビニールハウスや木が倒れる被害が発生しました。

これらは**台風本体の雲とは別に発生した積乱雲**によるものです。**台風中心の北東側**では特に南から暖かく湿った空気の流れ込みが強まり、局地的に積乱雲が発生しやすくなります。

このほかにも2014年７月10日、台風８号が熊本県水俣市の西の海上にあったとき、高知県の南国市と香南市から香美市にかけて竜巻が発生。2006年９月17日、台風13号が九州の西の海上（鹿児島県甑島の西辺り）を北上していたころ、暴風域外だった宮崎県延岡市で竜巻が発生。３人が死亡し

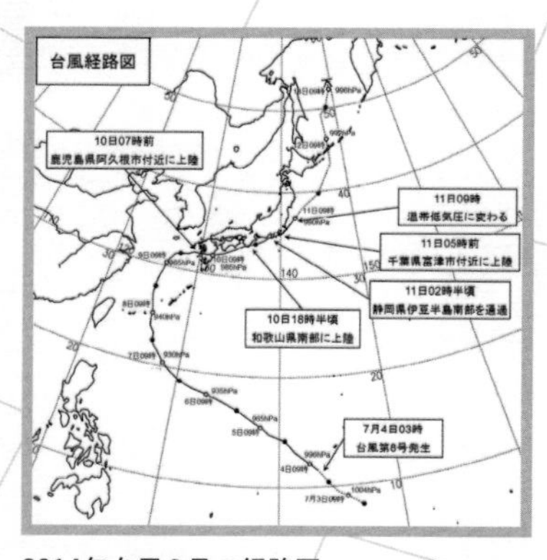

2014年台風８号の経路図

台風８号接近時、沖縄には台風に関する特別警報が発表され、沖縄本島から遠ざかった時に大雨による特別警報が発表された。鹿児島県に上陸する前に高知県内で竜巻の被害発生。

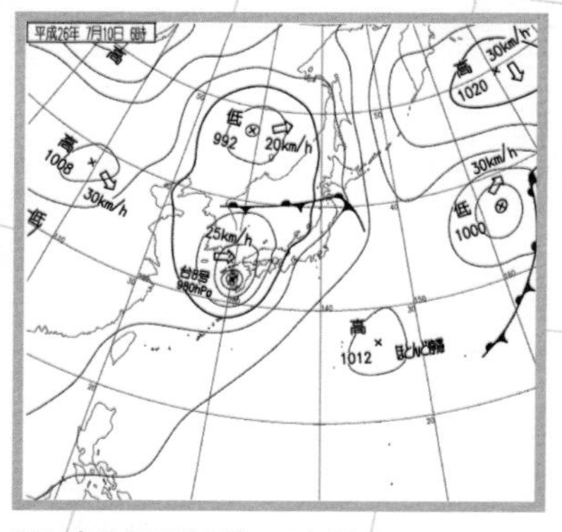

2014年７月10日６時の天気図

台風が九州に接近している時、高知県内で南から湿った空気の流れ込みが強まり積乱雲が発生した。

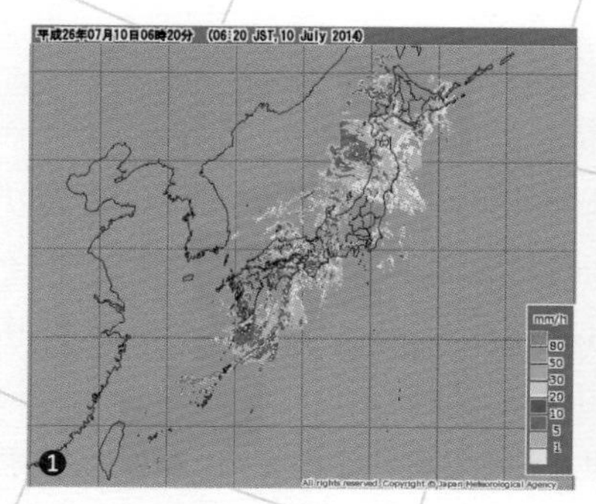

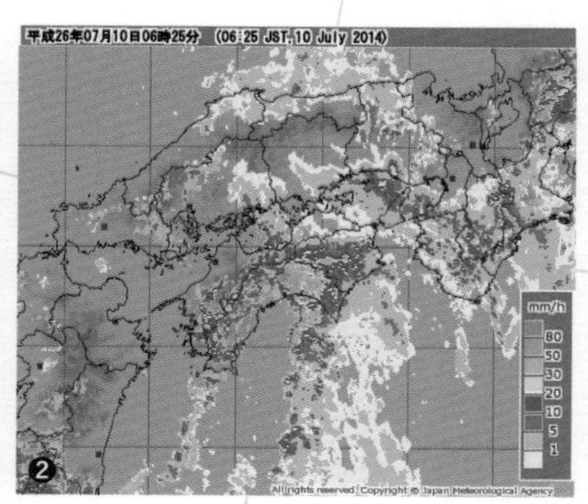

2014年７月10日６時すぎの雨雲レーダー

東北地方には前線に伴う雨雲がかかり、四国や東海地方には湿った空気の流れ込みによって局地的に積乱雲が発生（❶）。四国では南国市や香美市で竜巻による被害（❷）。

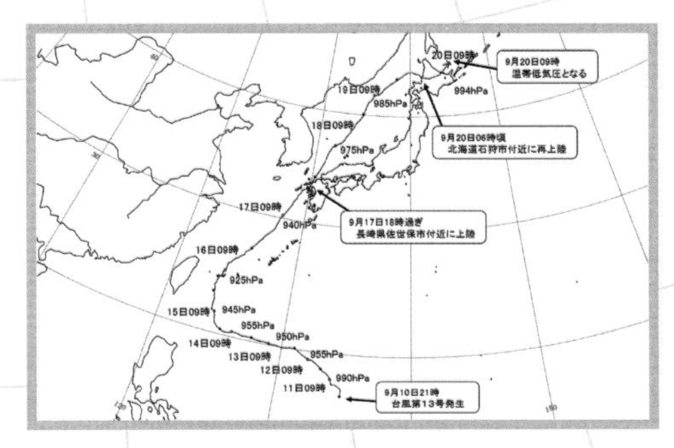

2006年台風13号の経路図
台風は9月17日18時すぎに長崎県佐世保市付近に上陸したが、その前の昼過ぎに宮崎県延岡市、日向市、日南市で竜巻が発生。南延岡駅構内で特急列車が脱線転覆した。

100人以上が重軽傷を負い、JR日豊本線南延岡駅構内で特急列車が脱線して横転する事故も発生しました。

愛知県知多半島からみた千葉県や茨城県、熊本県水俣市からみた高知県、鹿児島県の西の海上からみた宮崎県延岡市、いずれも台風の中心の北東側300〜500キロ程度離れていて**地上付近は暖かく湿った空気＋上空はまだ乾いた空気＝積乱雲がわき立ちやすい**場所にあたります。

多くの台風が進むコース（南西から北東方向）の場合、**台風が一つ手前の地方にあるとき**が**台風の北東側**になります。目安は四国からみたら九州南部、近畿からみたら四国、静岡からみたら紀伊半島、関東からみたら東海で、台風が関東にある時は東北地方南部で注意……といった具合です。

この通りになるとは限りませんし、もっと離れた場所で竜巻が発生することもありますが、台風の進路予想図で中心が最接近する時間に的を絞るのではなく、**台風の中心が来る前から本体とは別の積乱雲で竜巻や突風の恐れがある**と早めに用心しておくことも大切です。

① 台風

「台風による高潮、影響は海岸付近だけではない」

潮位が上がると、内陸部も河川増水の恐れ

私は海の無い埼玉県で育ったので**台風による高潮**には縁が無く、ニュースや天気予報で台風接近時の満潮の時刻を示すとき、「海岸付近は大変だなぁ」と他人事でした。

ところが予報士になって**高潮の影響は内陸部でも出る恐れがある**と知り、埼玉の人にも注意を呼び掛けています。

まず、台風と高潮と満潮の時刻の関係です。台風が近づくと気圧が下がります。大気が海面を抑えていた力が弱まる分、海面が上昇するのです。これを**吸い上げ効果**といい、海面では**1hPa気圧が下がると潮位が1cm上がります**。例えばそれまで1000hPaだったところへ中心気圧が950hPaの台風が来れば、台風の中心付近では海面は約50cm高くなります。

もう一つ**吹き寄せ効果**というものがあり、これは沖から岸へ向かう風によって海水が陸地に寄せられて海面が高くなることです。統計上、概ね**風速の2乗に比例して海面が上昇**するといわれていて、特にV字型の湾奥は強く効きます。

台風の勢力が強いほど吹き寄せ効果も吸い上げ効果も大きくなり、高潮の危険が高まります。さらに台風接近と満潮時刻が重なると、潮位がより高くなる恐れがあり、それが夜間に予想される場合は早めの避難や警戒が呼びかけられます。

9月頃は海水温が高くなるなどの影響で、年間で最も平均潮位が高くなる

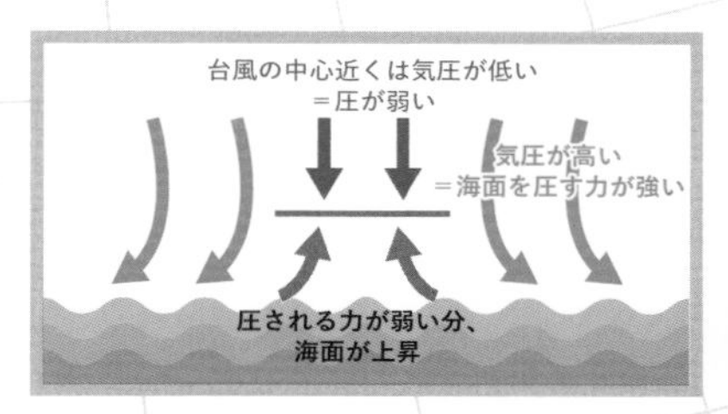

台風による吸い上げ効果

台風の中心付近は周囲より気圧が低い。海面を圧す力が弱く、その分海面が上昇。1hPa気圧が下がると、潮位は1cm高くなるといわれている。

台風による吹き寄せ効果

吸い上げ効果によって上昇した海面が、台風周辺の強い風で岸側へ吹き寄せられることで海岸付近の海面が上昇。高波のように一波だけが堤防を越えて砕け散るのではなく、海面が高い状態が長く続くことで堤防を越えて押し寄せる海水の量が多くなる。

時期であり、満月・新月付近の大潮の期間は台風が来なくても干満の差が大きくなります。加えて9月は強い台風が襲来しやすいこともあるため高潮に対して特に注意が必要です。

過去には1999年の台風18号により熊本県宇城市不知火町で12名が亡くなる高潮災害が発生、2004年の台風16号では岡山県宇野港で最高潮位が基準値よりも＋255cm、香川県高松港で＋247cmを観測するなど過去最高を更新、香川県では床上8393棟、床下13424棟、岡山県では床上5696棟、床下5084棟の浸水被害が発生しました。いずれも上記の条件が重なってしまったことが要因です。

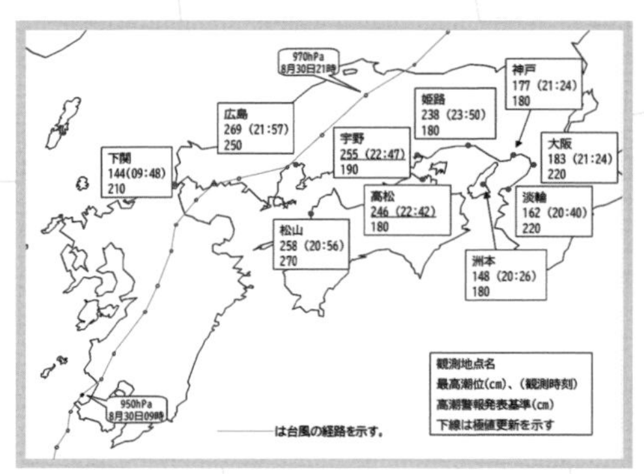

2004年台風16号の経路と各地の最高潮位

台風16号は、8月30日9時半頃、鹿児島県串木野市付近に大型で強い勢力で上陸、九州を縦断後、17時過ぎに山口県防府市付近に再上陸。中国地方から能登沖にかけて強い勢力のまま加速しつつ北東進。30日夜、台風接近と大潮期間の満潮が重なり、高松港や宇野港などで観測史上最高潮位を観測した。

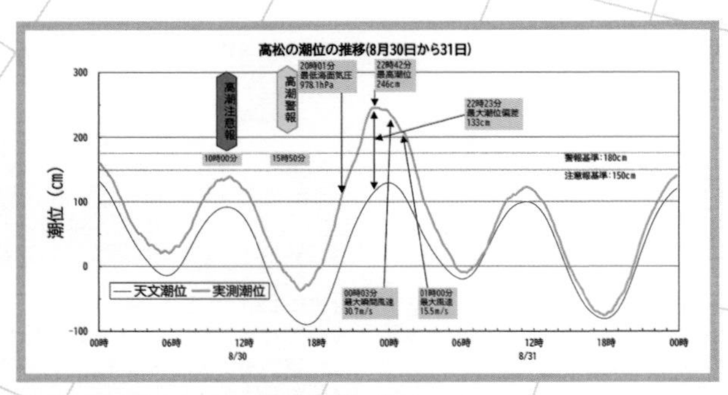

2004年８月30日から31日の高松港の潮位
高松港では基準値よりも247cm高い最高潮位を観測した。要因は①気圧下降による吸い上げ効果②南～南西の暴風で豊後水道から瀬戸内海へ大量の海水が送り込まれる吹き寄せ効果③年間で最も潮位が高い時期の満潮の時刻と台風接近が重なったこととみられる。

次に海岸から離れた内陸部での注意事項です。

海岸付近で高潮災害が発生する恐れがあるときは、内陸部でも川の氾濫や浸水に一層注意が必要になります。

川は山の方からだんだん低い土地を流れて海に達します。ところが、河口付近の水かさが高潮の影響で上がってしまうと、川の水はうまく海に流れ込めなくなります。上流から流れてきた雨水と、河口から遡上する海水によって途中で水が滞ってしまい、**海から離れた内陸部で急激に増水する恐れ**があります。流域も長く面積が広い関東平野の場合、埼玉県の川で明らかに水位が上昇することは少ないと思いますが、23区や横浜・川崎・千葉市などでは海からやや距離があるような地域でも、満潮と台風接近が重なった時は、通常よりも川が増水しやすいことを覚えておきましょう。

佐賀県では、水深が浅く干満の差が大きい有明海に流れる川は、台風接近時でなくても満潮時に水位が上昇しやすいため、子供のころから**満潮の時刻と川の関係を知っている**と聞いたことがあります。佐賀県では2019年８月28日、前線の南側の発達した雨雲により記録的な大雨になりました。ちょうど朝の満潮の時刻と重なってしまったこともあり、大規模な水害が発生、私も洪水キキクル（※p.186参照）を注視しながら急激に水かさを増していく川の状況を伝えました。そして、満潮の時刻を過ぎたら川の水位が急速に下がっていったことにも驚きました。

その他の地域でも、台風接近などによって潮位が高くなることに注意・警戒が呼びかけられているときは、直接海水が及ばないような内陸部でも、通常より**河川の増水・氾濫・冠水や浸水が起こる可能性が高まる**ことに気を付けて下さい。

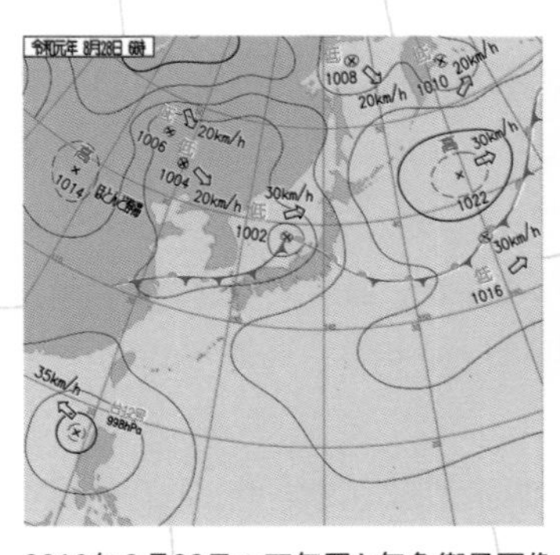

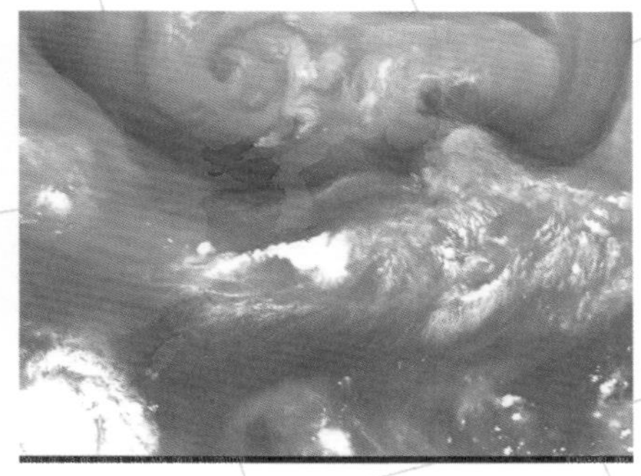

2019年8月28日の天気図と気象衛星画像

九州の北に延びる前線に向かって、太平洋高気圧から湿った空気が送り込まれた。6時の気象衛星水蒸気画像をみると九州北部に次々と積乱雲がかかる状況だった。

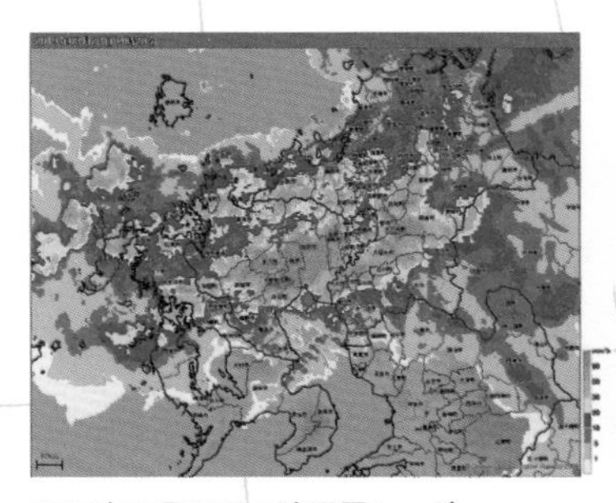

2019年8月28日4時雨雲レーダー

4時台に佐賀県内に6回も記録的短時間大雨情報が出されるなど、線状降水帯による大雨で5時50分に佐賀・福岡・長崎に大雨特別警報が発表された。佐賀市では8月28日6時10分までの3時間に223.5ミリの記録的な大雨を観測。

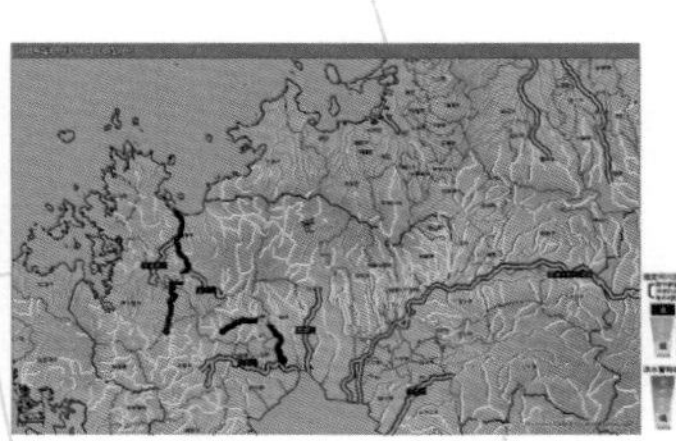

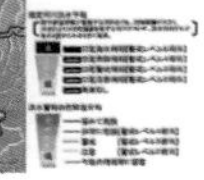

2019年8月28日　洪水キキクル

佐賀県沿岸部が満潮の時刻を迎える7時過ぎにかけて記録的な大雨が降ったことで、河川の水位が一気に上昇し大規模な内水氾濫が発生。

① 台風

「強い勢力で速い台風」がもたらす風圧水圧の怖さ

2018年 台風21号

台風による高潮で記憶に新しいのが2018年9月4日、25年ぶりに非常に強い勢力で上陸した台風21号です。4日12時に徳島県南部に上陸した時の気圧は950hPaで最大風速が45m/sでした。淡路島付近から兵庫県を北上し、日本海に出るころまで非常に強い勢力を保ち、時速が60km前後と速い速度で進んでいきました。

この台風によって大きな被害が出たのが関西国際空港です。航空燃料タンカーが連絡橋に衝突し一部破損、滑走路も高潮で閉鎖されるなど人や物の

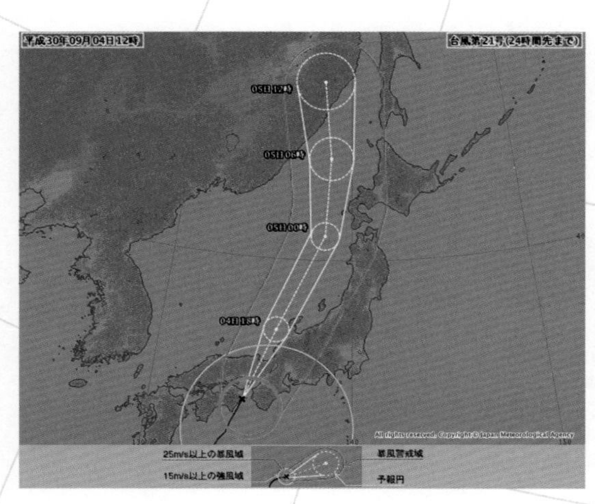

2018年9月4日12時の台風21号進路予想図
台風21号は9月4日12時に徳島県南部に上陸しました。中心の気圧は950hPaで「非常に強い勢力」で上陸した台風は25年ぶり。日本海に出るまで非常に強い勢力を保ち、時速60キロ前後で北上。

流れが止められてしまいました。

空港で孤立した人は停電による不自由も強いられました。復旧作業には長い時間を要し、関西国際空港連絡橋は翌年の4月8日に完全復旧したと発表されました。

大きな被害が出た要因が、**非常に強い勢力**と**速い速度**です。勢力が強いということは台風自体が回転する速度が速い上に、移動速度も速いことで、**中心の右側では風のダメージをより強く受ける**ことになります。右側に入った関空の最大瞬間風速は58.1m/s、和歌山は57.4m/sと、ともに観測史上1

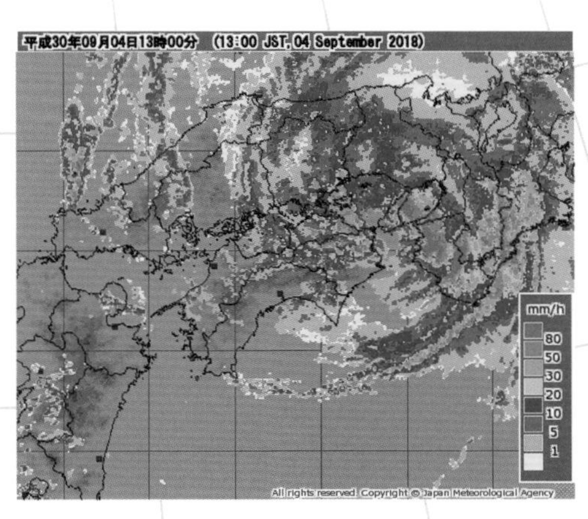

2018年9月4日13時の雨雲レーダー
台風は非常に強い勢力を保って淡路島洲本市付近を北上。台風の雨雲も円形を保っていて中心の右側にも左側にも発達した積乱雲が見られる。

平成30年 台風第21号に関する和歌山県気象情報 第6号

平成３０年９月４日１２時１５分 和歌山地方気象台発表

（見出し）
和歌山県北部の沿岸部及び河口付近を中心に、過去の最高潮位を上回る極めて危険な状況となっています。各自が安全確保を図るなど、躊躇なく適切な防災行動をとってください。

（本文）
なし

❶

平成30年 台風第21号に関する大阪府気象情報 第7号

平成３０年９月４日１２時４８分 大阪管区気象台発表

（見出し）
大阪府の沿岸部及び河口付近を中心に、過去の重大な高潮害発生時に匹敵する極めて危険な状況が迫っています。各自が安全確保を図るなど、躊躇なく適切な防災行動をとってください。

（本文）
なし。

❷

台風21号に関する府県情報
高潮に対してはめったにない強い表現で警戒が呼びかけられた。和歌山では「過去の最高潮位を上回る極めて危険な状況（❶）」、大阪では「過去の重大な高潮発生時に匹敵（❷）」。次いで兵庫県にも発表された。

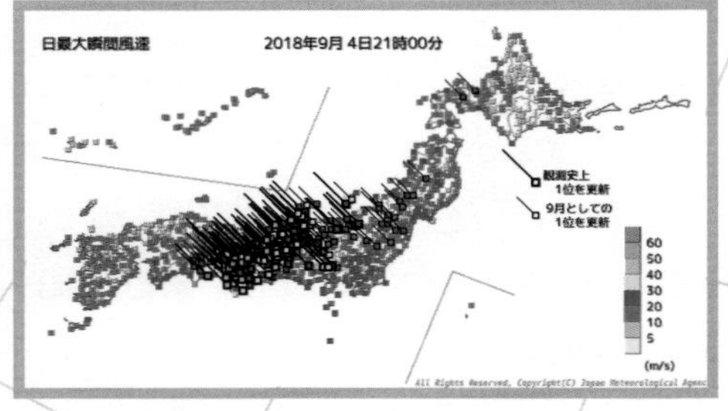

2018年９月４日の最大瞬間風速
台風が北上したコースの右側で特に記録的な暴風になった。金沢44.3m/s、彦根46.2m/s、和歌山57.4m/sなど50年から100年の統計史上１位の風を観測したところも。

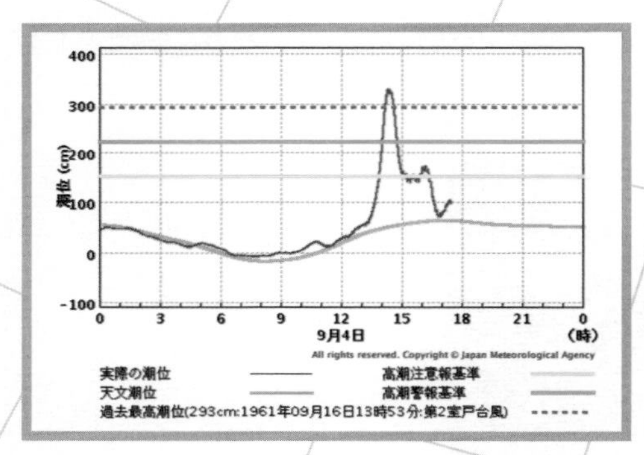

2018年９月４日の大阪湾の潮位の推移
非常に強い台風が速い速度で通ったため、急激に潮位が高くなった。関空では58.1m/sの最大瞬間風速を観測するなど、一気に吸い上げ効果と吹き寄せ効果が強まって大きな被害が出た。

位を記録しました。

高潮に関しても、朝の気圧が1000hPaくらいだったのが14時に神戸市付近に台風が進んできたときには955hPa……単純計算で吸い上げ効果は45cm、さらに暴風による吹き寄せ効果も大きくなります。最高潮位は大阪港で標高329cm（１時間で約３m上昇）、神戸港で標高233cmなど、過去の最高潮位を超える値を観測。気象庁が機動調査班を現地に派遣し調査を行った結果、堺泉北港における高潮は標高約330cm、兵庫県西宮市甲子園浜海浜公園（今津浜地区）における高潮は標高約370cmに達したと推定されました。

高潮は台風の時に限りません。**台風並みに発達した低気圧**により冬の北海道で高潮が発生したことがあります。2014年12月16日～17日に太平洋側

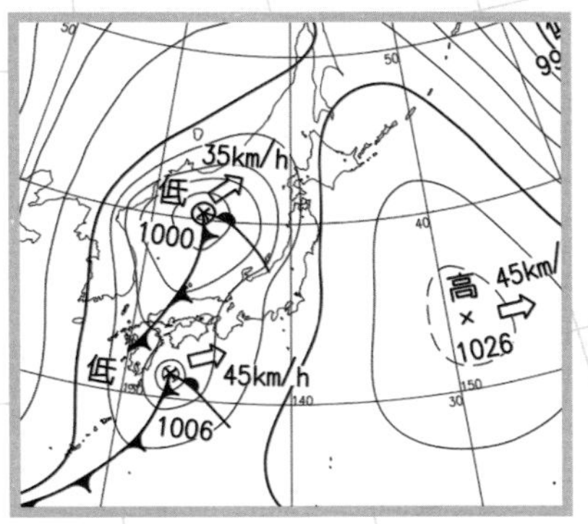

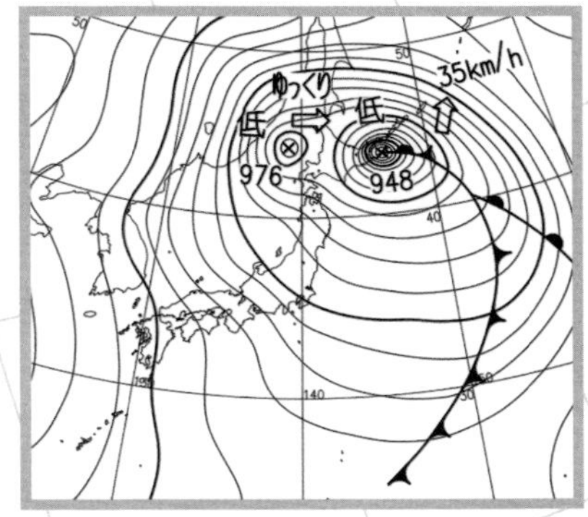

2014年12月16日と17日の天気図
12月17日に根室に高潮をもたらした低気圧は、前日の９時は1006hPaで24時間に58hPaと急降下。台風並みに発達した低気圧と報道され警戒が呼びかけられた。

を急速に発達しながら低気圧が北上しました。16日９時には四国の南で1006hPaでしたが、24時間後の17日９時には北海道根室市の東で948hPaと台風並みに強まりました。

根室市では急速に気圧が下がったこと（８時５分に952hPaを記録）と、低気圧の中心近くで東寄りの暴風（４時59分に最大瞬間風速39.9m/s）が吹いたことで高潮が発生。８時49分に最高潮位203cmを観測し、平常時より169cmも高くなりました。台風襲来時ではなく**真冬の高潮**ということで、市街地では冠水した道路に積もった雪の塊が流氷のように浮かぶ珍しい光景が報道されました。

② 急発達する低気圧

「予告なしに来る荒天」は予想できる。予報を信じて。

しっかり予報を聞けば
「知らなかった……」とはならないはず

台風同様**急速に発達する低気圧**も予測制度が高く、早くから警戒を呼び掛けることが出来る現象です。

民放の天気予報では**爆弾低気圧**との表現で注意喚起することがあります。「大変なことが起こりそうだ」と想像しやすいインパクトがある言葉ですが、正式な気象用語ではありません。海外での「bomb cyclone」の訳語としても「爆弾」は好ましくないとされ、NHKラジオで使うとご指摘が届くこともあります。ただ、本当に気をつけて欲しいとの願いを込めて**荒天をもたらすいわゆる爆弾低気圧**と使う時もあります。

この低気圧は春や秋、**季節の移り替わる時期**に増える傾向です。温帯低気圧のエネルギー源である性質の異なる空気の気温差や湿度差が大きくなるからです。

特に2012年4月3日～4日の低気圧は顕著でした。

4月2日21時には朝鮮半島の西で中心気圧が1006hPa、3日21時には日本海で964hPaと**24時間で42hPa**下がったのです。24時間で24hPa下がるといわゆる爆弾低気圧とされるところ、42hPaはめったにありません。気象庁でも**過去にあまり例がない**として警戒を呼びかけました。4日には北海道付近まで北上し、強い冬型の気圧配置になりました。

低気圧が近づく前、3日の朝は九州で20度を超える気温の所がありました。4月のはじめといえばまだ朝はかなり冷える時期ですが、**梅雨時並みの**

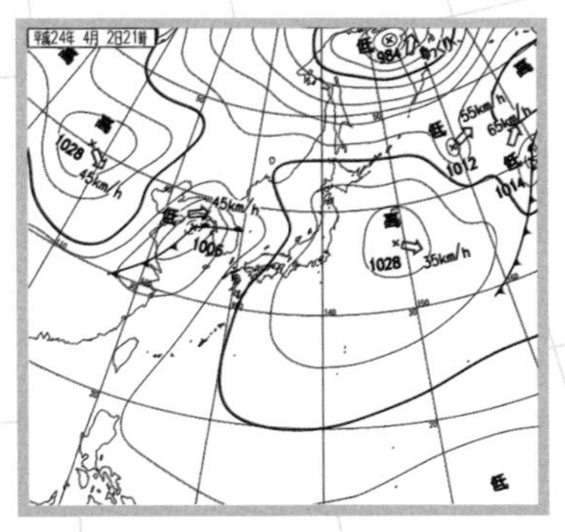

2012年4月2日21時の天気図

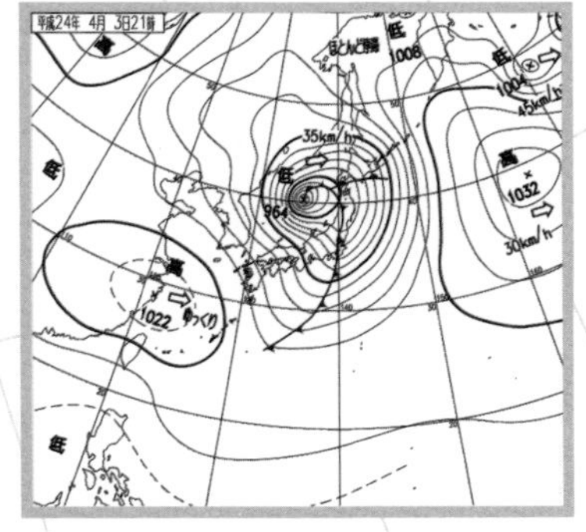

2012年4月3日21時の天気図

低気圧の中心気圧は2日21時の1006hPaから3日21時の964hPaへ24時間で42hPa降下。2日は列島にかかる等圧線が3本だが、3日は九州から本州で10本・北海道で5本程度と一気に間隔が狭くなり、急に広範囲で暴風が吹き荒れた。

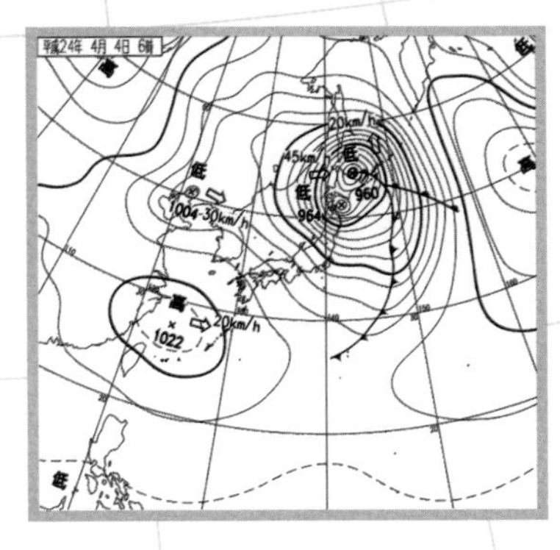

2012年4月4日6時の天気図

3日は南風が吹き荒れて気温が上昇したが、4日は強い冬型の気圧配置になり北よりの暴風に。前日との気温差が大きくなり、本州の山は再び大雪になった地域もあった。

生暖かい空気が流れ込んでいました。一方、低気圧（寒冷前線）通過後には本州の山では雪が降り、飛騨高山は15cmの降雪を記録。梅雨時と真冬……半年くらい季節の差がある空気がぶつかれば、めったにない勢いで低気圧が発達（＝等圧線の数が一気に増えて、急に風が強まる）します。

気象庁は前日から注意を呼びかけ、天気予報でも**明日の荒天**の解説をしますが、これが一筋縄ではいきません。というのも、急に荒天になるので、それまでは荒天の気配すらありません。実際に東京では情報が出された4月

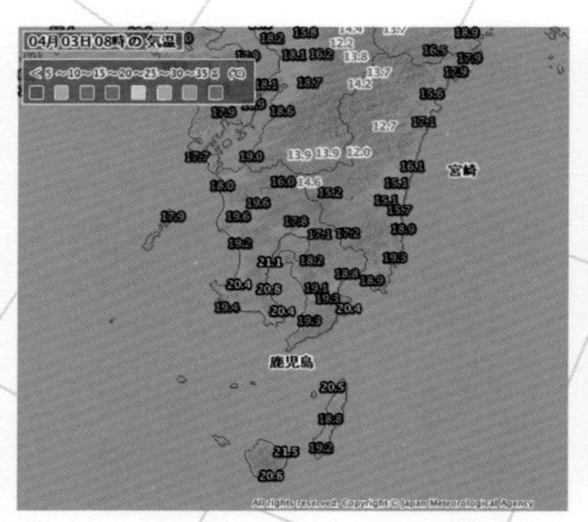

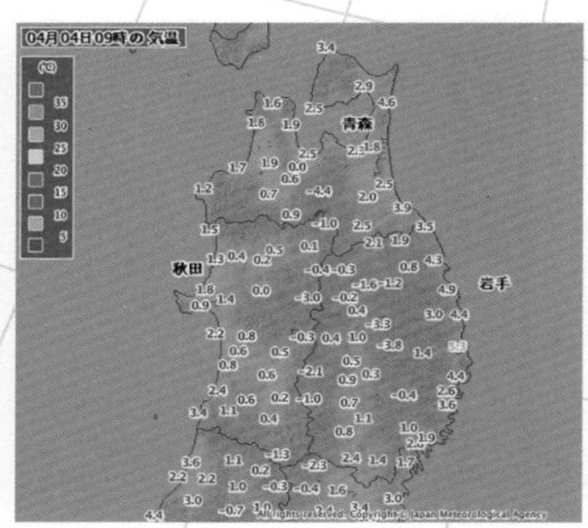

2012年４月３日８時と４月４日９時のアメダス気温分布
低気圧接近前の４月３日朝は鹿児島県内で20度超の地点があり６月並みのムシムシした空気が流れ込み、通過後の４日朝には冷たい空気に入れ替わった。東北地方は前夜までの雨が雪に変わった。

いわゆる爆弾低気圧が来る前夜の月

２日は穏やかな晴れ、低気圧がくる３日の朝５時も天気は晴れ、風速は1.5m/sで**このあと嵐がくる**とは思えない状況でした。

この時点で「荒天に注意」と呼びかけても「本当に？」と話半分に聴かれてしまうことがあります。さらに厄介なのが、注意点がたくさんあることです。

私は時々**か・き・く・け・こ**の言葉を使って、**頭文字のＫ**の数で注意をします。

1. 強風（低気圧が発達するため急に風が強まる、むしろ暴風）
2. 高温（前線通過前は南風が強まり、季節外れの暖かさも）
3. 乾燥（山越えのフェーン現象で空気が乾き、火災に注意）
4. 寒気（前線通過後は山で雪が降るような冷たい空気に入れ替わる）
5. 気温差（短時間で一気に気温がアップダウン、服装注意）
6. 雷（寒冷前線通過時は大気の状態不安定、落雷・突風、ヒョウの恐れ）
7. 強雨（短時間で激しく降って、道路冠水や土砂災害の恐れ）
8. 黄砂（春は前線通過後に飛んでくることも）
9. 花粉（春は前線通過前の南風で飛散量が増えることも）

と、多い時は**9つもK**の注意点があるのです。

これをラジオで伝えるにはそれなりに時間がかかります。荒天時なら気象情報の時間を多めにとってもらえることもありますが、まだ穏やかな時に時間を頂くには事前の説明や交渉が必要になります。局内のスタッフやリスナーさんなど多くの人に「ホントに？」と思われながら予報を伝えるのは気持ちをしっかり持っていないとこなせません。

年間に何度か**穏やかなうちからうるさく注意せざるを得ない**状況がありますが、特にこの**急速に発達する低気圧が来る前**というのが高難度です。

2012年4月3日の東京は、朝は穏やかに晴れていたのに、夕方には横殴りの雨で最大瞬間風速は29.6m/sを観測。予報通り交通機関が乱れるなど**急に大荒れ**になりました。

4月3日から4日は全国80地点以上で最大瞬間風速を更新、様々な影響が出ました。

1. 陸・海・空の交通機関で運休が相次ぐ
2. 落雷や電線切断などにより広範囲で停電発生
3. 建物などの損壊や倒木の発生
4. イベントの中止（センバツ高校野球決勝戦順延、埼玉西武ライオンズ本拠地開幕戦中止など）
5. トラックの横転やスリップ、視界不良などによる交通事故

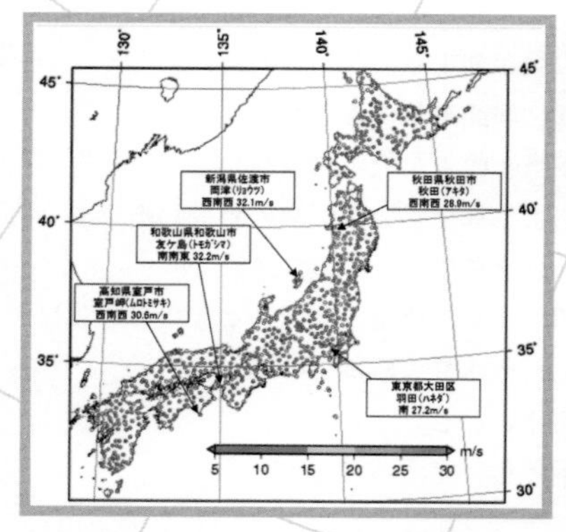

2012年4月3日～5日の最大風速の分布図

低気圧が急速に発達しながら北上したため広範囲で暴風を観測。30m/s前後を観測した所も。さらに瞬間的には両津で43.5m/s、秋田40.8m/s、東京八王子38.9m/sなど。いずれも4月として1位の記録。

いわゆる爆弾低気圧が通り過ぎた後の虹

6．多くの負傷者（転倒・下敷き・落下・ドアに挟まる・割れたガラスなど）

7．都市部の冠水・浸水

8．雪融けによる雪崩、新雪による交通障害

24時間前には想像もつかない穏やかな天気だったのに、これらの災害に見舞われてしまったのです。

この４月初めに列島を駆け抜けた春の嵐でマスコミが一斉に**爆弾低気圧**という言葉を使ったことから、ユーキャン「新語・流行語大賞」のトップテン入りを果たすまでに至りました。

2016年12月にも24時間で58hPa気圧が下がり根室で高潮が発生した低気圧（p.73）や、図で示したように2021年２月には24時間で50hPa降下して北海道で過去最低気圧を観測した低気圧などがあります。

急速に発達する低気圧に関しての予報精度はかなり高いです。天気予報で**低気圧が急速に発達し**というフレーズを見聞きしたら、**急に風が強まり荒**

日付	15 月	16 火	17 水	18 木	19 金	20 土	21 日
釧路 府県週間予報へ 2週間気温予報へ	− /3 −/10/90/90 ／	−1 /4 80/30/10/10 ／	−6 /−2 30 A	−9 /0 30 A	−9 /2 10 A	−9 /2 20 A	−8 /2 20 B
旭川 府県週間予報へ 2週間気温予報へ	− /3 −/50/70/70 ／	0 /2 60/60/60/50 ／	−8 /−3 80 B	−9 /−2 60 B	−6 /−1 50 C	−5 /1 40 C	−5 /4 30 C
札幌 府県週間予報へ 2週間気温予報へ	− /6 −/80/70/70 ／	1 /2 60/50/40/40 ／	−7 /−2 80 B	−6 /0 70 B	−3 /1 50 C	−3 /3 40 C	−2 /6 30 C
青森 府県週間予報へ 2週間気温予報へ	− /7 −/50/90/80 ／	−1 /0 80/70/60/50 ／	−5 /−2 70 A	−6 /−1 70 A	−3 /2 50 C	−1 /5 40 C	1 /8 40 C
秋田 府県週間予報へ 2週間気温予報へ	− /10 −/60/90/90 ／	0 /2 90/80/60/70 ／	−3 /0 70 A	−4 /0 70 A	−1 /4 50 C	2 /7 40 C	3 /8 40 C
仙台 府県週間予報へ 2週間気温予報へ	− /11 −/90/90/50 ／	2 /6 30/20/10/20 ／	−2 /4 40 B	−3 /3 40 B	−1 /7 20 A	2 /11 30 A	2 /13 30 A
日付	15 月	16 火	17 水	18 木	19 金	20 土	21 日
新潟 府県週間予報へ 2週間気温予報へ	− /11 −/80/90/90 ／	2 /7 80/80/90/90 ／	−2 /2 80 A	−2 /2 80 A	0 /6 60 B	2 /10 40 B	2 /11 40 C
金沢 府県週間予報へ 2週間気温予報へ	− /12 −/90/90/90	3 /7 90/80/80/90	−1 /3 80	−1 /2 80	1 /7 60	2 /12 30	3 /13 40

2021年２月15日朝に発表された週間予報

２月15日は広く雨だが16日は雪で風も強まる予想。秋田の最高気温は15日10度→16日２度と大幅に低くなるとみられ、天気や気温の急変に注意が呼びかけられた。これだけ大きく変わる時は急発達する低気圧や寒冷前線通過に伴う荒天に要警戒。

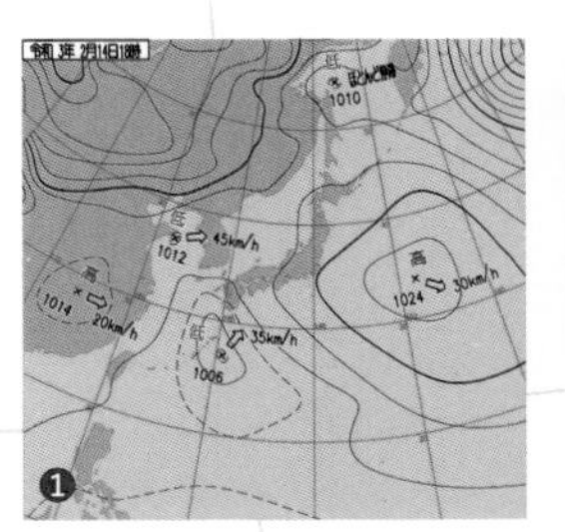

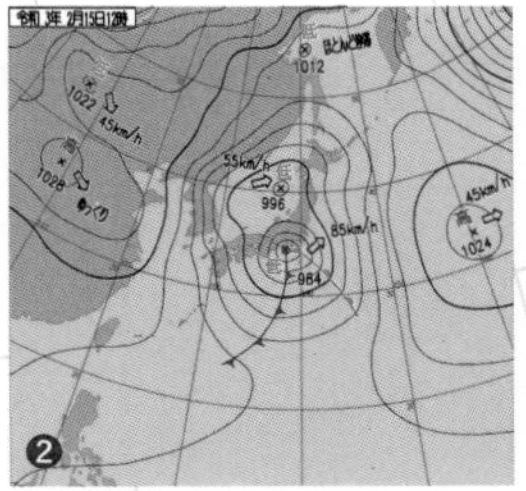

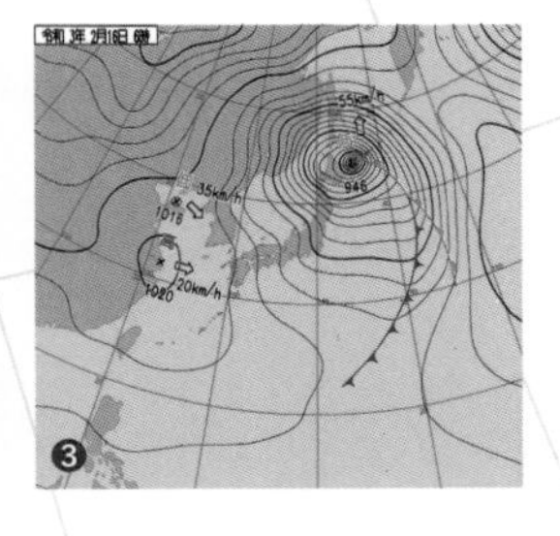

2021年２月14日18時、15日12時、16日６時の天気図

２月14日夕方、九州の南で1006hPaだった低気圧（❶）が、16日朝には北海道東部で946hPaまで急発達（❸）。静岡県付近通過時の時速は85キロと速い（❷）。北海道では16日の最低気圧が根室947.8hPa、釧路956.4hPa、網走956.7hPaと観測史上１位を更新した。

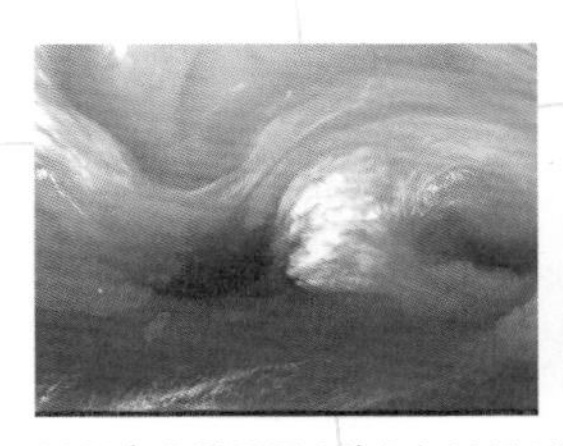

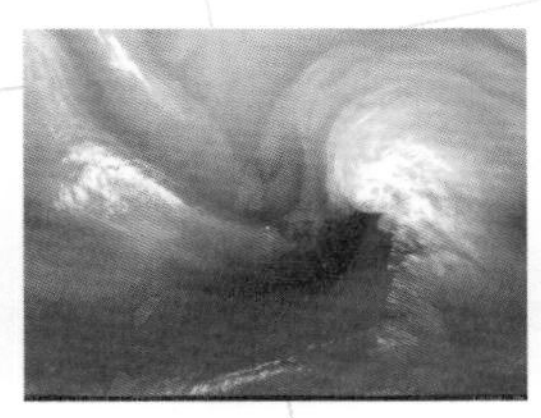

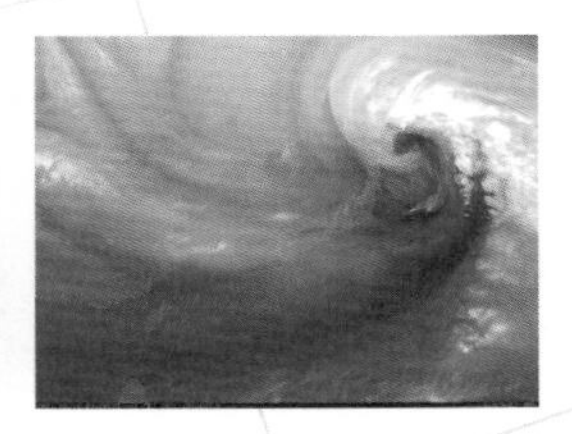

2021年２月15日３時から16日３時までの水蒸気画像

低気圧付近で暖かく湿った空気に冷たく乾いた空気が巻き込まれていく。性質の異なる空気のコントラストが大きく、低気圧が急発達する。

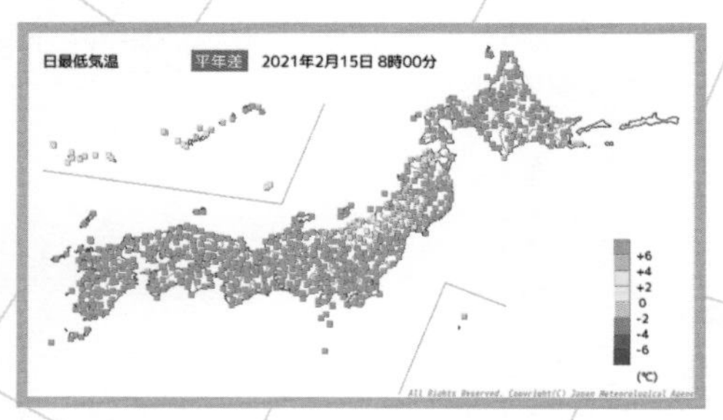

2021年２月15日朝の最低気温
前日の季節外れの暖かさが残り、高知や名古屋の最低気温は平年より11度高い５月並みだった。翌朝までは気温が高かったが、その後急降下。

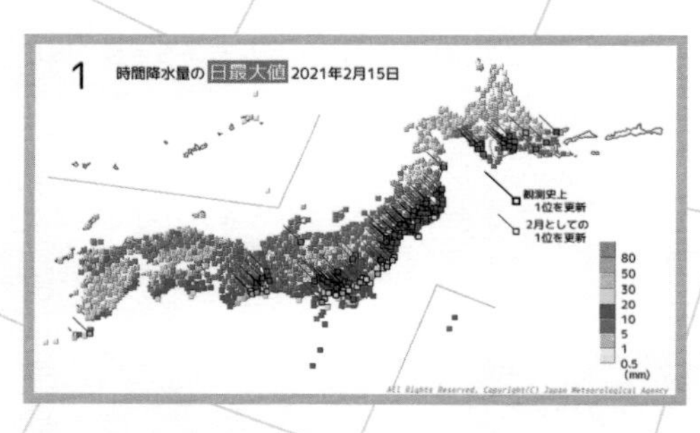

2021年２月15日の１時間雨量
５月並みの暖かい空気が流れ込んだので２月としては記録的な強雨。東京は24ミリで1976年２月29日と並び２月１位。横浜も31ミリで２月１位に。

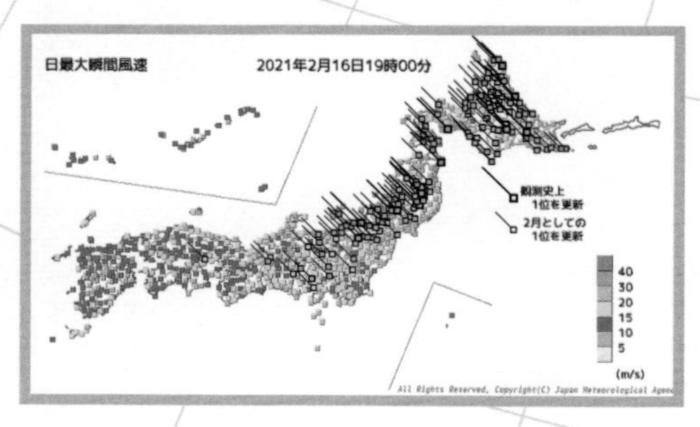

2021年２月16日の最大瞬間風速
発達しながら北上した低気圧に近い北日本で特に風が強かった。北海道えりも岬で44.9m/sを観測。北海道付近に低気圧が留まったため、17日も猛吹雪が続いた。

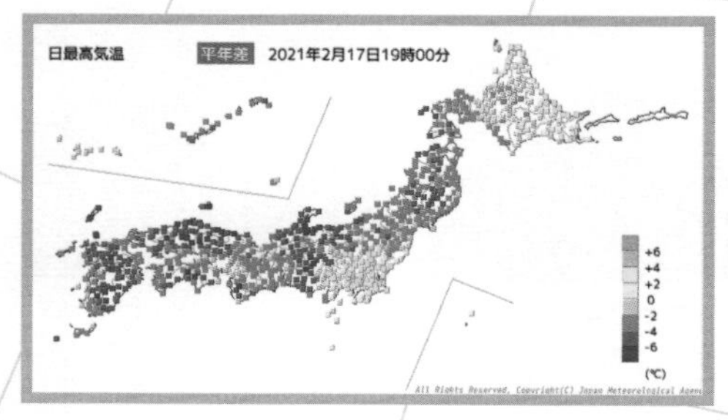

2021年２月17日の最高気温
16日昼頃までは全国的に気温が高かったが、16日夜から真冬の空気が流れ込み、17日は全国的に厳しい寒さが戻った。18日夕方までの24時間に四国の多いところで20〜40cmの大雪の予想が出された。

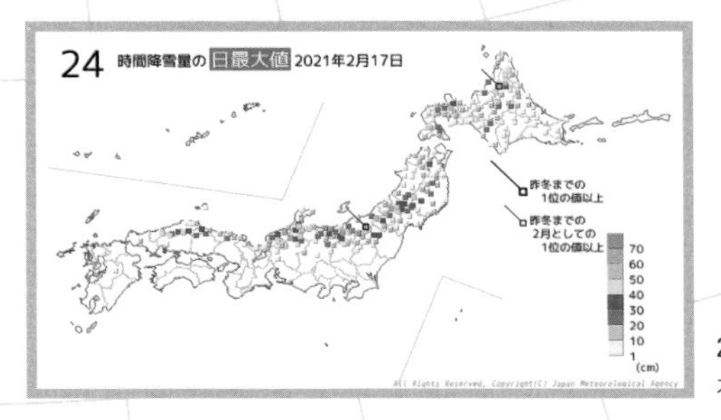

2021年２月17日の24時間降雪量
本州や北海道の日本海側で大雪に。

暴風雪と高波及び高潮に関する北海道地方気象情報　第５号

令和３年２月１６日０４時３８分　札幌管区気象台発表

（見出し）
石狩地方と留萌地方では、１６日朝から数年に一度の猛ふぶきとなるおそれがあります。外出は控えてください。

（本文）
なし

2021年２月16日に発表された気象情報
北海道は見通しのきかない猛吹雪になる恐れがあり「数年に１度の猛吹雪」という表現を用いて外出を控えるように呼びかけられた。実際に車両の立ち往生や国道などの通行止め、鉄道の運休、フェリーや航空機の欠航等の交通への影響も多発した。

天になる、気温差が大きくなると備えて下さい。

このような低気圧の影響をテレビのニュースでは「こんなに寒くなるなんて知らなかった」「風で交通機関が乱れて足止めなんて思わなかった」などの街頭インタビューとともに放送されることがありますが、だいたいは前もって注意が呼びかけられています。

是非予報を信じて、①寒暖に対応できる服装選び、②交通機関が乱れた時の対応策、③荒天になる前に移動を済ませる、④荒天時は安全な場所に留まる、を実践しましょう。

特に、春や秋の行楽シーズンに見舞われる頻度も高いので、海や山のレジャーは中止にする検討も含め安全第一に。事前に知ることでケガや風邪、事故から身を守ることが出来ます。

③ 日本海側の大雪

仕事納めの日に年明けの大雪を予測、備えを促す早めの情報

雪雲は日本海側だけでなく太平洋側へも

予想精度が比較的高くて**予め備えることが出来る荒天**として①台風、②急速に発達する低気圧を紹介しました。3つ目が**日本海側の大雪**です。

冬になるとニュースや天気予報で**上空に強い寒気が流れ込んできて**というフレーズを耳にすると思います。日本海側で降る雪は、その寒気の強さや流れ込み方で、どのあたりでどのくらいの量が降るかの予想精度が比較的高くなっています。

天気図で日本の西側の気圧が高く東側が低い**西高東低**の気圧配置は冬に多く現れるパターンです。大陸から日本に冷たい空気が流れ込み、大きく見ると日本海側で雪、太平洋側で晴れという天気分布になります。冬型の気圧配置の日は、テレビで気象衛星画像を説明するときに「日本海には**寒気に伴う筋状の雲**が現れています」というように、大陸から日本に向かって何本もの筋のように雲が揃って並んでいます。寒気の強さによって筋状の雲が日本海に占める割合が変わり、寒気が強い時は海が雲で覆いつくされます。

2010年の年末は、**年越し寒波**と呼ばれる強い寒気によって厳しい寒さと大雪が予想されました。気象庁では12月27日の午後に**強い冬型の気圧配置に関する気象情報**を出しました。

ここまで早く情報を出したのは、12月24日～25日に福島―新潟で大規模な立ち往生が発生したのも一因だと感じました。24時間に70cm前後の雪が

強い冬型の気圧配置に関する全般気象情報　第1号
平成22年12月27日14時59分　気象庁予報部発表

12月30日は、低気圧が日本付近を急速に発達しながら進み、その後、１月2日頃にかけて、強い冬型の気圧配置となるでしょう。このため、北日本 及び東日本から西日本にかけての日本海側を中心に風雪が強まり、大荒れの天気となるおそれがあります。暴風や高波及び大雪に警戒・注意して下さい。

2010年12月27日午後に発表された全般情報
12月30日に低気圧が通過した後1月2日にかけて強い冬型が予想され、年末年始の広範囲に大きな影響が見込まれることから早めに情報を発表した。

降り、福島の只見では24日朝９時は３cmだった積雪が25日朝９時には75cmになりました。25日夜から国道49号で12㎞にわたり300台が立ち往生。解消まで丸１日以上かかりました。

年末年始は定期的にニュースや天気予報を確認することが無くなったり、人の往来が増えたり、普段ハンドルを握らない人が運転したりすることも十分に考えられます。

このため、年末年始休みに入る前、まだ普段通りの生活をしている仕事納めの日に**年末年始は寒さや風、雪で交通機関が乱れる可能性がある**と広く知らせる必要がありました。

気象情報の内容は、30日に低気圧が日本付近を急速に発達しながら進み、31日には強い冬型の気圧配置になり、1月２日ごろにかけて続く。北日本と東〜西日本の日本海側を中心に大雪。注意点は、降雪の強まり・発雷・積雪の多いところは雪崩・降雪や低温による農作物の被害と多く挙げられました。

実際に鳥取の米子では12月31日朝から雪が積もり始め、24時までに79cmの降雪、1月1日朝5時の積雪は観測史上最深の89cmに達しました。山陰の国道９号では31日から約1000台に及ぶ立ち往生が発生、解消するまでに2日かかりました。このほか山陰から北陸にかけての日本海側では特急の立ち往生や滑走路の閉鎖など、多くの交通障害が発生してしまいました。

雪の重みで送電線が倒れて大規模な停電が発生したり、多くの漁船が転覆してしまったり、道路の除雪が追いつかず孤立してしまう集落もありまし

2010年12月31日の気象衛星

朝鮮半島の東から山陰地方東部にかけて帯状に雲がのびている。これがJPCZ（雪雲の集中帯）で鳥取県に記録的な大雪をもたらした。九州でも東シナ海から雪雲が流れ込み、鹿児島は4時に初雪を観測したあと一気に25cmの降雪。観測史上１位の大雪に。

2010年12月31日の24時間降雪量

JPCZがかかった鳥取で記録的な大雪。大山は日降雪量が120cmになった。

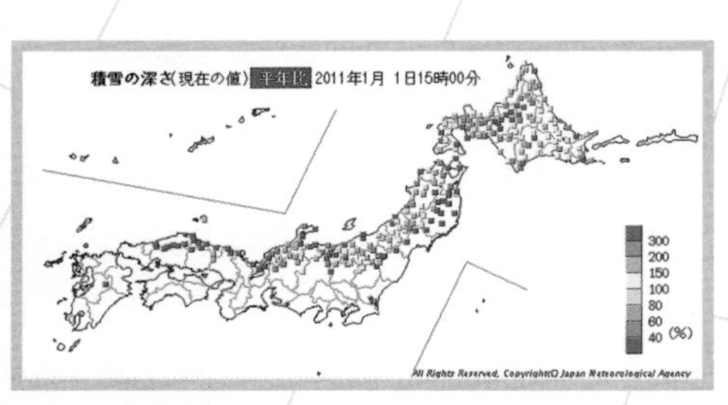

2011年１月１日15時の積雪（平年比）

前日から大雪になった山陰から福井県で平年より多くの雪が積もっていた。米子の89cmは平年値18cmを大きく上回り史上最深積雪に。岩手内陸のアメダスも統計史上１位。

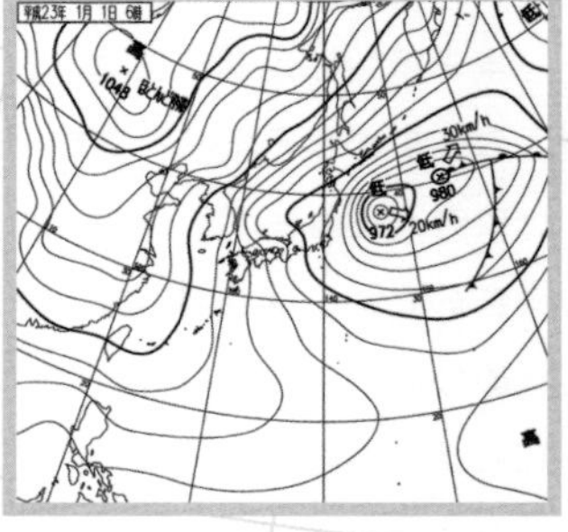

2011年１月１日の天気図

年末に強い寒気が流れ込み、記録的な大雪で年が明けた所も。等圧線が日本海で「く」の字に曲がっていて、山陰沖にJPCZが形成され、大きな被害が発生。

た。

この時の寒気では普段雪があまり降らない**太平洋側や九州でも大雪**になった地域がありました。鹿児島では12月31日だけで25cmの雪が降り、１月１日の積雪は25cm。これは1959年の29cmに次ぐ史上２位の雪深さでした。

このような強い冬型の気圧配置の時に晴れるのは、関東平野や宮崎の平野部（九州）、十勝〜根室にかけての太平洋側（北海道）くらいで、その他

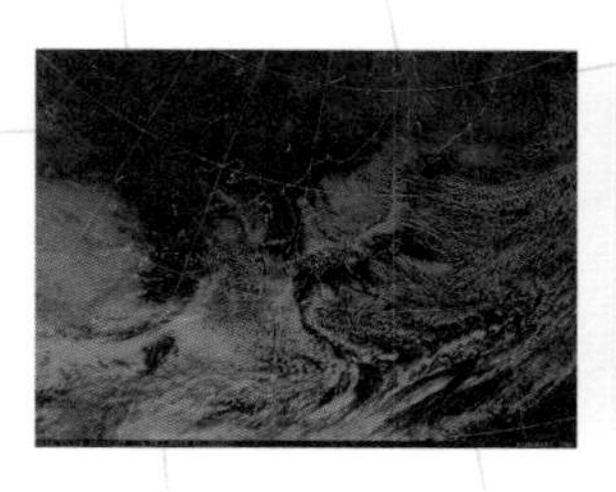
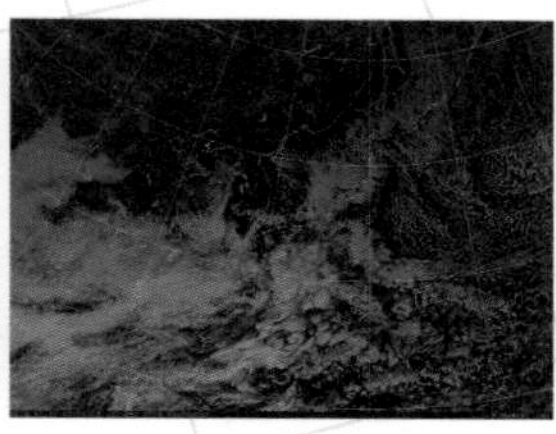

2018年12月29日と31日の気象衛星

31日に比べて29日は日本海に雲がびっしり広がり、大陸から日本に向かって筋が揃っている。東シナ海や太平洋にも細かい筋状の雲が広がり寒気が強いことがわかる。

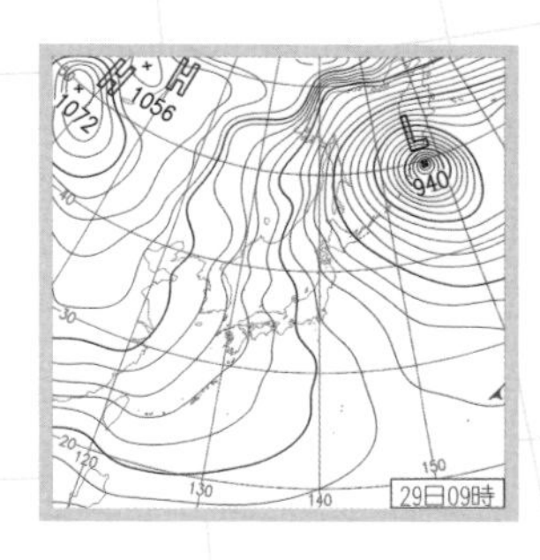

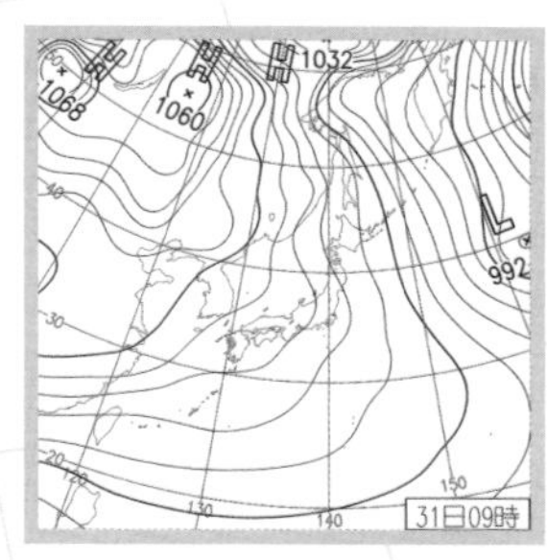

2018年12月29日と31日の天気図

31日に比べて29日の方が天気図上の等圧線の数が多く「強い冬型の気圧配置」。大陸の高気圧が1072hPa、千島の東の低気圧が940hPaと日本付近の気圧の傾きが大きくなっている。全国的に寒く、日本海側を中心に大雪に警戒。

の九州から北海道の各地は、量は違えど**軒並み雪が降る予報**になります。日本海側からの雪雲が山脈の低い部分を越えたり、谷を通り抜けたりなどして太平洋側にも流れ込むからです。

特に岐阜県関ケ原町や滋賀県米原市のアメダスで積雪が増えてくると東海道新幹線への影響を案じ、名古屋辺りの降雪も注視します。京都で雪化粧した寺社の写真も目にしますね。

強い寒気による雪は、風向きによって雪の降りやすい場所が変わります。その地域の詳しい天気予報を確認することで雪への備えもできるかと思います。

③ 日本海側の大雪

「近年の冬のキーワード「JPCZ」、雪雲の通り道を精度よく予測」

「顕著な大雪に関する情報」は「立ち往生注意報」

最近JPCZという言葉が日本海側の大雪の際に登場するようになりました。これは日本海寒帯気団収束帯（Japan-sea Polar air mass Convergence Zone）の頭文字をとったもので、簡単に言うと雪雲の集中帯です。大陸から流れ出す寒気が朝鮮半島を回り込んで再び合流するところなどに発生します。

冬型の気圧配置の時に日本海に現れる筋状の雲とは方向が揃わず、帯のように面的な太さがあったり、縦方向ではなく横方向に筋が現れたりするのがJPCZの特徴です。この集中帯がかかった地域は大雪になる恐れが出てきます。この集中帯の予測精度は高く、降雪量の予想とともに大雪への備えを呼びかける情報を発表します。

何度か、疑うほどの大雪予想が当たって驚いた（失礼ですが）ことがありました。2018年１月11日夕方に新潟県で出された大雪に関する情報で、「明朝９時までに下越（新潟県北東部）の平地で40cmの降雪予想」とありました。

関東甲信越向けの気象情報を担当していると、新潟県の山沿いでは24時間に80cm～１mという予想を年に数回目にしますが、下越の平地で40cmというのはめったに見ない予想です。

もし明朝までに40cm降ってしまったら朝の交通機関は大きく乱れそうだし、外出前の雪かきも大変だと案じました。実は11日夕方までにすでに新

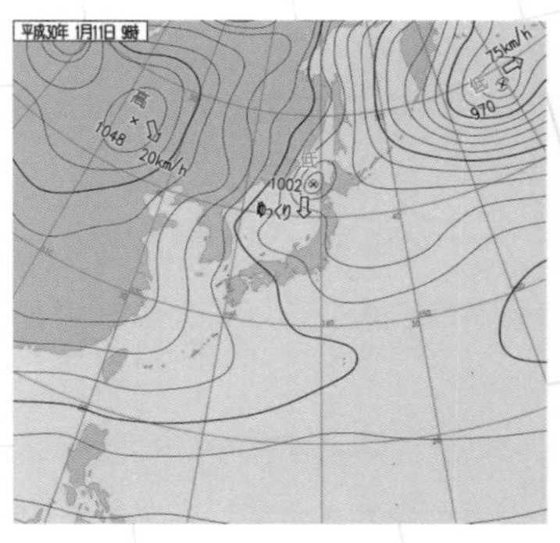

2018年1月11日の天気図と気象衛星画像

天気図を見ると、北海道の西に小低気圧があり、日本海の等圧線が弧を描いていて、平地でも大雪になる形。気象衛星画像を見ると、新潟県に向かって東西方向に「筋状」ではなく「帯状」の雲がのびている。これがJPCZで新潟県中越や下越の平地で大雪になる恐れ。

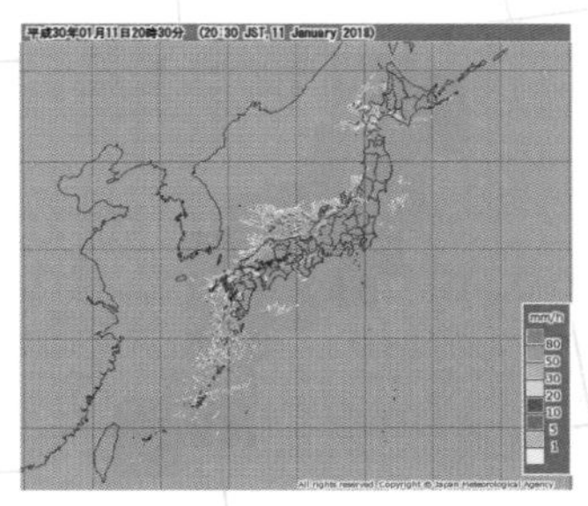

2018年1月11日20時半の雨雲レーダー

11日午後から夜にかけて柏崎から新潟市付近にかけて強い雪を降らせるような雲が集中的にかかった。新潟地方気象台では朝8時に1cmで夜8時に42cmの積雪（平年値は7cm）。12日には集中帯が上越に移った。

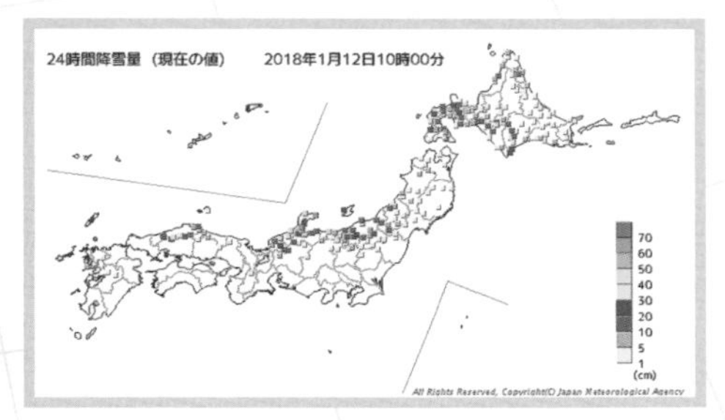

2018年1月12日10時まで24時間降雪量

西からのJPCZがかかり新潟80cm、能登半島の珠洲市で61cmなど山沿いではなく沿岸部の平地で大雪になった。新潟地方気象台は前日夜に明朝9時までの15時間に40cmの降雪予想としていたが、ほぼ当たった結果に。

潟市内は大雪になっていたのです。午前10時の積雪は1cm、そこから徐々に積もり始め、15時までの1時間に一気に14cm降って積雪が25cmになりました。18時に34cm、21時に43cmと、**朝家を出た時には雪が無かったのに、夜には40cm超の雪景色**になってしまったのです。その上、明朝までに40cm降ると予想されたのです。

予想通り夜中じゅう降り続け、12日朝9時の積雪は80cm。予想の精度に驚きました。新潟市で1月に80cm超の積雪は1984年1月28日の87cm以来34年ぶりのことでした。

このほか糸魚川市能生では1月12日に1m2cmの降雪があり記録的な大雪になりました。停電や通行止め、除雪中の死傷者、漁船の転覆、農業用ハウスの倒壊なども相次ぎました。

この大雪の時、JPCZが新潟県にかかっていました。雪雲が集中的に新潟県に流れ込んでしまうという予想に基づいた降雪量が発表されていたのです。

同様に2021年1月にも北陸で記録的な大雪になりました。

福井県を中心に北陸各地の高速道路で1600台近い立ち往生が発生、復旧までに長時間を要しました。早めに高速道路が閉鎖されてしまうと、細い一般道に迂回せざるを得ず、余計に立ち往生が発生しやすくなることも課題になりました。

気象庁では2019年から**顕著な大雪に関する情報**を運用し始め、2021年1月7日に富山県で初めて発表されました。これは、除雪が間に合わないような強い雪が短時間に降り、立ち往生が発生するなど交通機関が大きく乱れる恐れがあることを知らせる情報です。発表対象は山形・福島・新潟・富山・石川・福井の各県に加え、2021年12月からは、滋賀・京都・兵庫・鳥取・島根・岡山・広島の府県も加わりました。

この時、気象台でも気象情報の中で**除雪が困難となる積雪になる恐れ**という強い表現を用いて警戒を呼びかけました。東京駅丸の内口の広い道路の路肩に新潟ナンバーの大型トラックが何台も止まっていて、トラックにはまだ雪がたくさんこびりついていました。相当な雪道を走ってきたんだと思い

顕著な大雪に関する富山県気象情報　第8号

令和３年１月７日２２時１４分　富山地方気象台発表

（見出し）
砺波で７日２２時までの３時間に２３センチの顕著な降雪を観測しました。
この強い雪は８日朝にかけて続く見込みです。西部南の平地では、大規模な
交通障害の発生するおそれが高まっています。

（本文）
なし

2021年1月7日夜に発表された顕著な大雪に関する情報
富山県砺波市では7日22時までの3時間に23cmの降雪を観測し、翌朝まで続くとみられ、立ち往生などに注意が呼び掛けられた。

2021年1月7日の気象衛星

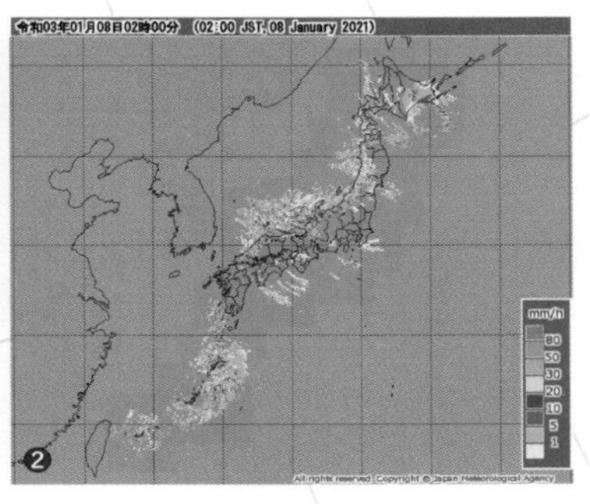

2021年1月8日の雨雲レーダー

日本付近は強い冬型の気圧配置で、日本海には筋状の雲がびっしり広がっていて（❶）、強い雪を降らせる雲が福井県から富山県西部の平地にかかっている（❷）。

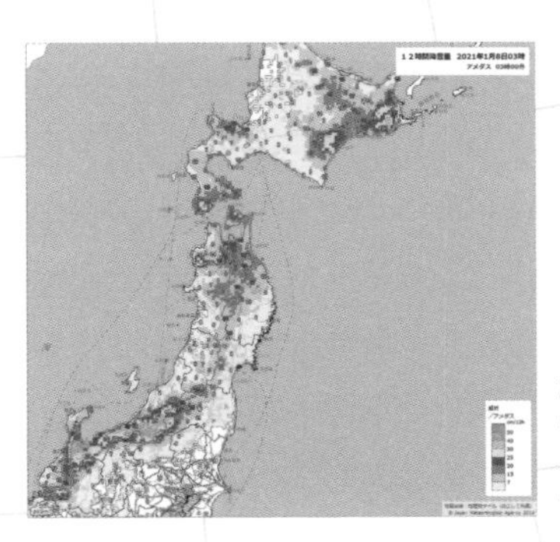

2021年1月8日3時までの12時間降雪量

富山県西部や福井県・新潟県上越で局地的な大雪になっている。富山県に続いて、福井県でも8日に顕著な大雪に関する情報が出された（福井市で6時間に24cm）。

大雪と雷及び突風に関する北陸地方気象情報　第9号

令和３年１月８日１６時３７分　新潟地方気象台発表

（見出し）
北陸地方では、９日夜遅くにかけて、新潟県、富山県、石川県では、除雪が困難となる積雪となるおそれがあります。強い雪が続く見込みですので、大雪に厳重に警戒し、交通障害が発生する可能性を考慮して、不要不急の外出を控えるようにしてください。

（本文）
［要因］
日本付近は１０日頃にかけて強い冬型の気圧配置となり、北陸地方の上空約１５００メートルには、氷点下１２度から氷点下１５度の強い寒気が流入するでしょう。また、北陸地方では、９日にかけて大気の状態が非常に不安定な状況が続く見込みです。

［雪の実況］
８日１６時現在の主な地点の２４時間降雪量と積雪の深さ（アメダスによる速報値）は、多い所で、

	２４時間降雪量	積雪の深さ
新潟県		
十日町	１０１センチ	２３６センチ
上越市安塚	８８センチ	２３０センチ
津南	８６センチ	２５８センチ
石川県		
七尾	４０センチ	４８センチ
加賀市菅谷	３７センチ	５５センチ
白山市河内	３５センチ	６９センチ
富山県		
高岡市伏木	６９センチ	７５センチ
朝日	６８センチ	８２センチ
富山	６４センチ	８３センチ
福井県		
大野	６５センチ	１０４センチ
大野市九頭竜	４８センチ	１３３センチ
福井	４１センチ	４６センチ

となっています。

2021年1月8日夕方の発表された北陸地方情報

「除雪が困難となる積雪」という表現で不要不急の外出を控えるように促している。

東京駅前・御幸通りの路肩の雪とトラックにこびりついた雪
東京はしばらく晴天が続いて、空気も地面もカラカラの中、道路と芝生に雪の塊。「なぜ、こんなところに雪?」と思っていると、近くのトラックの車体に雪がこびりついていた。新潟ナンバーだったことで日本海側の雪深さに思いを馳せた。2022年1月18日撮影。

を馳せ、ドライバーさんのご苦労を察しました。

2022年12月にも新潟県で立ち往生が発生。新潟地方気象台は12月19日8時に**顕著な大雪に関する情報**を発表しました。魚沼市守門で19日7時までの6時間に45cmの降雪を観測したのです。新潟付近へ西方向からJPCZが形成されていて、中越（新潟県中央部）から県境近辺の福島県会津地方で記録的な大雪になり、同県の金山と只見でも24時間で1m超の降雪を観測しました。中越から会津が**能登半島と佐渡の間の海を抜ける西風の通り道**にあたっ

顕著な大雪に関する新潟県気象情報　第8号
2022年12月19日08時00分　新潟地方気象台発表
魚沼市守門では、１９日７時までの６時間に４５センチの顕著な降雪を観測しました。この強い雪は１９日夕方にかけて続く見込みです。中越の山沿いでは、大規模な交通障害の発生するおそれが高まっています。

2022年12月19日　新潟県に出された顕著な大雪に関する情報
前日の夜には福島県に今季初の顕著な大雪に関する情報が出され、19日朝に新潟県魚沼市守門で6時間に45cmの降雪を観測されたことから新潟県でも情報が出された。

2022年12月19日の気象衛星画像と雨雲レーダー
日本付近は強い冬型の気圧配置になっていて、日本海だけでなく東シナ海や太平洋にも筋状の雲が見られる（❶）。新潟県中越地方には強い雪を降らせる雲がかかっている（❷）。

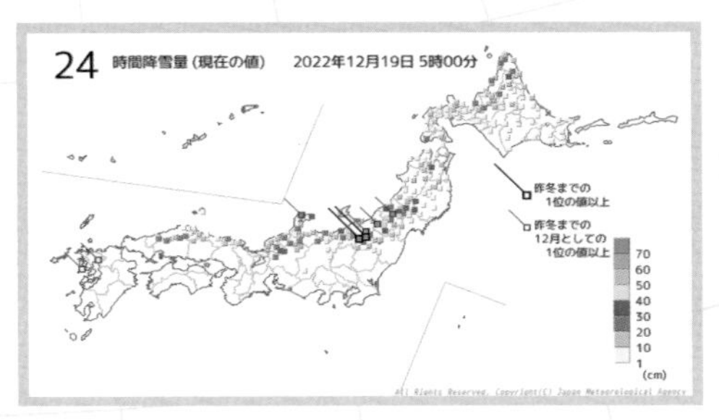

2022年12月19日朝までの24時間降雪量
能登半島と佐渡の間を雪雲が通ったので、新潟の中越から福島の会津にかけて集中的に大雪となった。一方で北西の風で大雪になる上越や群馬北部の山沿いはほとんど雪が降っていない。

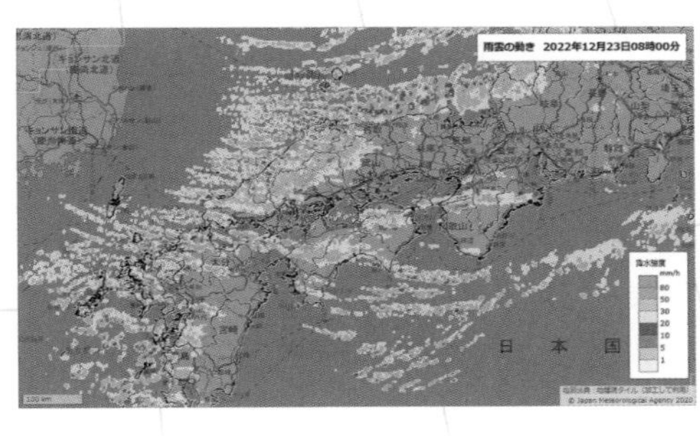

2022年12月23日の雨雲レーダー
西日本でも西風にのって雪雲が流れこんだ。関門海峡を抜けた雪雲が愛媛県から高知県にかかり続け、高知市では観測史上１位となる14cmの積雪を観測。

たからです。一方、上越（新潟県西部）の豪雪地帯は能登半島が西風をブロックする形で、雪は数cmしか降りませんでした（上越が大雪になる時は北西の風)。中越には翌朝までに山沿いの多い所で80cm、平地で40cmの降雪予想が出され、長岡では平年値11cmのところ１m２cmも積もってしまいました。国道の数か所で立ち往生が発生、自衛隊の派遣が要請されました。

晴天が続く東京から大雪の情報を発信するのは心苦しい点も多いですが、雪の多い地域の方々から状況を教えて頂いたり、自分が雪で困ったことを思い起こしたりしながら伝えています。大雪が予想されているときは、屋内屋外ともに暖をとるものやある程度の食料や水を携え、また停電に備えてスマートフォンやノートパソコンなども満充電にしておくことが大切です。車のトランクにはスコップとともに簡易トイレも入れておくといざという時に役立ちます。交通障害が発生したときの連絡手段やスケジュール変更なども考慮し、できれば遠出はしないことを最優先で検討してください。

③ 日本海側の大雪

「今季最強の寒気」は毎年来るが、本当に記録的だった寒さ

寒気の流れ込み方のキーワード「鍋底」「西回り」「冬将軍の宿泊日数」

マスコミでは毎年のように**最強寒波**、**数年に一度クラスの冬将軍**などといって寒さに注意を呼び掛けることがありますが、ちょっと煽りすぎと感じることもあります。毎年12月には**今季最強の寒気**が来て、翌年2月までに今季最強が更新されるからです。

そこで、ここでは**近年で本当に記録的な寒さ**になった事例を紹介します。

まず、2016年1月25日前後の寒気です。特に西日本や南西諸島に強い寒気が流れ込んだのが特徴で、これまで幻とされていた沖縄本島での雪が観測されました。

1月24日には**奄美大島の名瀬で1901年2月12日以来115年ぶりに雪**を観測。沖縄では、久米島で1977年2月17日以来39年ぶり、**名護で観測史上初めてミゾレ**を観測しました。

那覇でも1月25日午前1時過ぎにアラレを観測しましたが、アラレは雪に含まれません。アラレは氷の粒で夏にも降ることがあります。ミゾレは雪に含まれるので、名護の雪が記録上**沖縄本島で初の雪**となりました。この強烈な寒気で**長崎市でも110年間の統計史上最深の17cmの雪**が積もりました。

雪だけでなく寒さも記録的でした。雪が降った名瀬の最低気温は4.6度で統計史上1位タイの低さ。那覇の最低気温も6.1度まで下がりました。これは1890年からの統計史上5番目の低さですが、5番目までの記録は全て1901年〜19年に観測されているので、**およそ100年ぶりの冷え込み**と言え

2016年１月24日の気象衛星画像

強い寒気が西日本や沖縄中心に流れ込み、日本海よりも東シナ海に筋状の雲が広がっている。長崎は史上１位の積雪17cm。奄美の名瀬で115年ぶりの雪、沖縄も名護と久米島でみぞれを観測。JPCZのかかった能登半島・輪島で日降雪量44cm。

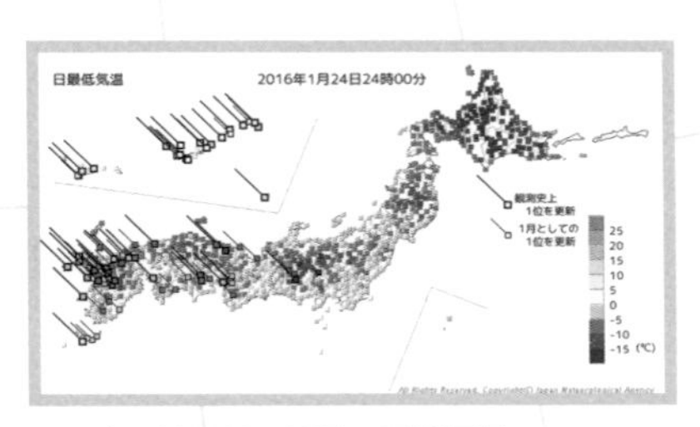

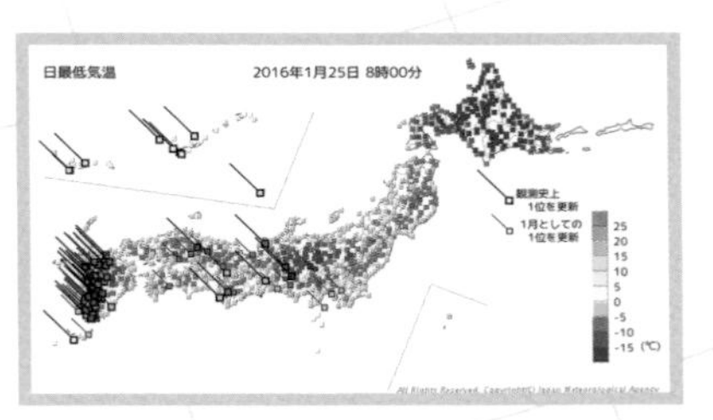

2016年１月24日・25日の最低気温

九州や沖縄で記録的な低温。24日は最低気温だけでなく最高気温も低く九州では佐賀など49地点で真冬日になった。

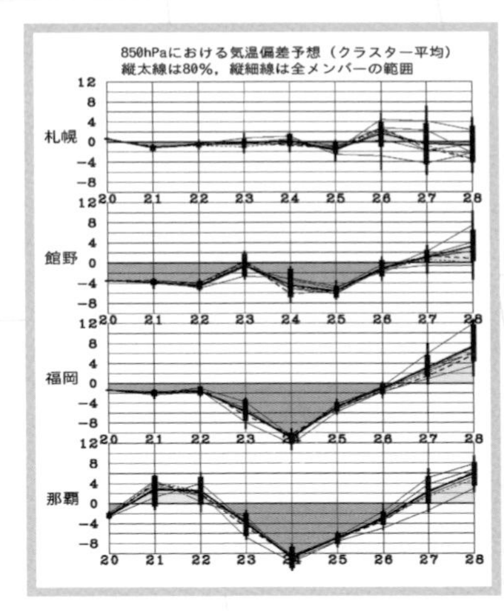

2016年１月20日ごろからの上空1500m付近の気温予想

このグラフでは平年値との差の経過や予測のばらつきを知ることが出来る。初期値に多少のぶれを加えて計算した結果が揃っている。複数の線が見られず、日付上の縦太線が短い方が信頼できる値。読み解くと、１月24日の福岡の気温は平年より10度近く低くなるのが高確率で予測されている。一方、館野は縦太線が長く、低くなる度合いに幅がある。

ます。佐賀市では35年ぶりに一日中氷点下の真冬日となりました。

翌25日朝は熊本県人吉市の最低気温が平年より10度低い－9.8℃となり、1943 年の統計開始以来の記録を更新したのをはじめ、74地点のアメダスで統計開始以来最も低い気温を観測しました。鹿児島でも39年ぶりの低さとなる－5.3度まで下がり、九州を中心に広い範囲で水道管の凍結が相次ぎました。

2018年１月25日前後には東日本中心に非常に強い寒気が流れ込みました。

この時は１月22日に急速に発達しながら南岸低気圧が通過、関東で大雪になり東京は23cm積もりました。当時の私は遅番勤務だったので夜に誰もいないNHKの駐車場に出てみました。**吹雪と地吹雪で「渋谷」というのが信じられない光景**、深夜の帰り道も緩い坂がゲレンデのようになっていました。その雪がしばらく凍り付く強い寒気がやってきたのです。

東京は１月25日の最低気温が－4.0度、1970年１月17日以来48年ぶりの低さでした。１日の日照時間は9.6時間あったものの最高気温は4.0度止まり。48年前は日照時間９時間弱で5.9度まで上がったので、**晴れて４度というのもめったにない寒さ**でした（2017年１月15日は4.7度）。さいたま市では１月26日の最低気温が－9.8度で水道管凍結が相次ぎました。

このほか札幌や盛岡の最低気温はシーズン初の－10度以下になり、北海

2018年１月24日夜の気象衛星画像
2016年に比べて日本海や東海地方の沖合に筋状の雲が目立つ。新潟県魚沼市守門の日降雪量は72cm。若狭湾から雪雲が流れ込んだ名古屋は25日未明に積雪を観測。

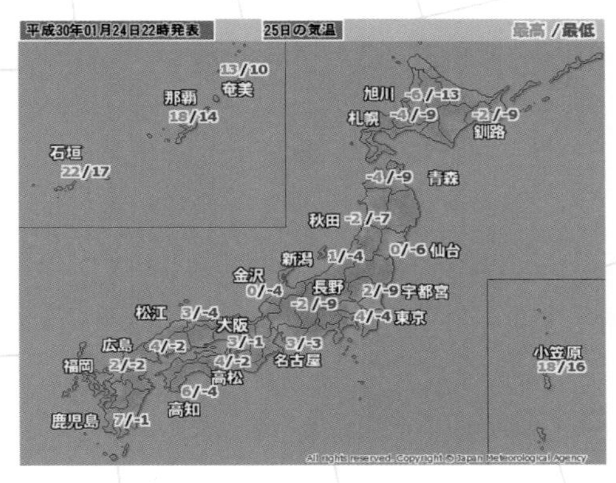

2018年1月24日夜発表の翌日の予想気温

東京の最低気温が－4度と予想され48年ぶりの冷え込みになるかも……と話題に。実際に翌日は最低気温・最高気温ともに当たり、記録的な寒さに。仙台は0度に届かず真冬日だった。

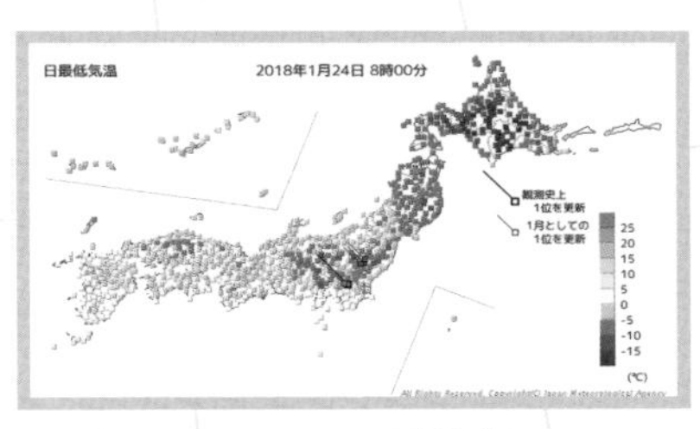

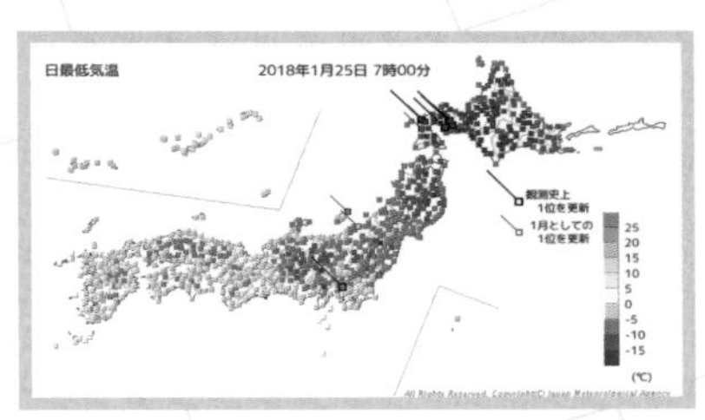

2018年1月24日・25日の最低気温

24日はさいたま市で−8.6度まで下がり1月1位を33年ぶりに塗り替えたが、冬型の気圧配置がやや緩んだ26日に−9.6度を観測し、通年で1位を塗り替えた。25日は北海道でも厳しい冷え込みになり、喜茂別で1月1位となる−31.3度。

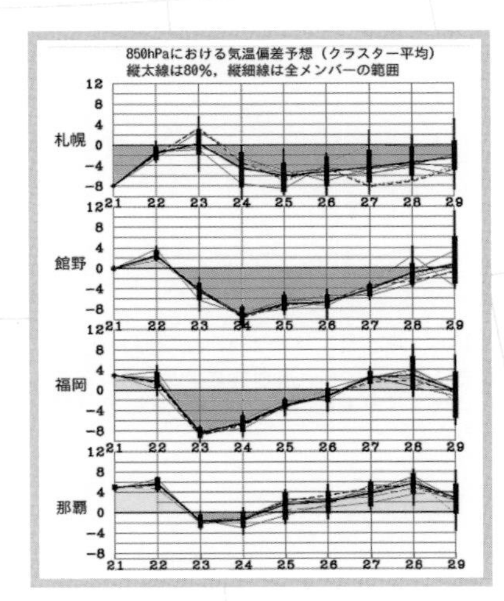

2018年1月21日ごろからの上空1500m付近の気温予想

2016年は西の方ほど平年より気温が低い予想だったが、2018年は東日本上空で寒気が強くなる可能性があった。東日本・北日本では寒気が長居する予想。

2018年１月22日夜の代々木公園付近
上り坂になる場所をパトカーでふさいで、スタックやスリップを防いでいた。警察官は交通整理をしつつ横断歩道の除雪。暗い夜道の作業に感謝。

2018年１月23日の「東京のアメダス」
（左）中央奥がレーザー式積雪計。四角い斜めの筒状の部分から光を出し、雪面ではね返ってくるまでの時間から雪までの距離を測る。（右）雪尺では19cmを示しているように見えた（23日11時の積雪は19cm）。

2018年１月23日　氷の張った皇居のお濠
お濠に張った氷を水鳥が砕きながら通った跡。2018年１月の東京の冬日は13日間で1984年以来の多さだった。

道の喜茂別町は統計史上１位となる－31.3度を観測しました。

2023年も１月25日ごろに**10年に１度の寒気**がくると呼びかけられました。

2022年12月に寒気の影響で立ち往生や集落孤立が発生した記憶が新しく、気象庁は１月20日に**強い冬型に関する情報**を出しました。21日には北日本に別の寒気が流れ込んで吹雪などへの警戒が必要でしたが、それを差しおいて25日前後の全般情報が出されたのです。東京の週間予報でも**25日の最低気温が「低ければ－６度」**と予想されましたが、実際には25日が－2.9度、26日が－3.4度でした。2016年には雪が降った奄美・名瀬の測候所でも今回は雨しか降りませんでした。ただ、28日に防災士講習会で名瀬に行った時「アラレを見た」という声を聴きましたし、雨といっても東北地方で味わうような**冷たい風が吹きつける時雨**で南国らしさは全くありませんでした。数年に一度の寒気は厳しかったです。

このように**強烈な寒さ**は、ある程度前から注意することができます。

気象予報士などが週間予報の裏付けとして確認する資料の一つに「上空

強い冬型の気圧配置に関する全般気象情報　第1号

2023年01月20日15時05分　気象庁発表

２４日から２６日頃にかけて、日本付近は強い冬型の気圧配置となるため、北日本から西日本にかけての日本海側を中心に荒れた天気や大雪となる所があります。

＜気圧配置など＞

２４日は低気圧が発達しながら北日本からオホーツク海付近に進み、その後２６日頃にかけて日本の上空にはこの冬一番の強い寒気が流れ込み、強い冬型の気圧配置となるでしょう。

＜防災事項＞

２４日から２６日頃にかけて、北日本から西日本にかけての日本海側を中心に荒れた天気や大雪となるおそれがあり、平地でも大雪となるおそれがあります。また、海上は、北日本から西日本にかけての日本海側と沖縄地方でしける所があります。

大雪による交通障害や農業施設への被害、ふぶきや吹きだまりによる交通障害、強風や高波に注意してください。なお、冬型の気圧配置や寒気の南下が予想より強まった場合は、暴風や暴風雪、警報級の大雪や大しけとなる可能性があります。

今後、地元気象台の発表する早期注意情報、警報・注意報や気象情報に留意してください。

次の「強い冬型の気圧配置に関する全般気象情報」は、２１日１６時頃に発表する予定です。

2023年１月20日に発表された全般気象情報

１月半ばから何度か強い寒気が流れ込んでいて、１月21日にも北日本中心の冬型の気圧配置が予想されていたが、それより先の25日前後の「全国的な強い冬型」に注意するように呼びかけられた。

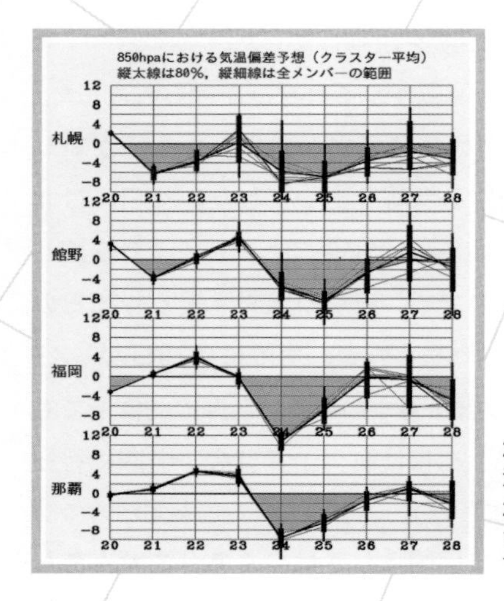

2023年1月20日ごろからの上空1500m付近の気温予想

2016年・2018年同様、平年を大幅に下回る気温が予想されている。年間で最も気温が低い頃としても「かなりの寒さ」が懸念された。

東京都の天気予報（6日先まで）

2023年01月21日05時 気象庁 発表

日付		今日 21日(土)	明日 22日(日)	明後日 23日(月)	24日(火)	25日(水)	26日(木)	27日(金)
東京地方		晴後曇	曇時々晴	曇一時雨か雪	曇	晴時々曇	晴時々曇	曇時々晴
降水確率(%)		-/10/10/20	10/0/0/10	50	30	20	20	30
信頼度		-	-	C	A	A	A	A
東京 気温 (℃)	最高	9	9	5 (4～11)	10 (7～13)	5 (2～7)	6 (3～9)	8 (5～13)
	最低	-	1	1 (-1～2)	-1 (-3～2)	-4 (-6～-1)	-1 (-4～0)	0 (-2～2)

2023年1月21日発表の東京の週間予報

1月25日の最低気温は－4度だが、低ければ－6度と近年にはない低さになる可能性もあった。

1500m付近の気温」の予想図があり、極端に平年値を下回るような時に**強い寒気が流れ込む**として大雪や寒さに注意を呼びかけます。寒気の流れ込み方には場所と期間によっていくつかのパターンがあります。

まずは**場所**についてです。寒気の流れ込み方は全国一様ではなく、**北日本中心**の場合や**西回り**の場合があります。

北日本中心の場合は特に北陸以北の日本海側で大雪になり、暴風雪に警戒が必要です。太平洋側は関東平野のように空っ風が強い晴天の所もあれば、東海地方などは日本海側からの雪雲が流れ込んで大雪になることもあります。

西回りというのは、日本海の北部に低気圧があるなどの要因で、北日本へ流れ込む寒気が一日程度ブロックされて、その低気圧を回り込む形で**先に西日本に寒気が流れ込む**場合です。九州や山陰、四国山地などで大雪になる恐れがあります。

次に**期間**について。上空1500mや5000m付近の気温の経過のグラフを見た場合、いったん下がった気温がすぐに上昇する**V字型**か、数日間気温が下がったままの**鍋底型**かを知ることが出来ます。V字型は寒暖の変化が大きく、日本海側では雨が降ったり雪が降ったりして、積雪や路面の状況が変わりやすいことに要注意。鍋底型だと数日間寒気が居座り、記録的な大雪にな

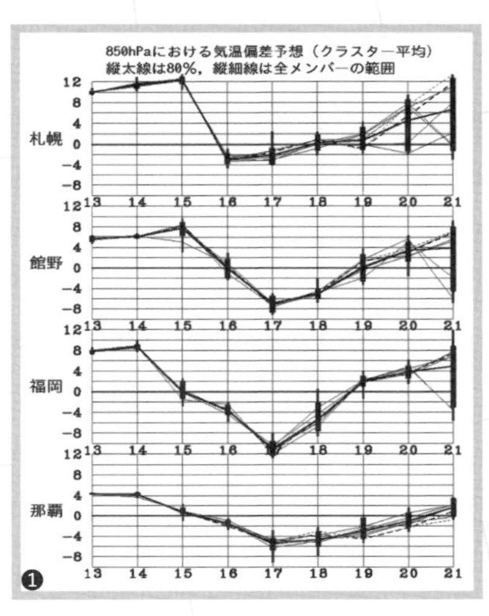

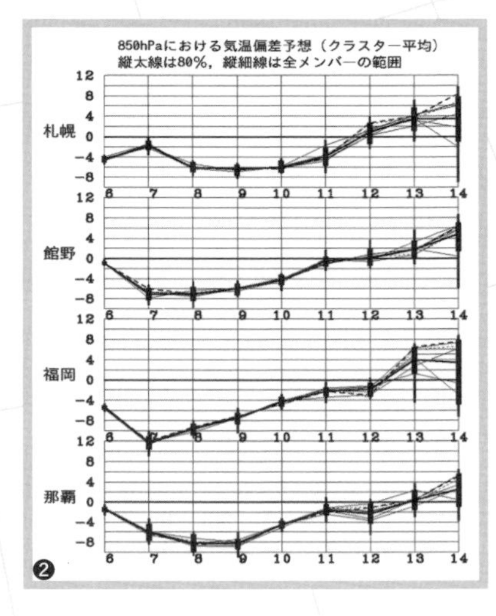

寒気の流れ込み方V字型と鍋底型の例

❶のV字型は福岡や館野が顕著に17日を底とするVの字になっている。寒気は長くとどまらないが、前後の気温差や天気の急変に注意が必要な形。❷の鍋底型は平年を下回る期間が長い。日本海側で大雪になる恐れがある。

る恐れがあります。太平洋側でも低温が続きます。

寒波というのは数日以上続く寒気の流れ込みで、文字通り**波**のように寄せては返す（強まったり弱まったり）形で、長居をして大雪や寒さをもたらします。

気象予報士が見るような専門的な資料を見なくても、寒気の流れ込みを知ることが出来ます。日々の天気予報の他に気象庁のウェブサイトで**早期天候情報**を確認することで、先々強い寒気がきて寒さが厳しくなるか、日本海側は大雪になるかなどが判ります。2021年1月7日ごろからの**顕著な大雪に関する情報**が出された寒気（p.88）に関しては、2020年の大みそかの早期天候情報で低温や雪に注意が呼びかけられていました（p.236）。

強い寒気を冬将軍と呼ぶことがあります。私はラジオで気象解説を始めたころに**冬将軍が日本に何泊するか**という形で鍋底型かV字型かを伝えるようにしたところ、近年では多くの気象解説で用いられるようになりました。「3泊4日の冬将軍、きょうが最後の夜です」などというと「もうすぐ寒さも終わるか」とホッとするリスナーさんも多いようです。

ただ、冬将軍が帰った翌朝が太平洋側では最も気温が低くなる傾向なのも要注意です。強い季節風が収まって夜間に晴れる＝放射冷却現象が強まる気象条件になるからです。これは**冬将軍の置き土産**として冷え込みに注意を呼び掛けるようにしています。

ちなみに、上記の例に挙げた2016年、2018年、2023年……と近年は1月24日から25日あたりに非常に強い寒気が流れ込んでいますが、日本の最低気温の記録が出たのも1月25日です（1902年1月25日に旭川で－41.0度）。第2位が帯広で1902年1月26日の－38.2度、2000年以降では2001年1月14日に占冠で観測した－35.8度が最も低い記録です。

暴風雪と高波及び大雪に関する全般気象情報　第5号

令和３年１月７日０５時１５分　気象庁発表

（見出し）
８日にかけて、低気圧が急速に発達しながら千島近海へ進み、１０日頃にかけて、日本付近は強い冬型の気圧配置となるでしょう。北日本から西日本では雪を伴った非常に強い風が吹き、海は大しけとなる所がある見込みです。暴風雪や暴風、高波、大雪に警戒・注意してください。

（本文）
［気圧配置など］
　日本海には前線を伴った低気圧があって、東へ進んでいます。
　７日は、低気圧が急速に発達しながら北日本へ進み、８日朝には千島近海に達するでしょう。その後は１０日頃にかけて、日本付近は強い冬型の気圧配置となる見込みです。

［防災事項］
＜暴風雪・高波＞
　低気圧や強い冬型の気圧配置の影響で、北日本から西日本では８日にかけて非常に強い風が吹き、海は大しけとなる所があるでしょう。
　８日にかけて予想される最大風速（最大瞬間風速）は、
　　東北地方、北陸地方　　２７メートル（４０メートル）
　　北海道地方、近畿地方、中国地方　　２５メートル（３５メートル）
　　東海地方、伊豆諸島　　２３メートル（３５メートル）
　　四国地方、九州北部地方　　２０メートル（３０メートル）
です。
　８日にかけて予想される波の高さは、
　　東北地方、北陸地方　　７メートル
　　北海道地方、近畿地方、中国地方　　６メートル
　　伊豆諸島、沖縄地方　　５メートル
です。
　猛ふぶきや吹きだまりによる交通障害、暴風、高波に警戒・注意してください。

＜大雪＞
　低気圧や強い冬型の気圧配置の影響で、北日本から西日本の日本海側では平地を含めて、太平洋側では山地を中心に、１０日頃にかけて大雪となるでしょう。
　８日６時までに予想される２４時間降雪量は、多い所で、
　　北陸地方　　８０センチ
　　東海地方　　７０センチ
　　東北地方、近畿地方、中国地方　　６０センチ
　　北海道地方　　５０センチ
　　関東甲信地方　　４０センチ
　　四国地方　　３０センチ
　　九州北部地方　　２０センチ
　９日６時までに予想される２４時間降雪量は、多い所で、
　　北陸地方　　８０から１２０センチ
　　東海地方、近畿地方　　５０から７０センチ
　　関東甲信地方、中国地方　　４０から６０センチ
　　北海道地方、東北地方　　３０から５０センチ
　　四国地方　　２０から４０センチ
　　九州北部地方　　１０から２０センチ
です。
　その後も冬型の気圧配置が続くため、北陸地方を中心に降雪量が増える見込みです。
　１０日６時までに予想される２４時間降雪量は、多い所で、
　　北陸地方　　７０から１００センチ
　　東海地方、近畿地方　　６０から８０センチ
　　中国地方　　４０から６０センチ
　　東北地方　　３０から５０センチ
　　北海道地方、関東甲信地方　　２０から４０センチ
　　四国地方、九州北部地方　　１０から２０センチ
です。
　積雪や路面凍結による交通障害に警戒・注意し、なだれや着雪に注意してください。

＜雷・突風＞
　低気圧や前線が接近・通過する北日本や東日本では、７日は大気の状態が非常に不安定となる所があるでしょう。竜巻などの激しい突風や落雷、降ひょうに注意してください。発達した積乱雲の近づく兆しがある場合には、建物内に移動するなど、安全確保に努めてください。

［補足事項］
　今後、地元気象台の発表する早期注意情報、警報・注意報や気象情報に留意してください。
　次の「暴風雪と高波及び大雪に関する全般気象情報」は、７日１７時頃に発表する予定です。

2021年1月7日の気象情報

p.99「寒気の流れ込み方におけるV字型と鍋底型の例」の館野は7日から10日ごろまで上空の気温が低く、北陸（新潟県含む）で大雪が3日程度続くと予想され、72時間先まで雪の予想が発表されている。実際に新潟県上越市高田では1月10日14時までの72時間に187cmの雪が降り、寒気が居座った1月7日から11日までの5日間降雪量は213cmとなった。

CHAPTER 2

予想が難しい気象現象

① 梅雨前線

低気圧と梅雨前線は チークブラシとアイライナー

アイライナーはちょっとずれると
お化粧が大失敗!?

予想が難しい気象現象の代表が**梅雨前線**です。

梅雨は40日前後に及ぶ雨の季節で、四季に加えて**第5の季節**と捉えられることもあります。夏の前、南の太平洋高気圧が勢力を強めて北の方にせり上がってくるときに、オホーツク海や日本海に中心を持つ高気圧との間で**縄張り争い**が起こります。

この縄張りの境界線が梅雨前線で、お互いにそう簡単には譲りません。太平洋高気圧が圧勝すれば夏になりますが、それまでに激しい争いがおきたり、一時休戦状態になったり……というのが雨の強弱といえます。

この梅雨前線の位置や、前線の活動の強弱によって**天気予報が大きく外れる**ことがあります。雨傘を持って長靴を履いて出勤したのに晴れてしまって、むしろ日傘が必要だったというような経験は誰もが幾度となくされていると思います。青空の下、雨傘を持っている姿を見ると、予報を伝えた側も非常に胸が痛みます。逆に朝は曇っていても昼間は晴れて暑くなるという予報が、晴れないままに雨が降り出すこともあります。こんな日も心苦しくなり「是非、みなさんの職場に置き傘がありますように」と願わずにはいられません。

西から低気圧が来て雨が降る時の天気予報は、このような「大ハズレ」になることはまずありません。**梅雨前線の規模と動き方**が、西からくる温帯低気圧とは大きく異なるからです。

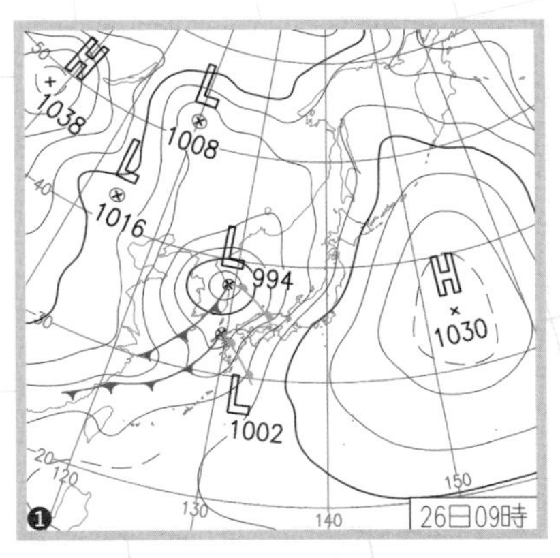

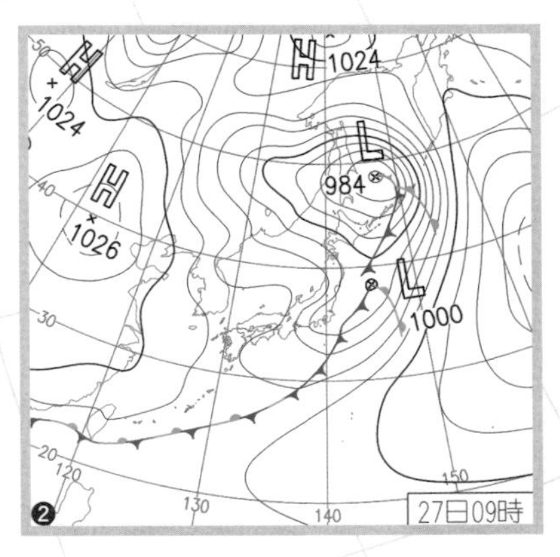

2022年３月26日と27日の天気図

比較的規模の大きい温帯低気圧が発達しながら西から東に進むときは「西から下り坂」と雨の地域を順に説明できる（❶）。雨や風の強まりには注意。低気圧が遠ざかった後は晴れ……とメリハリがある（❷）。

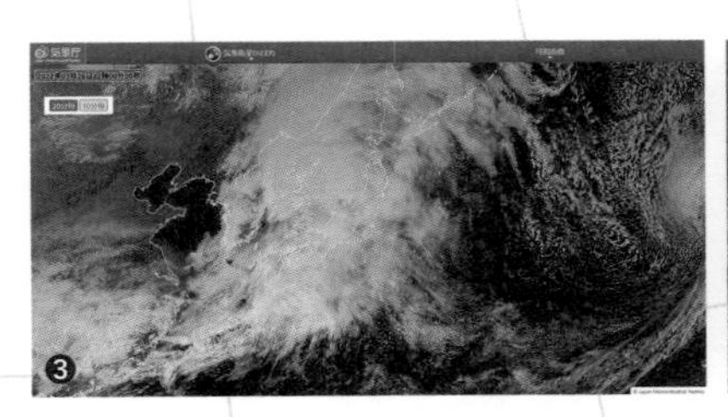

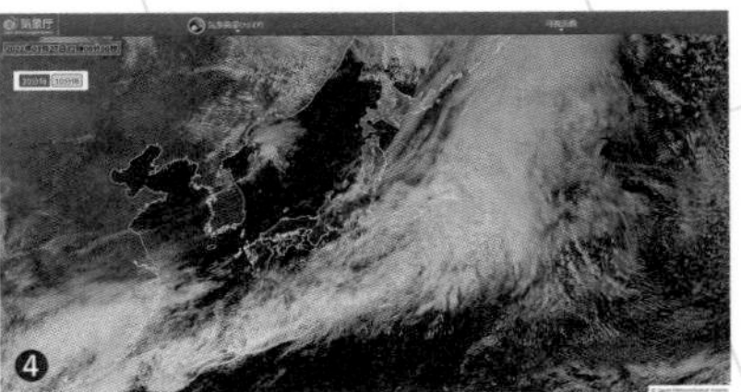

2022年３月26日と27日の気象衛星画像

日本列島をすっぽりと覆うような雲が西から東へ（❸）、低気圧の雲の後ろには晴れの区域が広がっている（❹）。

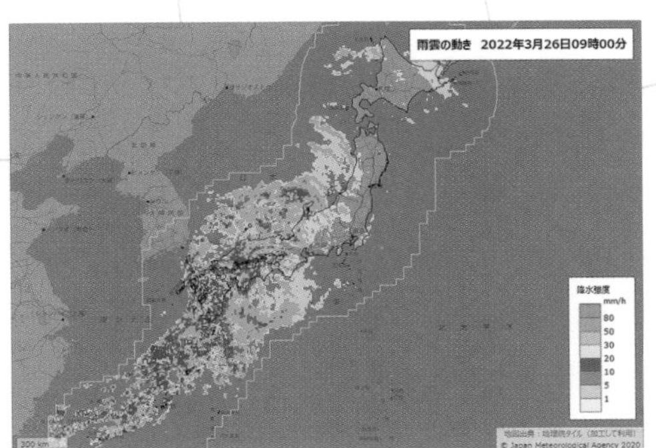

2022年３月26日の雨雲レーダー

低気圧や前線に伴う雨雲は南北に立つ形で広がっている。とくに寒冷前線に対応する雨雲通過の時には激しい雨や落雷突風に注意。寒冷前線通過後は急速に晴れることも。

お化粧で例えると、低気圧の雨はチークブラシで梅雨前線の雨はアイライナーです。

低気圧のチークブラシは大きくサッと動かせば、ある程度頬に色味が差せますし、多少ズレても頬から極端にはみ出すことはありません。一方、梅雨前線のアイライナーはちょっとズレるとお化粧が大失敗……ということになります。

温帯低気圧の規模は1000キロ単位で、雨雲は本州の広い範囲を覆います。

さらに雨雲は西から東へ順に動くため、雨の量や降る時間帯が外れることがあっても、雨がかすりもしなかったということはほとんどありません。これがチークブラシと頬の関係です。

ところが梅雨前線は、東西方向には数千キロと長くても、南北方向の規模は100キロ単位と、低気圧の10分の1。雨雲は細い帯状に広がります。その帯が上下（南北）に動くので、かかりそうでかからないという現象が起こります。細いアイライナーで、狙った通りのラインを描く難しさに似ています。

しかも、雨雲の帯のすぐ北側は薄曇りや晴れのエリアです。

つまり、雨雲の帯が陸地にかかると予想して東京や名古屋は雨という予報が出ても、実際に雨雲がかかったのが太平洋の海の上になってしまうと、雨が降るのは伊豆諸島だけ。

東京や名古屋は共に雨雲の北側の晴れのエリアで予想外の晴れという結果になります。

南北方向の雨・曇り・晴れの層の薄さが、予報の難しさにつながるのです。北と南の高気圧の勢力が拮抗して動き方が南北に上下するというのも厄介です。

気象庁のスーパーコンピューターでも、低気圧のように大きな雨雲のかたまりが西から東へ動くことに関しては精度良く予想できるようになっていますが、帯状の雨雲が南北に動く予想はそこまで得意ではありません。

南から北に上がった梅雨前線がまた南に下がることがあったり、そのま

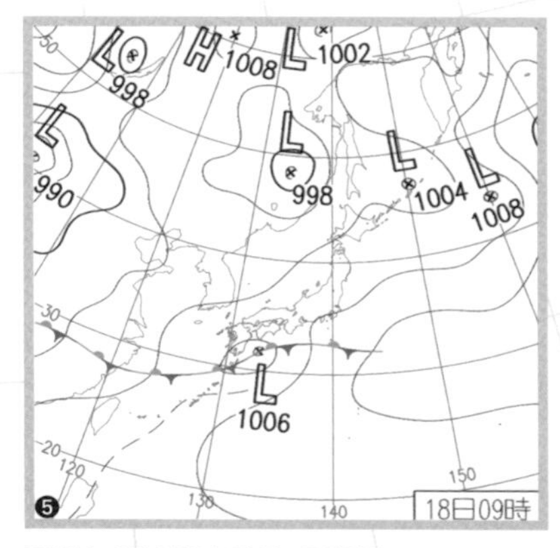

2022年6月18日と19日の天気図

梅雨前線が東西に延びていて、前線上を低気圧が東進（❺）。低気圧付近では雨脚が強まる恐れ。低気圧通過後も前線が残る（❻）ので、晴れるのは一時的という場合がある。

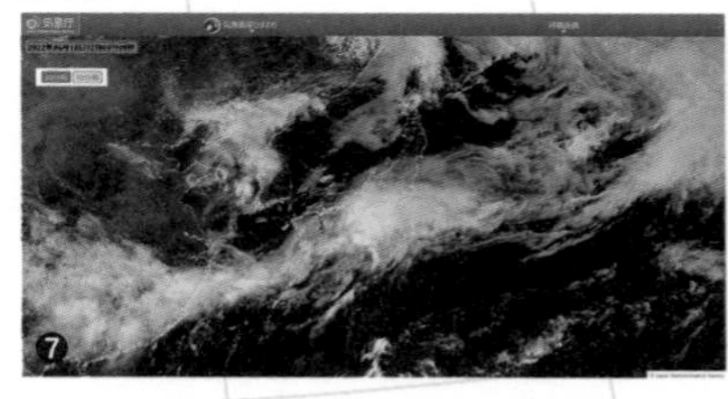
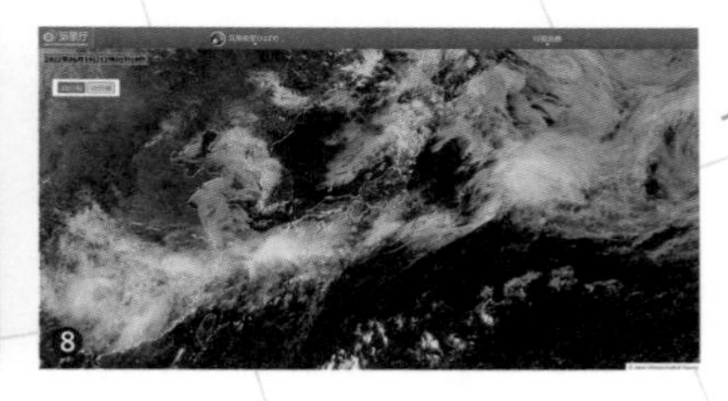

2022年6月18日と19日の気象衛星画像

東西に長く延びる前線の雲の中で、関東付近で特に白くなっている部分は低気圧に伴う雲（❼）。低気圧の規模は小さく、低気圧の後にも前線の雲が連なっている（❽）。

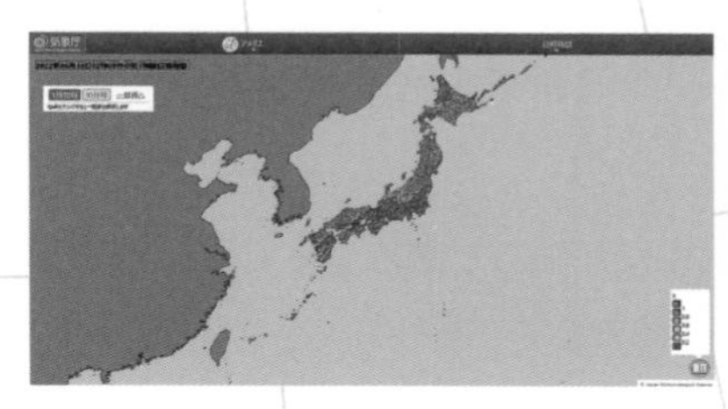

2022年6月18日と19日の日照時間

6月15日ごろから本州の南に前線が停滞。前線の活動は強くはなかったので連日のように「関東は晴れ間あり」という予報が発表されるものの、北東からの風が勝って曇り空。18日に低気圧が通ったことでその後ろの乾いた空気が一時的に流れ込み、19日は久しぶりに長く晴れた。

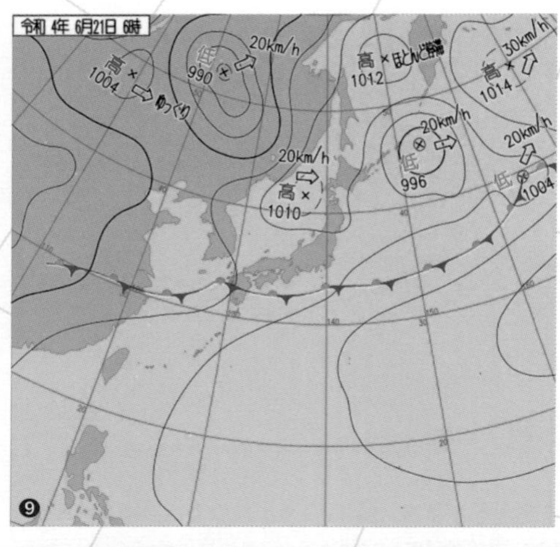

2022年6月21日の天気図と気象衛星画像

前線が九州北部から関東の南に停滞し日本海北部には高気圧（❾)、前線付近から高気圧にかけて雨・曇り・晴れのグラデーションの天気分布に（❿)。天気図上で前線が曲がっている部分（キンクと呼ぶ）では雲の渦巻きが見える。（気象庁ウェブサイトより一部加筆。）

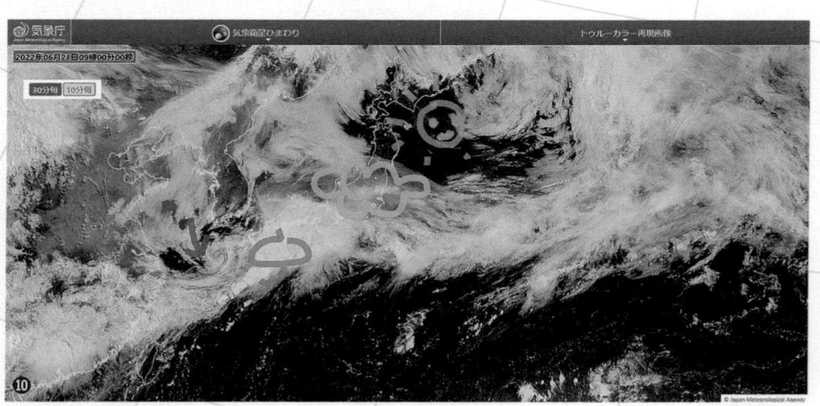

ま停滞したりします。このため**次はココで雨が降る**と読みづらく**西から雨**と順番にはいきません。

曇り一時雨の予報が**晴れ**と外れた場合、実際の気温が予想より5度以上高くなることもあります。熱中症や日焼け対策が必要な暑さと、曇りや雨で肌寒いことが隣り合わせになっています。また、もう止むだろうと予想された雨がなかなか止まない時は、**災害につながる大雨**になる恐れもあります。

予報が外れる言い訳ばかりで申し訳ないですが、梅雨前線は**南北方向の雨雲のエリアが狭い**ことと**南北方向の上下動が定まりにくい**ことが予報を外れやすくしていると覚えておくと、予想外の晴れや雨へのリスクヘッジにつながります。

梅雨入り・梅雨明けを発表するのは気象台で、**○月○日頃に梅雨入り（明け）したとみられる**と、数枚のオブラートにくるまれたような表現になっています。

さぁ今日から梅雨だ！と断言するものではありません。

梅雨入り・明けには**5日間程度の移り変わりの期間**があり、**その中日あたりを発表日**としているので、スッキリしない季節は入る定義もスッキリしません。

北海道は、前線が北上してこないということから梅雨が無いとされていますが、近年は北海道まで前線が北上して大雨になることもあります。また、近年は梅雨末期の大雨や、梅雨の期間が短くてお盆休みに**戻り梅雨**の大雨も頻発しています。予報が難しいからこそ、災害に対する注意が増える時期でもあります。

② 太平洋側の大雪

「朝は積もらない と言っていたのに昼には雪景色（2013年の成人の日）」

首都圏では数センチで事故多発。

事前の予測・注意喚起が難しい現象といえば、首都圏の大雪です。
日本海側の大雪は数日前から予測が可能なのに対し、関東で降る雪は降ってからでも外れるということがあります。

外れるパターンは主に3つ。雨の予報だったのが雪になる、雪の予報が雨だった、大雪の予報が何も降らなかった、です。

日本海側では大雪と予想されたのに何も降らないということはまずありません。日本海側の雪の要因は上空に流れ込む寒気なので、量や雪質などが違ったとしても高確率で雪は降ります。関東の大雪の主な要因は南岸低気圧で、低気圧が予想よりも陸地から離れた所を進んだ場合は、雨雲（雪雲）は海上を通過し、陸上は曇っただけで何も降ってこなかったということがあるのです。

この南岸低気圧による雪は、低気圧の位置や気温の下がり方など様々な要素が絡んで予測を難しくしています。

しかも、日本海側の大雪とは比べ物にならないわずか数cmでも大混乱が起きます。雪が積もるか積もらないか、そのあと凍るか凍らないかによって事故の件数が大きく変わります。

本項と次項では2013年の成人の日と2014年のバレンタインデーの当時の技術では大ハズレになってしまった例を紹介します。

2013年１月11日金曜の夕方の段階で「14日月曜日は発達した低気圧の影響で海や山は大荒れ、関東甲信の内陸では大雪、伊豆諸島では大雨」という情報が出されていました。

３連休最終日の成人の日、外出予定の方に向けて金曜日のうちに注意を呼び掛けました。

前日の日曜日は東京の最高気温が13.5度、穏やかな晴天でした。ただ、すでに北海道では数年に１度という寒さに見舞われており、一方で九州では１月としては記録的な大雨の予想が出ていました。低気圧が南に熱帯低気圧を引き連れていたのです。本州を挟んで**数年に１度の寒さ**と、**台風の卵の熱帯の空気**が対峙……これは温帯低気圧が急速に強まる条件を満たしてしまっています。このため「雨なら大雨、雪だったら**大雪の成人式**として記憶に残るレベルになるかも、気を付けて。」と解説しました。

当日の朝５時45分に出された気象情報では「山沿いで大雪。24時間の降雪量は長野・群馬で50cm、山梨・栃木・神奈川西部で30cm、秩父で10cm。関東の平地でも積雪になる所があるが、23区では**積雪となる可能性**

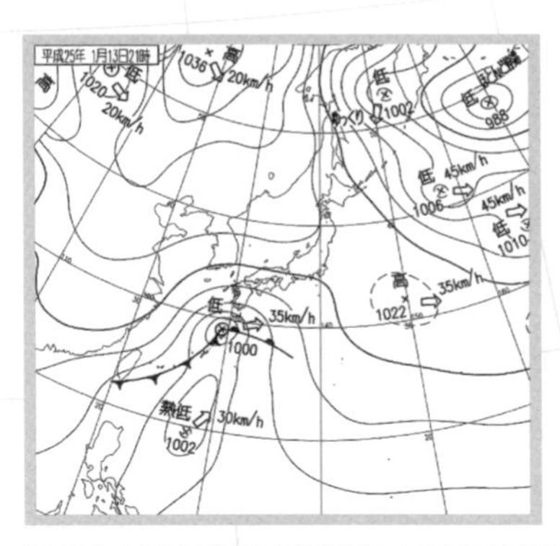

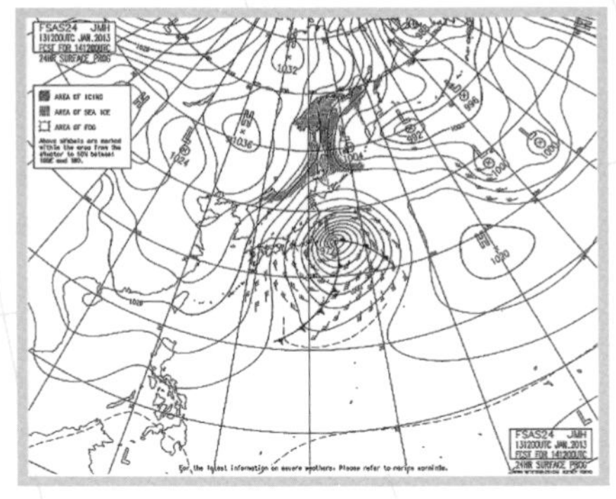

2013年１月13日夜の天気図と14日夜の予想図

１月13日夜に九州の南にある低気圧が、発達しながら関東の南に進む予想。低気圧の南には台風の卵の熱帯低気圧もあり、24時間で28hPa気圧が下がるとみられた。気象台は１月11日の夕方に「発達する低気圧に関する情報」を出して、風が強まり海や山は大荒れになることに注意を呼び掛けていた。

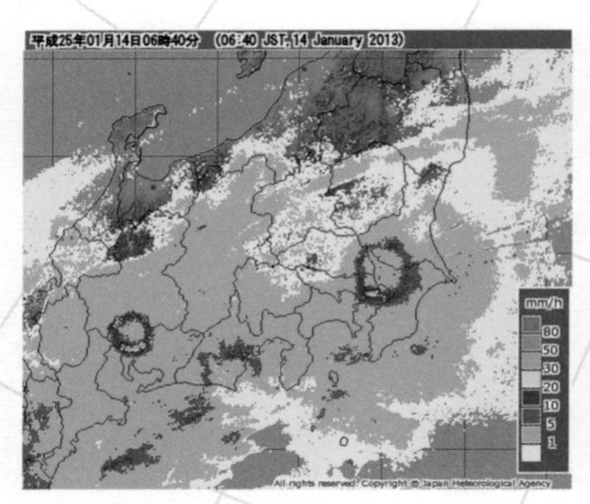

2013年１月14日６時40分の雨雲レーダー

この時点では東京は雨だったが、関東平野に「青い輪」が出来ている。これはブライトバンドと呼ばれ、上空では雪片が混ざっているためエコーが強く出る→地上も雪になるかもというサイン。これを見つけると気象予報士は気が引き締まる。

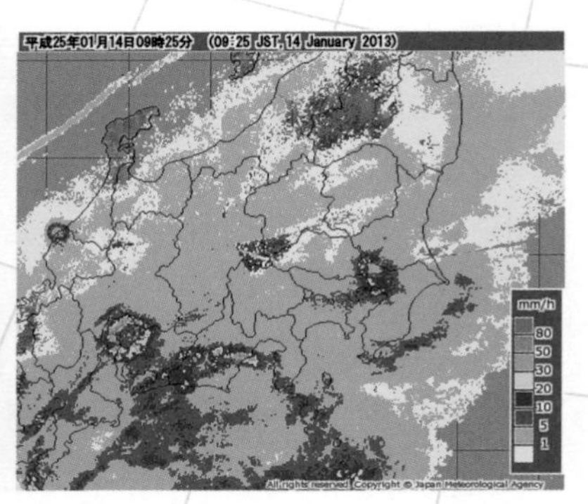

2013年１月14日９時25分の雨雲レーダー

早朝よりもさらに強い雨雲がかかり始め、中には大粒の雨を降らせるような積乱雲も含まれている。強い雨が降ると気温が下がる→雨が雪に変わる→強い雪であっという間に雪景色……というシナリオに進んでしまった。

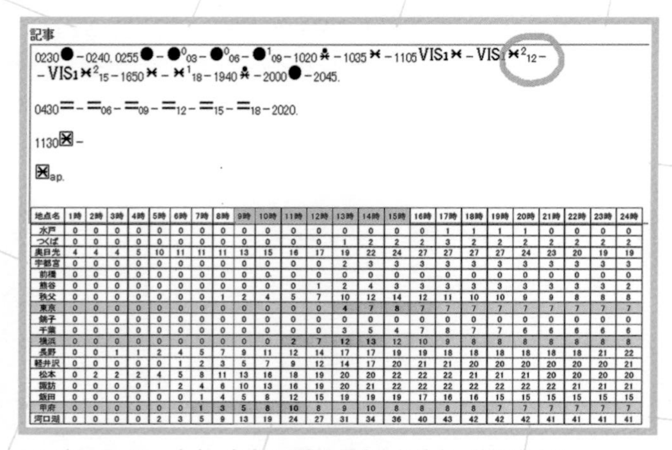

記事

0230● − 0240. 0255● − ●$^{0}_{03}$ − ●$^{0}_{06}$ − ●$^{1}_{09}$ − 1020⁂ − 1035⋈ − 1105 VIS1⋈ − VIS1⋈$^{2}_{12}$ −
− VIS1⋈$^{2}_{15}$ − 1650⋈ − ⋈$^{1}_{18}$ − 1940⁂ − 2000● − 2045.

0430═ − ═$_{06}$ − ═$_{09}$ − ═$_{12}$ − ═$_{15}$ − ═$_{18}$ − 2020.

1130⊠ −

⊠$_{ap.}$

地点名	1時	2時	3時	4時	5時	6時	7時	8時	9時	10時	11時	12時	13時	14時	15時	16時	17時	18時	19時	20時	21時	22時	23時	24時
水戸	0	0	0	0	0	0	0	0	0	0	0	0	0	0	0	0	1	1	1	1	0	0	0	0
つくば	0	0	0	0	0	0	0	0	0	0	0	0	1	2	2	2	3	2	2	2	2	2	2	2
奥日光	4	4	4	5	10	11	11	11	13	15	16	17	19	22	24	27	27	27	27	24	23	20	19	19
宇都宮	0	0	0	0	0	0	0	0	0	0	0	0	2	3	3	3	3	3	3	3	3	3	3	3
前橋	0	0	0	0	0	0	0	0	0	0	0	0	0	0	0	0	0	0	0	0	0	0	0	0
熊谷	0	0	0	0	0	0	0	0	0	0	0	1	2	4	3	3	3	3	3	3	3	3	3	2
秩父	0	0	0	0	0	0	0	1	2	4	5	7	10	12	14	12	11	10	10	9	9	8	8	8
東京	0	0	0	0	0	0	0	0	0	0	0	0	4	7	8	7	7	7	7	7	7	7	7	7
銚子	0	0	0	0	0	0	0	0	0	0	0	0	0	0	0	0	0	0	0	0	0	0	0	0
千葉	0	0	0	0	0	0	0	0	0	0	0	0	3	5	4	7	8	7	7	6	6	6	6	6
横浜	0	0	0	0	0	0	0	0	0	0	2	7	12	13	12	10	9	8	8	8	8	8	8	8
長野	0	0	1	1	2	4	5	7	9	11	12	14	17	17	19	19	18	18	18	18	18	18	21	22
軽井沢	0	0	0	0	0	1	2	3	5	7	9	12	14	17	20	21	21	20	20	20	20	20	20	21
松本	0	2	2	2	4	5	8	11	13	16	18	19	20	20	22	22	22	21	21	21	20	20	20	20
諏訪	0	0	0	0	1	2	4	6	10	13	16	19	20	21	22	22	22	22	22	22	22	21	21	21
飯田	0	0	0	0	0	0	1	4	5	8	12	15	19	19	19	17	16	16	15	15	15	15	15	15
甲府	0	0	0	0	0	0	1	3	5	8	10	8	9	10	8	8	8	8	7	7	7	7	7	7
河口湖	0	0	0	0	2	3	5	9	13	19	24	27	31	34	36	40	43	42	42	42	41	41	41	41

2013年１月14日の東京の気象の記録と関東甲信地方の積雪時系列

東京の天気の移り変わりを記号で示してある。●は雨、Жは雪→２時半から雨が降り始めて10時20分にミゾレ、10時35分からは雪で12時には「雪強し」、19時40分にミゾレ、20時に雨に変わり20時45分に止む。11時半から積雪という内容。（気象庁ウェブサイトより一部加筆。）

東京は12時に雪が強く降ったあと13時に一気に積雪４cmを観測した。甲信地方や横浜で早くから積もり始めたので心配していた。（気象庁の記録をもとに作成。）

は小さい。」という内容が記されていました。

この情報を聴いた多くの人は、東京は雪が降っても積もらないなら……と車で出かけたことでしょう。朝6時の気温は5.5度、雨が降っていました。

甲府は6時前に雨が雪に変わり、10時の積雪は8cm。その他、長野11cm、河口湖19cm、秩父4cmと、予想通り内陸部の山沿いでは雪かきが必要な状況になってきました。

放送の合間に窓の外を何度も見ていたところ、9時過ぎには雪が混じり始めました。気象庁に連絡をして「こちら、雪になってきました。」と伝えると「こちらはまだ雨です。お知らせありがとうございます。」とのことでした。思いのほか雪が混じるのが早いなぁという実感でした。

気象庁の記録を見ると、大手町では10時20分に**ミゾレ**を観測し、この冬の「初雪」に。10時35分には「完全に雪」になり、11時半からは1cmに満たないけれど積雪状態、12時の天気は「雪強し（ただの雪ではない）」で、13時の積雪が一気に4cm、15時には8cmになりました。気温は5時の6度台から徐々に下がり、10時半には3度、11時半に1度となり積雪を観測。夕方まで1度前後で推移し、この日の最低気温は13時過ぎの**0.7度**でした。

朝、積もらないと言われて外出していた多くの人は**急な雪景色**に混乱しました。緩い斜面でも立ち往生が発生。前日は新春の陽射しを浴びていた花壇も雪に埋もれ、木々には湿った雪が雪だるま式にくっついて倒木が相次ぎました。明治神宮は人や車に折れた木が当たるの防ぐため、閉鎖されました。8cmで大雪というと、雪国の人には笑われてしまいますが、雪に慣れていない多くの人が、車も足元も全く雪の装備をせずに街に繰り出している状況を想像していただくと怖さを覚えるかと思います。

この予想外の大雪の要因は**急速に発達した南岸低気圧**です。中心気圧は24時間で28hPa下がりました。前述のとおり、低気圧が急発達すると、風が強まると同時に雨も強まります。

急に雨が強まると夏の夕立のあとのようにぐっと気温が下がりますが、

晴れた日の明治神宮前駅周辺と2013年１月14日の雪景色

朝６時前の情報では「雪は降っても積もらない」だったが、６時間後にはこの景色。
表参道の緩い坂でもスタックする車が続出。車道は大渋滞。

晴れた日の明治神宮前と2013年１月14日の雪景色

「雨のち雪」の湿った重たい雪だったため、木々に雪だるま式に雪がつき、大きな枝が折れ、倒木の被害も多発。人や車に当たると危険との判断で、明治神宮が閉鎖された。成人の日のお参りもできず、人々が門の前で記念写真。

晴れた日の代々木公園のベンチと2013年１月14日の着雪で折れてしまった枝

雪がついた重みで太い枝が折れて、公園のベンチに覆いかぶさっている。

雪の銀座駅
歩道は除雪が追い付いておらず、翌朝にかけてこのまま凍り付く恐れ。靴底に雪がついたまま階段を降りたり、地下鉄構内やビル内に入ったりするのは滑って転ぶ恐れあり。14日午後撮影。

雪の翌朝の皇居祝田橋、路面凍結
夜間に晴れて冷えたため、路面が凍結。街灯の反射から凍っているのが判る。片側3車線の幹線道路でも歩道側の車線は未除雪。路地は雪かきされない状態で凍結。15日午前3時撮影。

2013年1月15日夕方の渋谷区役所前
除雪されないままに凍り付いていた歩道の雪を割って積み上げていた。渋谷のど真ん中で流氷の海のような光景が。15日午後5時撮影。

そこに強い北風が加わってさらに気温が下がります。この北風の風上にあたる北日本には**数年に一度の冷たい空気**があったため、**かなり冷たい北風**が強く吹くことになったのです。これらの条件が重なり、強い雨が強い雪になってしまいました。弱い雪ならすでに濡れている路面には急には積もらないことも多いですが、強い雪だったことが状況を悪化させました。

この日の東京の降水量は64ミリ。すべて雨で降ったとしたら、1876年からの統計史上1月として2番目という記録的な大雨でした。その一部が雪になったため、湿った重たい雪による着雪の被害が相次いでしまったのです。

祝日の大雪だったことで、休日に人が少ない都心部は除雪がほとんどされずに翌朝にかけて凍結。翌朝は凍った路面での転倒・スリップ事故で降雪中よりも怪我人が増えました。

翌月の2月6日には**東京で10cmの雪が降る**という予想が出ました。この時は2月4日から雪に関する情報を出し、2月5日昼の時点で降雪10cmとの予想を発表。成人の日に8cmで大混乱したばかりです。多くの職場で前泊などの対策がとられた他、鉄道各社も朝の運転本数を間引く計画を発表しました。

ところが、翌朝は雪がチラついたものの全く積もる気配はありません。自宅待機していた人が「これなら出かけられる」と出勤しようとしましたが、電車の本数は少ないままです。本来は新宿駅の外で**大雪中継**をしようと

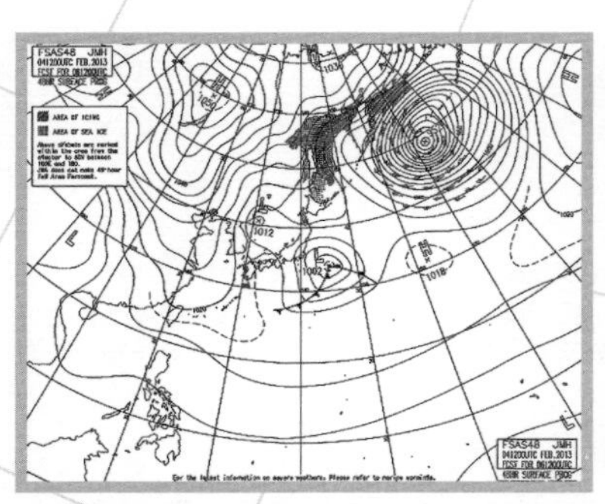

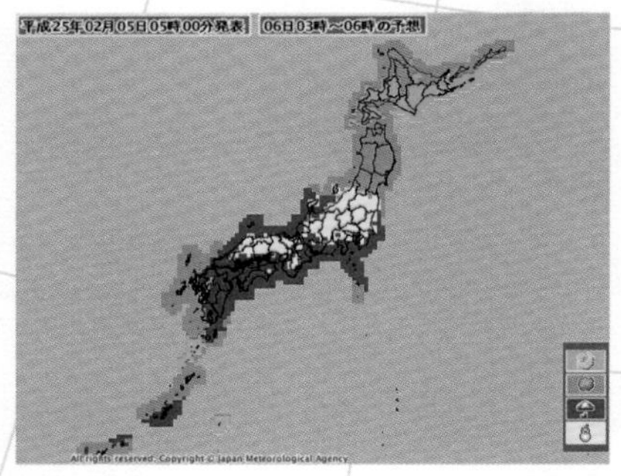

2013年2月6日夜の予想図と2013年2月6日朝の予想天気分布
南岸低気圧が発達しながら通るため、関東は朝から雪で、東京では10cmの降雪予報が出された。先月8cmで大混乱しただけに、各所で前日から大雪対策がとられた。

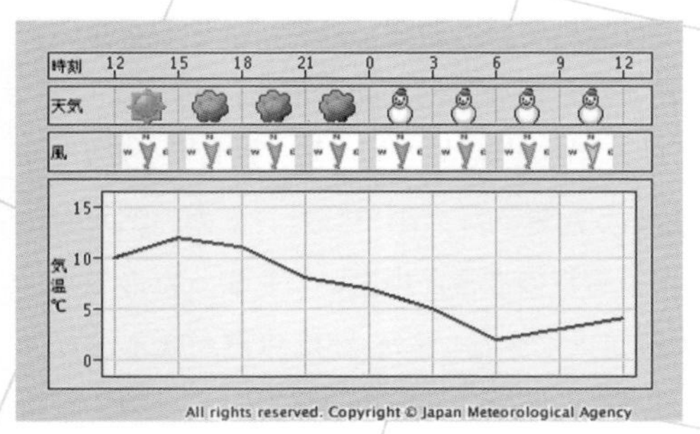

2013年2月5日に発表された東京の時系列予報
東京は2月6日未明から雪マークが並んでいる。これを見ると、多くの人は1月14日の雪を思い起こして心配していた。

していたマスコミは、駅の構内に人が殺到、電車に乗れない状況を中継することになってしまいました。

大雪予測の難しさに直面した翌冬、それを上回る予測外れの大混乱が発生しました。次項で解説します。

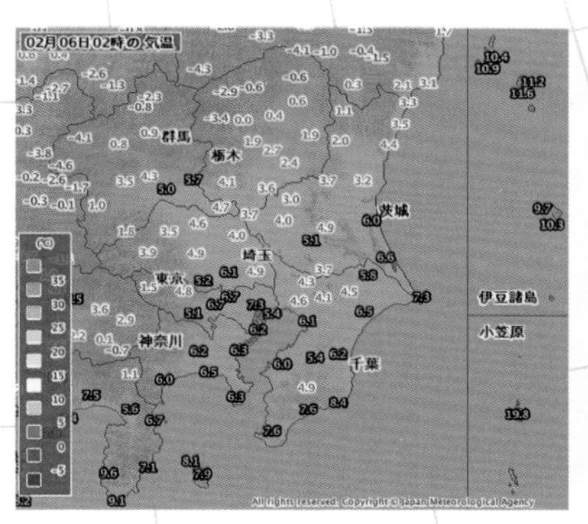

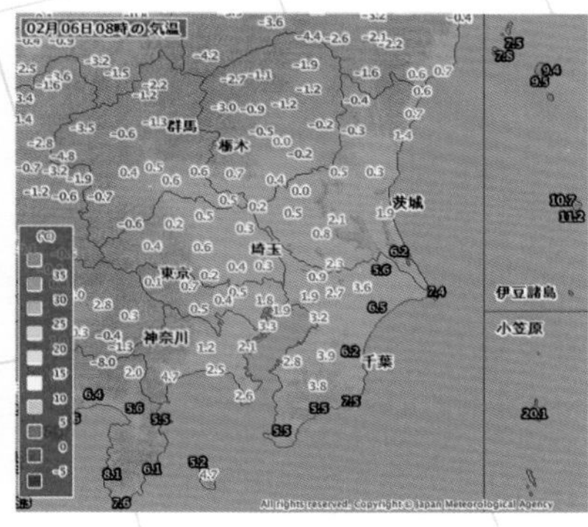

2013年2月6日午前2時と8時の気温分布

東京は2時は7.3度あったが8時には1.8度、練馬は0.5度……降れば雪という気温。1月13日より気温低下が早く、大雪が心配された。

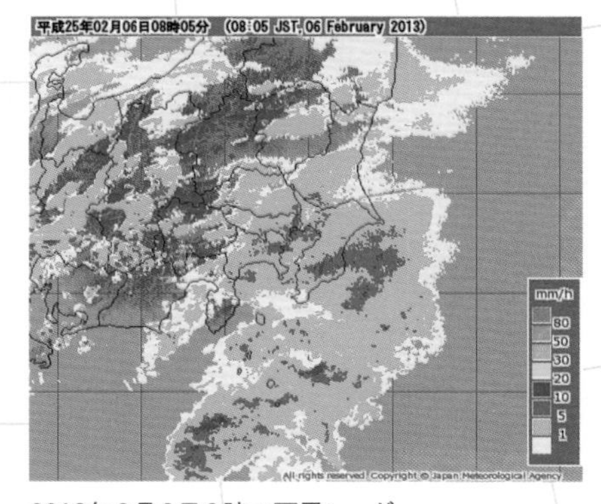

2013年2月6日8時の雨雲レーダー

気温が下がってきたが、雨雲はスカスカで1月13日のような強い雪を降らせるものではなかった。

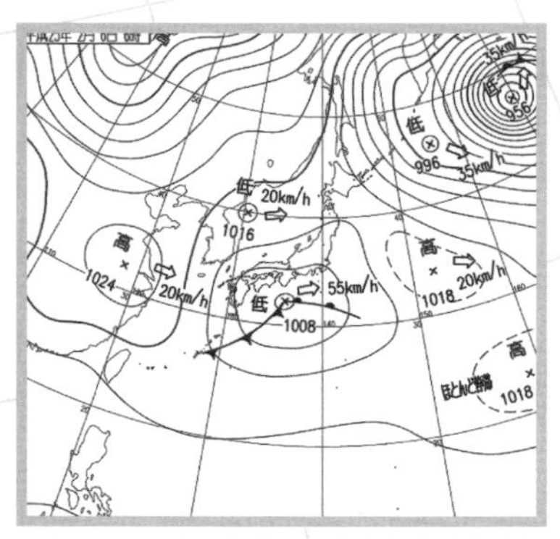

2013年2月6日6時の天気図

紀伊半島沖から関東沖を通る間、低気圧は強まらず、陸地からも距離があったため、全般に雨量としても少なかった。雪は降ったが積もるほどではなかった。

② 太平洋側の大雪

2014年は「粉雪の大雪」の翌週に「記録的な大雪」

甲府で1m超、これまでにない積雪となった2014年のバレンタインデー

2014年はまず2月7日～8日に粉雪の大雪が降りました。たいてい南岸低気圧が来るときの気象解説では「雪か雨か」で悩むものですが、この時は100人の気象予報士がいたら100人とも「雪」と断言できる状況でした。気温がかなり低かったので、降り始めから止むまで雪とみられていました。

気象庁からも2月6日の夕方には「西日本から東日本の太平洋側の平野部でも大雪になる所があるでしょう」との情報が出され、7日昼の情報では23区は降雪5cm、夕方の情報では降雪15cmと上方修正されました。さらに

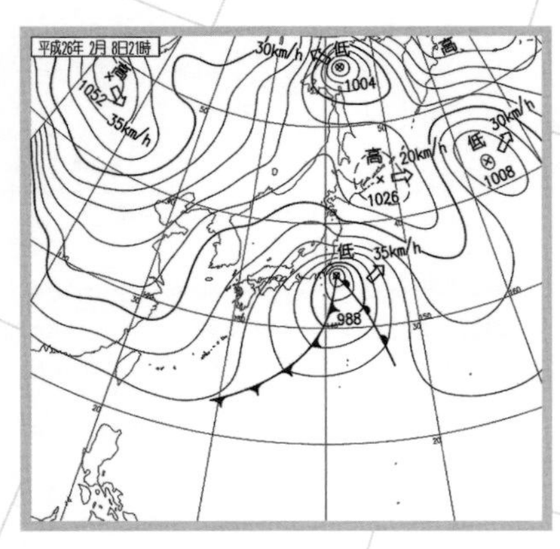

2014年2月8日の天気図
雨か雪かの予想が難しい南岸低気圧、東京23区で20cmの降雪予想を発表することはめったにない。①気温がかなり低い②低気圧が発達、の2点が高確率で予想できたため予報士も自信を持って「雪」と言えた。結果、予想が当たって27cmの積雪。

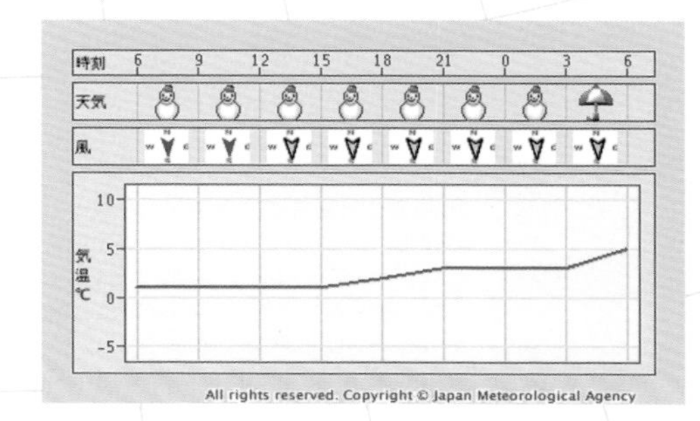

2014年２月８日朝発表の東京の時系列予報
すでに小雪が降る中で、雪マークがズラリと並んでいる。低気圧が近づく夕方ごろがピークで風も強いとみられた。実際に風が強く、地吹雪も見られた。結局雨に変わることなく翌朝６時前に止んだ。

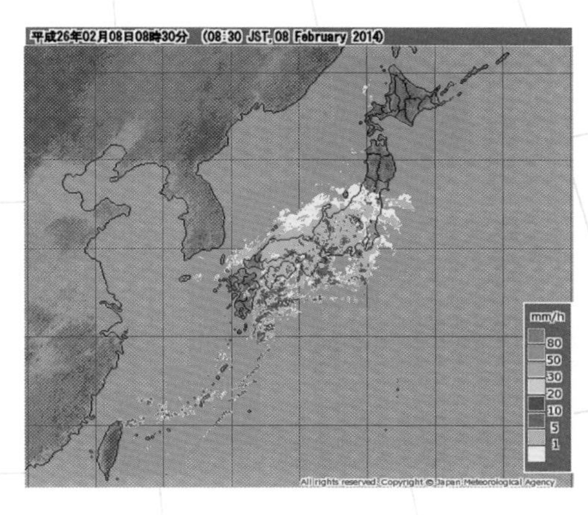

2014年２月８日の雨雲レーダー
すでに未明から弱い雪が降り出し、５時には雪化粧が始まっていた。西の方からまとまった雲が進んでくるため「まだこれから大雪になる」と注意を促した。

「７日夜遅くから降り出して23区でも20cm予想」と会見が開かれたことでかなり警戒されました。

結果、東京では27cmの積雪で1969年３月12日の30cm以来45年ぶりの大雪、千葉市は33cmで1966年からの統計史上最深積雪、熊谷の43cmは1954年と並んで史上２番目の記録的な大雪となりました。

この日の日中の気温はずっと氷点下、降った雪がサラサラのパウダースノーでした。積もった雪が風で舞い上がり、踏みしめた時に「キュッ」と音が聴こえるような東京では珍しい体験をしました。

気象庁の記録では２月12日11時で積雪がなくなりましたが、まだ公園な

2014年２月９日東京スカイツリーからの眺め

前日に27cmの積雪を記録し、45年ぶりの大雪となった東京を45年前には無かった高さから眺めてみることに。大雪の影響で交通機関が乱れていたので営業開始も11時と遅れ、連日多くの人が詰めかけていた展望台は空いていた（徒歩で向かった）。

2014年２月８日昼頃の代々木公園のケヤキ並木

サラサラの雪が降り、足あとがすぐ消えていく。風に乗って木の枝からも粉雪が舞う。

2013年１月14日の雪と2014年２月８日の雪

たいてい東京で降る雪は湿っているため、踏むとシャーベット状になる（❶）。ところが２月８日の雪は踏むと「キュッ」と音がするような粉雪。北海道で踏みしめるような雪の感覚を東京で味わえた（❷）。

どの日陰では雪が残っていました。完全に雪が融けないうちに次の雪が降ったのがその翌々日の14日金曜日でした。（ただ、千葉県内では2月11日に関東沿岸をかすめた南岸低気圧でも積雪が増えました。）

14日朝5時の東京の気温は2度、雪は降り始めて間もなく積もり始め、朝9時には真っ白な世界が広がりました。でもこの日の予報は「日中は気温が上がらず雪が降り続く。でも夜には気温が高くなって雨に変わる。明朝起きたら東京など平野部の雪は融けて無くなっている。」という流れでした。前週との違いは、①気温が高いので湿った重たい雪、②低気圧の動きが遅いので長く影響を受ける、③低気圧は陸地に近い所を通るので暖かい空気が流れ込んで雨に変わる、という3点です。この中で③が外れた場合は②の影響で大雪になる恐れもありました。しかも雪かきが困難な重たい雪です。一応、悪い方のシナリオもお伝えして夜を迎えました。夜の東京はまだ湿った雪が降り続き、路面はベシャベシャ、すでに山梨県などは朝の予想を上回る雪で、多摩方面は帰宅時間の交通機関が乱れ始めていました。

翌朝、起きてビックリ。雪が消えているどころか1m前後積もっているところもありました。結局、暖気が流れ込んで雨に変わったのは千葉や茨城な

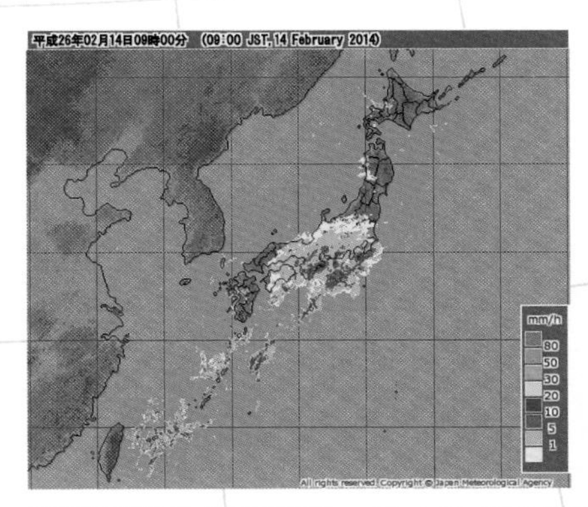

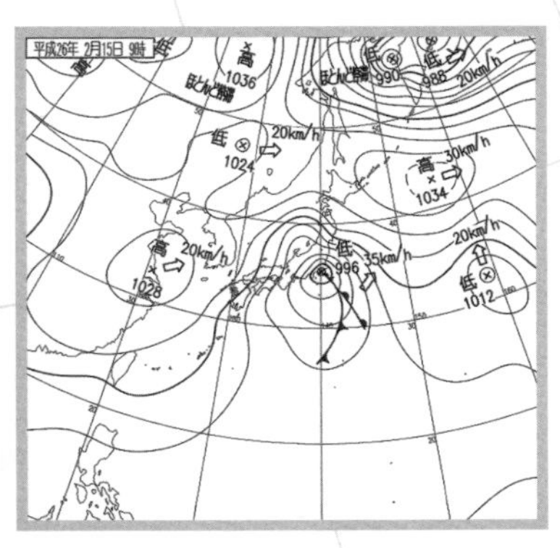

2014年2月14日9時の雨雲レーダーと2014年2月15日9時の天気図

2月14日に本州の南岸を進んできた低気圧は15日朝、関東の陸地にかかる形で北東進。これだけ陸地に近づけば広範囲に暖気が入り、前夜までの雪は、朝には広く雨に変わっていると予想された。

どの一部で、大半は**15日朝も雪のまま**でした。しかも低気圧が陸地に上陸するほど近くを通ったため、雪が強く降って積雪がどんどん増えてしまったのです。結果的には前頁の**悪い方のシナリオ**で予想外の大雪になってしまいました。

これまでにない積雪を観測した気象台は、宇都宮32cm、熊谷73cm、前橋73cm、秩父98cm、軽井沢99cm、飯田81cm、甲府114cm、富士河口湖町143cmです。東京も前週と同じ27㎝を観測しました。一方、雨になった水戸では142.5ミリ、千葉の勝浦では160ミリなど、2月1位という記録的な大雨になりました。各地で雨だったとしても2月としては相当な雨量をもた

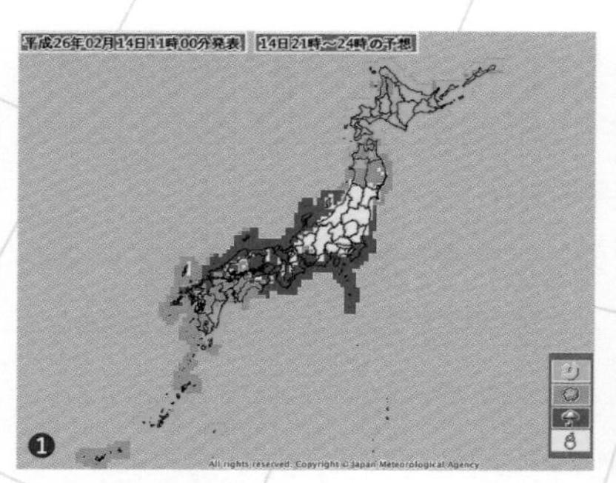

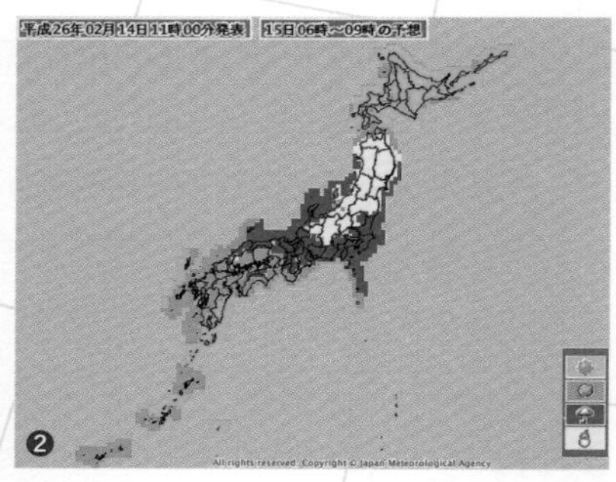

2014年2月14日夜と翌朝の予想天気分布（14日11時発表）。
14日朝に降り出した雪は夜まで続くが、翌朝には雨に変わるとみられていた。関東付近は夜は「雪」の白い部分が多いが（❶）、翌朝は山梨県も含めて「雨」の青い部分が多くなっている（❷）。

2014年2月14日の気象庁前（大手町当時）
「夜までは雪」としても、かなり積もってきていた。雨に変わっても融けきらないのでは、と気がかりだった。ちなみにこの日は気象庁の講堂で「前年の成人式の大雪」について天気予報研究会が開催されていた。まさかそれ以上の大雪になってしまうとは……。

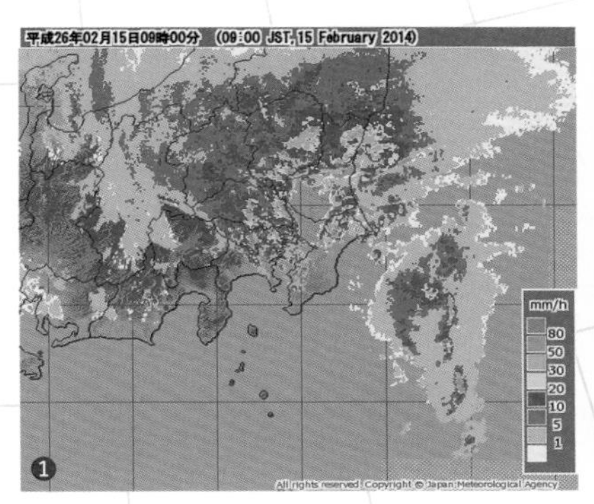

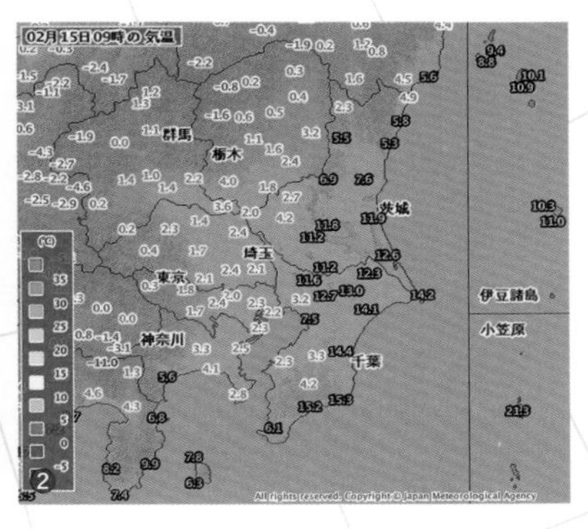

2014年２月15日９時の雨雲レーダーと気温分布

低気圧が最接近した朝９時、暖気が流れ込んだのは千葉や茨城が中心で（❷）、低気圧に伴う発達した雲がかかった未明はまだ多くの所が雪だった。雨に変わるタイミングが遅くなり、積雪が一気に増えてしまった（❶）。

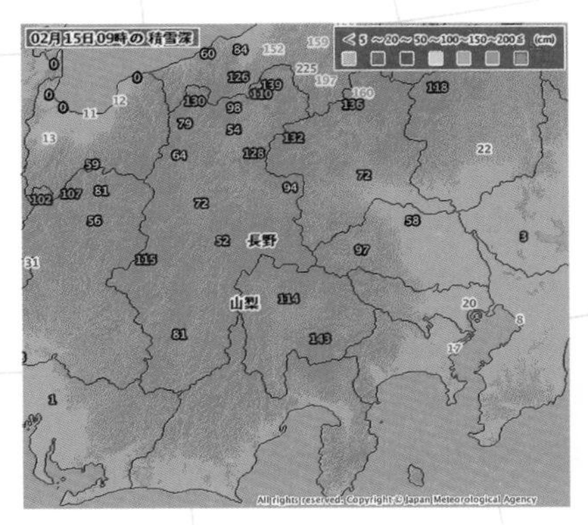

2014年２月14日９時の積雪深

東京都心は午前３時前後から雨が主体になり、熊谷は６時前後から宇都宮は７時過ぎからミゾレになり、積雪が減ってきていた。一方、前橋は９時もミゾレが強く降っていて、甲府は雪が続いていたため積雪は１m超に。

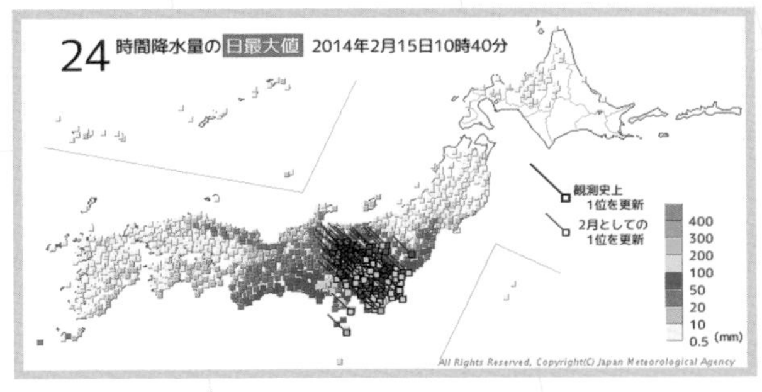

2014年２月15日の24時間降水量

前年１月14日同様、雨だったとしても２月として記録的な大雨になる水分が雪で降り続けたところが多く、湿った重たい雪が除雪作業を困難にした。

らしたであろう低気圧によって、雪で降り続いてしまった所では記録的な降雪・積雪量になってしまいました。

14日夜から鉄道の運休や通行止めが相次ぎ、帰宅困難者が多く発生。大雪になった地域では道路寸断や停電により集落が孤立。除雪作業や落雪、建物倒壊により多数の死傷者が出てしまいました。中には凍死してしまった人もいました。

復旧には時間を要し、**特別警報を出すべきではなかったのか**との議論も起こりました。

2013年・2014年の大混乱から、関東・東海地方など太平洋側の雪の少ない地域で早めに注意を喚起するために大雪警報・注意報の基準が見直されました。2016年11月17日からはより早い時間から発表されるようになったのです。多くの地域では、これまで24時間の降雪量が20～30cmで出されていた大雪警報が、12時間で10cmの段階で出されるようになりました。

また、雪の少ない地域では降っているときよりも**翌朝の凍結**で転倒・スリップ事故が増えます。穏やかに晴れた朝は日の出前が最も気温が低くなり路面が凍りやすくなります。特に橋の上など地面に接していないところは要注意です。高架部分が多い首都高などは通行止めが長引くこともあります。日陰では数日間にわたって融けては凍りを繰り返すこともあるので注意が必要です。土日や祝日の大雪だと、職場など休みだった建物付近は雪かきが及ばずにガチガチに凍り付いてしまうこともあります。

寒気流入が弱い冬（暖冬）は南岸低気圧が発生しやすいので、雪が融けないうちにまた雪が降ったり、雪か雨か予報が難しい天気予報が多くなったりします。**明らかに雪**という時はもちろんですが、**もしかしたら雪になるかも**という時は、念のため**積もったら**、**翌朝凍ったら**を念頭に、予定の調整なども検討してください。

2022年1月6日は早朝に「23区は1cmの積雪」と通常の**降雪**ではなく**積雪**に言及した情報が出されました。渋谷ではお昼前から舞い始めた粉雪で、みるみるうちに雪化粧。「わずか1cmだから今のうちに雪を満喫しておこ

2022年1月7日朝の代々木公園
前日に「積雪1cm」と珍しく積雪量に言及した情報が発表された東京都心、結果は短時間に10cm積もった。気温が低い中、予想以上に雨雲が広く覆ったためである。翌朝まで雪は残り、日の出前には幻想的な風景が広がった。

う」と代々木公園でうっすら積もった雪をカメラに収めたり、小さい雪ダルマを作ったりしました。ところが、「遊んでいないで帰らないと怖い」というほど短時間で雪が深くなってきて、**結果10cmの積雪**。予想以上に南岸低気圧の雲が陸地に広がってしまったようです。

ちょっと雨が強く降る、**北風が強まる**など微妙な変化で一気に状況が変わってしまう恐れがあるのが、現時点では**数日前から精度よく予想して注意呼びかけることが出来ない**南岸低気圧の難しさなのです。是非、悪い方のシナリオで備えて、ケガや事故無くやり過ごしてください。羽田や成田で除雪に時間がかかると、日本中の航空ダイヤに影響が及ぶ恐れもあります。

③竜巻

「遭う確率は高くないが、遭ったら一瞬で生命や財産が危険に」

五感も頼りに。
危険を感じたらすぐに屋内へ。

予想が難しい現象の３つ目が竜巻です。竜巻は気象庁のウェブサイトにも人の一生のうちほとんど経験しない極めて希な現象ですという記述があるように、遭遇する確率の低いものですが、遭ってしまったら一瞬にして生命や財産を失いかねない危険な現象です。

2013年９月２日午後２時過ぎ、埼玉県越谷市付近から千葉県野田市付近にかけて、突風により住宅の屋根が飛んだり、ガラスが割れたりするなどの大

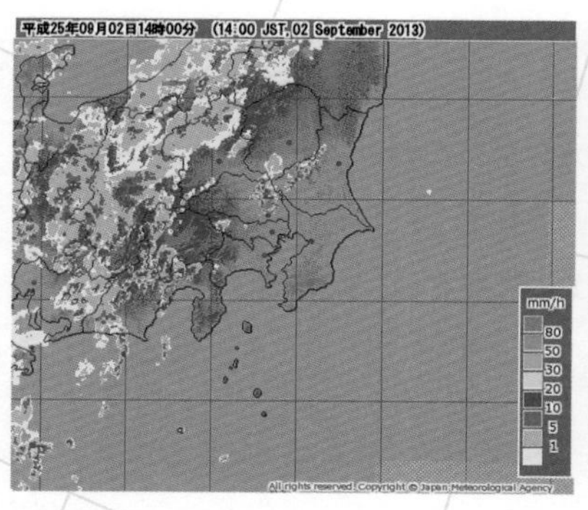

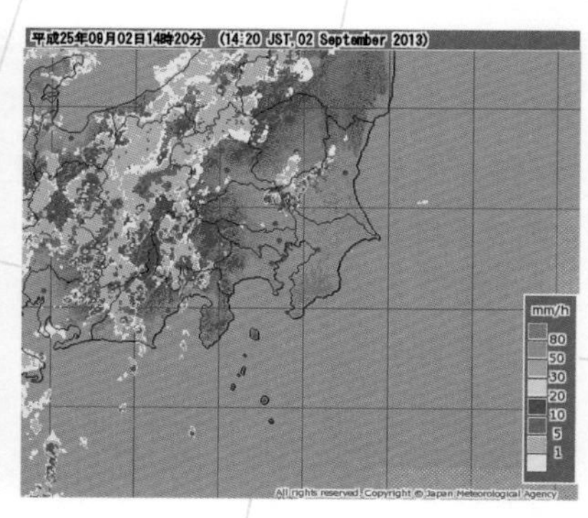

2013年９月２日14時と14時20分の雨雲レーダー
関東平野の広い範囲は晴れていたが、東海地方や甲信越地方には雨雲がかかっている。南から暖かく湿った空気が流れ込んでいた状況で関東平野も大気の状態は不安定だった。14時ごろさいたま市から越谷市付近にあった積乱雲は20分後には千葉県から茨城県へ移った。この雲の下で竜巻が発生したとみられる。19kmを時速39kmで北東進したそう。

きな被害が発生しました（竜巻の発生はさいたま市岩槻区、消滅は茨城県板東市）。

この時間帯、越谷から電車で30分強の東京では真っ青な空に大きな白い雲が浮かぶ夏空が広がっていました。私は午後2時33分に「東武伊勢崎線と東武野田線が大雨で運転見合わせや遅延」という埼玉県内の鉄道運行情報メールを受信。母からも「竜巻らしい」とメールがきて、「こんなに晴れているのに、埼玉で大雨？竜巻？」と雨雲レーダーを見ると、範囲は狭いものの非常に発達した積乱雲をとらえていました。その雲の下で竜巻が発生していたのです。

高校時代の友人が数人越谷市に住んでいて「あの子は大丈夫だろうか？」と心配になり連絡をすると「駅へ向かう道の一部が竜巻の被害を受けたが、うちは大丈夫」とのことでひと安心。

翌日、被災現場に行ってみました。竜巻が進んだ距離は約19キロとみられていますが、幅は非常に狭いというのが大きな印象です。住宅地で家が5軒並んでいるうち、3軒の屋根にはブルーシートがかけられていましたが、2軒は隣を竜巻が通ったと感じさせない普通の状態でした。現地の人に話を聞くと、屋内から竜巻が見えて怖いと思っているうちに、あっという間に屋根がなくなっていたなど、とにかく一瞬にして被害が発生したようです。

このほか、小学校のプールの柵の一部がひしゃげたり、街路樹の高いところにポリバケツが引っかかっているなど、風の強さを物語る爪痕が残っていました。

気象庁も翌日、この突風を竜巻と断定し、強さを示す藤田スケールで「F2」という見解を示しました。藤田スケールにはF0からF5までの6段階（最も強いのがF5）あり、F2は約7秒間の平均（ですから瞬間的に）50〜69m/sの風と推定されます。1秒間で50m先のものが飛んでくれば、ペットボトルでさえ凶器になり得る中、屋根の一部や看板が飛んで来たら……と想像するだけで怖くなります。

2013年９月３日の越谷市内の様子

小学校脇の街路樹のイチョウの木に工事用のコーンやポリバケツが引っかかっていたり（❶）、学校近くの家屋では屋根の復旧作業が行われたりしていた（❷）。高い電線にはトタンのようなものが引っかかっており、クレーンで撤去する準備が進められていたり（❸）、道の脇にはトタンがひしゃげて落ちていたりした（❹）。竜巻の風の勢いを物語っている光景。

	風速	被害の状況
F0	17〜32m/s（約15秒間の平均）	テレビのアンテナなどの弱い構造物が倒れる。小枝が折れ、根の浅い木が傾くことがある。非住家が壊れるかもしれない。
F1	33〜49m/s（約10秒間の平均）	屋根瓦が飛び、ガラス窓が割れる。ビニールハウスの被害甚大。根の弱い木は倒れ、強い木は幹が折れたりする。走っている自動車が横風を受けると、道から吹き落とされる。
F2	50〜69m/s（約７秒間の平均）	住家の屋根がはぎとられ、弱い非住家は倒壊する。大木が倒れたり、ねじ切られる。自動車が道から吹き飛ばされ、汽車が脱線することがある。
F3	70〜92m/s（約５秒間の平均）	壁が押し倒され住家が倒壊する。非住家はバラバラになって飛散し、鉄骨づくりでもつぶれる。汽車は転覆し、自動車はもち上げられて飛ばされる。森林の大木でも、大半折れるか倒れるかし、引き抜かれることもある。
F4	93〜116m/s（約４秒間の平均）	住家がバラバラになって辺りに飛散し、弱い非住家は跡形なく吹き飛ばされてしまう。鉄骨づくりでもペシャンコ。列車が吹き飛ばされ、自動車は何十メートルも空中飛行する。１トン以上ある物体が降ってきて、危険この上もない。
F5	117〜142m/s（約３秒間の平均）	住家は跡形もなく吹き飛ばされるし、立木の皮がはぎとられてしまったりする。自動車、列車などがもち上げられて飛行し、とんでもないところまで飛ばされる。数トンもある物体がどこからともなく降ってくる。

藤田スケール

竜巻などの激しい突風をもたらす現象は水平規模が小さく、既存の風速計から風速の実測値を得ることは困難なため、1971年にシカゴ大学の藤田哲也博士により「被害の状況から風速を大まかに推定」する藤田スケール（Fスケール）が考案された。被害が大きいほどFの値が大きく、日本ではこれまでF4以上の竜巻は観測されていない。

階級	風速 （3秒平均）	主な被害の状況 （参考）
JEF 0	25～38m/s	・物置が横転する。 ・自動販売機が横転する。 ・樹木の枝が折れる。
JEF 1	39～52m/s	・木造の住宅の粘土瓦が比較的広い範囲で浮き上がったりはく離する。 ・軽自動車や普通自動車が横転する ・針葉樹の幹が折損する。
JEF 2	53～66m/s	・木造の住宅の小屋組（屋根の骨組み）が損壊したり飛散する。 ・ワンボックスの普通自動車や大型自動車が横転する。 ・鉄筋コンクリート製の電柱が折損する。 ・墓石が転倒する。 ・広葉樹の幹が折損する。
JEF 3	67～80m/s	・木造の住宅が倒壊する。 ・アスファルトがはく離したり飛散する
JEF 4	81～94m/s	・工場や倉庫の大規模な庇の屋根ふき材がはく離したり脱落する。
JEF 5	95m/s～	・低層鉄骨系プレハブ住宅が著しく変形したり倒壊する。

日本版改良藤田スケールにおける階級と風速の関係

藤田スケールは米国で考案されたものであり、日本の建築物等の被害に対応していないこと、評定に用いることのできる被害指標が9種類と限られていること、幅を持った大まかな風速しか評定できないこと等の課題があったため、より精度良く突風の風速を評定することができる「日本版改良藤田スケール（JEFスケール）」を2016年4月から使用。評定に用いることができる被害指標は、自動販売機や墓石等を加えた30種類に増加。2013年9月2日の竜巻はJEF2と推定される。

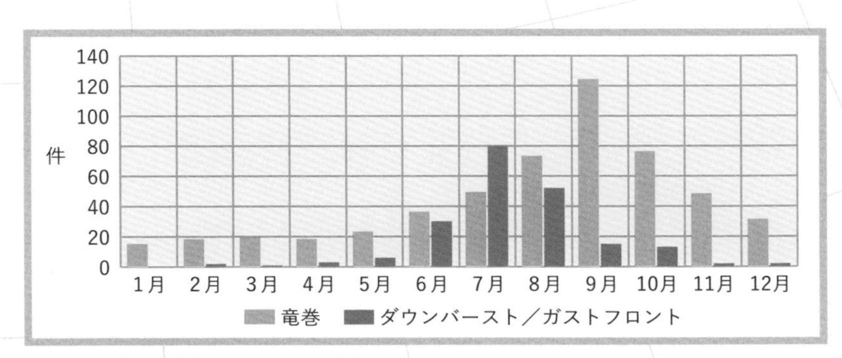

突風の月別発生確認数（1991～2022年）

竜巻は台風や前線に伴って発生する頻度も高く、9月が最も多い。竜巻のほか、積乱雲から吹き降ろす下降気流が地表に衝突して水平に吹き出す激しい空気の流れが「ダウンバースト」、積乱雲の下で形成された冷たく重たい空気の塊が温かくて軽い空気の側に流れ出す寒冷前線に似たような構造で起こるものが「ガストフロント」。被害域の特徴は、竜巻が幅が狭く距離が長い、ダウンバーストは円形や楕円形など面的、ガストフロントは竜巻やダウンバーストより水平規模が大きい。

竜巻から身を守るために①　雷注意報を確認

この日の竜巻は湿暖流が流れ込んでいる中、晴れて気温が上がった所に、上空には寒気が流れ込んで大気の状態が不安定になったことが大きな要因です。しかし、このケースよりも台風や寒冷前線通過などが要因で発生することも多く、台風シーズンでもある９月が竜巻発生の頻度が最も高くなっています。

「越谷で竜巻」と報道されても、越谷市でも一部の地域のさらに一部（例えば５軒並んだ家の３軒が被災、２軒は無傷）というほど局地的な現象です。これを気象庁が予測して「お宅は危ないです」と知らせるのは絶対に無理なのです。

このような状況で少しでも安全を確保するには自ら情報を得ることが大切です。

まず、気象庁の情報で確認するのは雷注意報です。

2013年９月２日は、朝から雷と突風および降ひょうに関する気象情報が出ていて、大気の状態が非常に不安定だということは指摘されていました。前日には栃木県小山市で１時間に80ミリの猛烈な雨が降ったこともあり「きょ

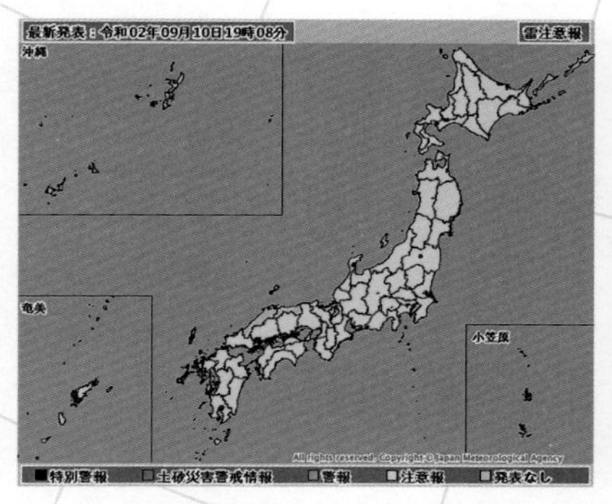

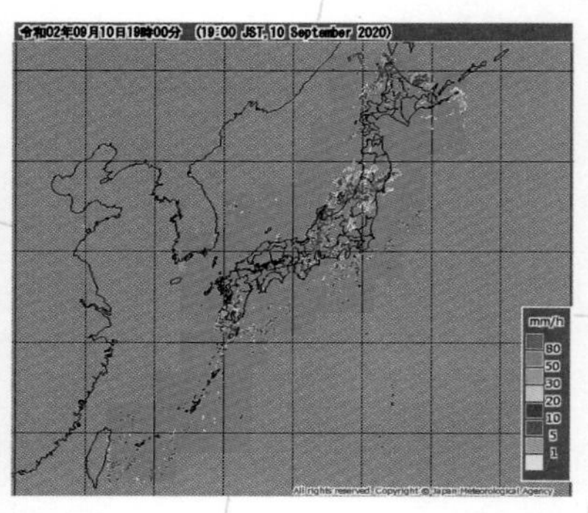

2020年９月10日19時ごろの雷注意報発表状況と雨雲レーダー

本州付近に前線が停滞し、南から暖かい空気・北側に冷たい空気が流れ込み、広い範囲で大気の状態が不安定。全国的に雷注意報が出され、いつどこで積乱雲が発生してもおかしくない状況だった。竜巻発生の恐れだけでなく、激しい雨や落雷による災害にも注意が必要。

うも激しい気象現象に気をつけて」と放送でも注意を呼びかけました。

関東地方向けの天気予報では「早朝から東京23区や千葉にも雷注意報が出ている日は一層注意」という目安をもって伝えるようにしています。

というのも、夏は夕立をもたらす雷雲発生源である関東北部の山に近い前橋市や宇都宮市では、まだ晴れている朝のうちから雷注意報が出ていることがあります。関東北部は昼頃に山で積乱雲が発生したらあっという間に平野部でも雷雨になる恐れがあるからです。

ただ、東京23区や千葉県は山の方で雷雲が発生してから栃木県や埼玉県を南下してくる時間的な余裕があり、南下する傾向が見える昼過ぎから雷注意報を出しても夕方から夜の雷雨には間に合います（南下しないこともあります）。

ところが、まだ北部の山にも雷雲が発生していない晴れた朝に23区や千葉県まで雷注意報が出されているという場合は、それだけいつどこで雷雲が発生してもおかしくないという状況なのです。全く雷雨が無かった前日よりも降水確率が10〜20％ほど高くなっていたり、注意報とは別の気象情報が出されたりすることがあります。こういう時はいつもよりも雷雨に遭いやすいと心構えをしておきましょう。

竜巻から身を守るために②
空の色や風の強さ、気温の変化など「五感」も活用

積乱雲接近のサインは空が急に暗くなる、ヒンヤリとした風が強まる、遠くで雷鳴が聴こえるなど目・耳・肌で感じるものもあります。これらのサインは、竜巻が発生した越谷市のアメダスでデータとしてとらえられていました。

2013年９月２日14時までの10分間に日照時間は７分間、14時の気温は33.4度、最大瞬間風速は8.9m/s（南）を観測しました。その後10分間の日照時間はゼロ、14時10分の気温は27.8度、最大瞬間風速は13.1m/s（西北西）でした。

積乱雲接近のサイン

空が急に暗くなり、冷たい風が吹いてきた、雷の音が聴こえてきた……というのは積乱雲接近のサイン。早めに安全な場所へ。

時刻	降水量	気温	平均風速と風向	最大瞬間風速と風向	日照時間
13:50	0.0	33.6	4.0（南南西）	14.3（南南西）	10
14:00	0.0	33.4	4.2（南）	8.9（南）	7
14:10	0.0	27.8	6.3（西）	13.1（西北西）	0
14:20	0.0	26.7	3.6（北西）	12.0（西北西）	2
14:30	0.0	28.5	1.8（北西）	5.1（北北西）	7
14:40	0.0	29.6	2.1（西北西）	5.2（西北西）	8

2013年9月2日のアメダス越谷の10分ごとの観測値

竜巻発生前後の14時ごろのデータを見ると、14時と14時10分で気温や風向・風速・日照時間の変化が大きい。これは「空が急に暗くなってひんやりとした風が強まった」ことを示している。積乱雲の規模は小さかったので再び晴れて気温が上昇している。（気象庁ウェブサイトのデータをもとに作成。）

2020年9月9日夕方の入道雲（積乱雲）

遠くに入道雲が見えているときは要注意。遠くの稲光や雷鳴に気づいた時も要注意。自分の頭上に雲がくると、空が暗くなって入道雲の全容がわからなくなり、冷たい風が強まって大粒の雨が降ってくる恐れ。雨雲レーダーの確認を。

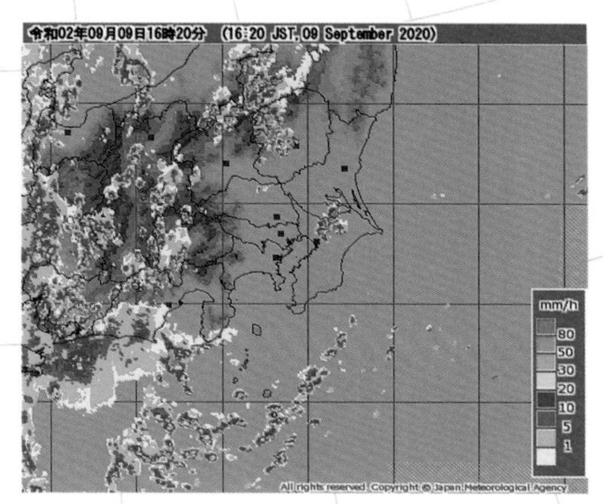

2020年9月9日夕方の雨雲レーダー
前頁写真❶、❷の頃の雨雲レーダー。千葉県に発達した積乱雲がある。この雲の下では非常に激しい雷雨になっている。

この10分間で陽射しが無くなり、風向きが南から西寄りに変わって強まり、気温は6度くらい下がりました。これは**空が雲に覆われて暗くなり、ヒンヤリとした風が強まった**という積乱雲接近のサインとつながります。

きっと皆さんも大粒の雨が降る前に「あ、降ってきそうだな」という空の暗さや風の変化などを感じたことがあると思います。そのサインを信じて、早めに安全なところに移動してください。上記のように気象データでも裏付けられています。

木の下で雨宿りというのは大変危険です。木に落ちた雷からの**即撃**で命を落とす恐れがあります。数滴雨粒が落ちてきたら、あっという間に土砂降りに見舞われることもあります。怖い思いをする前に、早く屋内を目指しましょう。

竜巻から身を守るために③　雨雲レーダーを確認

手元で雨雲の様子を確認出来る場合は、こまめに確認しましょう。雨雲が進んでくる様子やその先の予想を把握することが大切です。ただ、予想ではもうすぐ離れるはずなのに、しばらく留まることもあったり、急速に広がったりすることもあります。

2021年10月２日、海岸の電光掲示板
前日に台風16号が伊豆諸島付近を通りすぎた台風一過、雨の気配が無い中で海に出かけると、夕方には電光掲示板に「雷注意報」。まだ上空は晴れていたが、神奈川西部や多摩地方に積乱雲。この表示に気づかなかったら、都内に戻って激しい雷雨に遭うところだった。

2021年10月２日20時ごろの雷の写真
激しい雷雨が自宅周辺を通り過ぎたあと、南の空に稲光が見えた。東京の21時の天気は「雷」だった。

また、屋内から外に出る前に確認することもお勧めします。私は特に**今日は雷雨に注意**という日は、職場から自転車で帰るか地下鉄で帰るかの判断でこまめに見るようにしています。逆に降水確率が低いときはレーダーを全く見ません。

しかし油断はできないのです。以前、雨の予報が無かった日に海にいたら、電光掲示板に**雷注意報**と表示されたことがありました。半信半疑で雨雲レーダーを確認すると、西の方で雷雲が発生中。東京に戻るタイミングで降られるかもしれないと用心することが出来ました。電光掲示板に感謝しました。

また2010年５月27日からは気象庁ウェブサイトの雨雲レーダーに、**雷ナウキャスト**と**竜巻発生確度ナウキャスト**という別コーナーが加わりました。これは2006年に相次いで発生した竜巻被害（後述）を受け、監視・予測体制の強化に伴って始まったものです。雷は４段階、竜巻は２段階に色分けされていて、竜巻発生確度「２（１か２の）」で**竜巻注意情報**が発表され、予報の適中率は５～10％程度です。

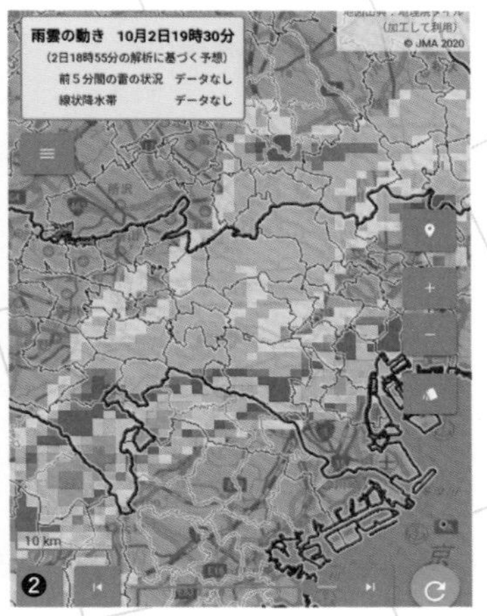

2021年10月２日18時半の雨雲レーダーと19時半の予想

23区は18時半には全く雨雲が無かったが（❶)、19時半には積乱雲がかかる予想（❷)。もう日没後で「空が暗くなる」のサインに気付けない中、雨雲レーダーはありがたい。

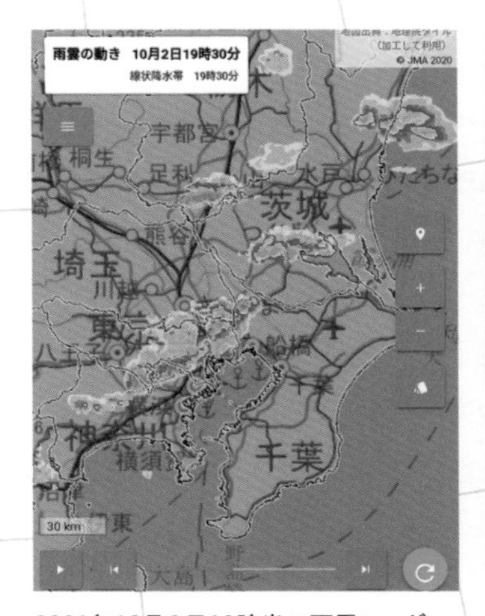

2021年10月２日19時半の雨雲レーダー

❷の予想通りとまではいかないが、同じような傾向で多摩地方から23区に積乱雲がかかっている。「雷注意報」の表示を見→雨雲レーダー→今後の予想を見て、雨に降られる前に帰宅できた。

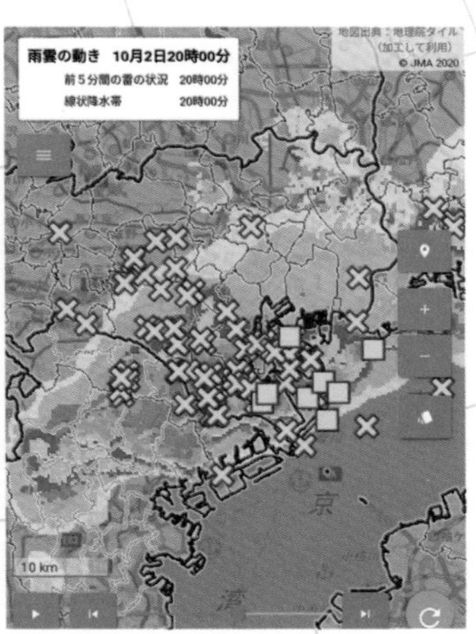

2021年10月２日20時の雨雲レーダーと雷の状況

昼間の晴天からは想像が出来ない激しい雷雨が都心を襲った。東京都心の天気の記録では19:45～20:10が雷のピーク。

竜巻から身を守るために④
竜巻注意情報が出ていたら外出注意

竜巻注意情報は2008年３月26日から運用が始まった情報です。

2005年12月25日に山形県庄内町で突風が発生し、奥羽本線の特急列車が脱線転覆しました。乗客５名が亡くなる大きな事故でした（気象台では竜巻かダウンバーストかは不明としています）。

翌2006年には９月17日に宮崎県延岡市で台風13号に起因する竜巻が発生、３名が死亡する大きな災害となりました。この竜巻でも日豊線の特急の先頭２両が浮き上がり脱線転覆しています。

また同じ年の11月７日には北海道佐呂間町で竜巻が発生。道路工事の作業員用のプレハブ小屋２棟が巻き上げられて全壊し９名が亡くなりました。寒冷前線通過時に大気の状態が非常に不安定になり、**スーパーセル**と呼ばれる大きな積乱雲が発生したことで藤田スケールF３クラスの日本ではめったに発生しない竜巻となりました。山形はF１、宮崎はF２、2013年の越谷（前述）もF２クラスでした。

2006年に竜巻被害が相次いだことで、気象庁では監視体制を強化することに加え、突風等の発生の可能性を10分刻みで１時間先まで予測する**突風等短時間予測情報**を計画、2008年３月26日から**竜巻注意情報**として運用を始めたのです。

ただ、有効期間は１時間程度で、終了の情報がないことや**竜巻**という言葉のインパクトが強い割には県単位での発表ということで、**怖そうな情報だけど実際に竜巻は起こらないし、対象範囲が広すぎる**と活用には課題が多かったのが実情です。

2013年の越谷の竜巻の際、当時の予測精度の低さから竜巻が発生した後に熊谷地方気象台から**竜巻注意情報**が発表される結果となってしまいました。前年５月６日にも茨城県常総市からつくば市で大規模な竜巻災害が発生しましたが、発生前に竜巻注意情報による注意喚起はできませんでした。

改善が進み、2014年９月２日からは目撃情報を活用した竜巻注意情報の発表が始まりました。これは目撃された竜巻への注意喚起は間に合わなくても、「竜巻が発生したような危険な気象状況だ」「今後も気を付けて」という後続の竜巻発生に有効とされたのです。

2016年12月15日からはさらに精度が高くなり、発表対象が県単位から細分化されました。これによると、発生に間に合わなかった2013年の越谷の竜巻注意情報は、発生前の13時50分に埼玉県南部に発表することが可能に

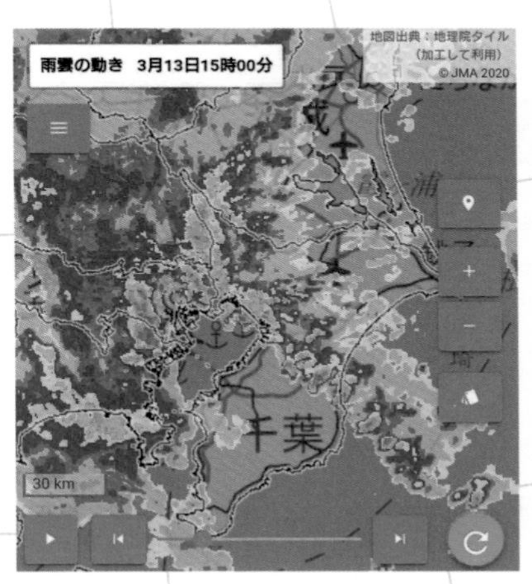

2021年3月13日15時の雨雲レーダー・雷活動度・竜巻発生確度

気象庁ウェブサイトの「雨雲の動き」をみると、雨雲の様子の他に、雷の活動度、竜巻発生確度を確認できる。竜巻発生確度で確度2の赤い表示が出ると「竜巻注意情報」が発表される。必ず竜巻が発生するわけではないが、いつもよりも竜巻に遭う確率は高くなっている。また、竜巻発生確度が1や表示されない場所でも、被害が発生するような突風が吹く恐れがある。この日はまさに15時ごろ千葉県睦沢町でF1の竜巻が発生した。

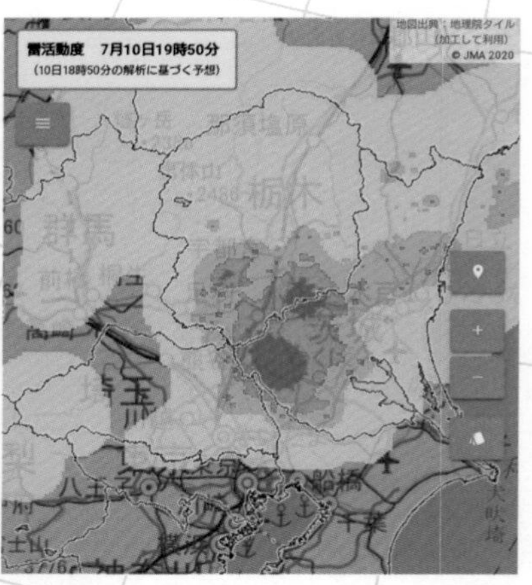

2021年７月10日19時ごろの雨雲レーダーと雷活動度
大気の状態が不安定で関東の内陸部で積乱雲が発生。東京からも激しい稲光が何度も確認された。積乱雲は北東に動くと予想されていた。情報を活用することで備えや心構えができる。

なったそうです。

とはいえ、竜巻は人の一生のうちほとんど経験しない極めて希な現象なので、竜巻注意情報が出たからといって遭遇する確率も低いです。ただ、人生で遭わないくらいの希な現象に、いつもよりは遭う確率が少し高いと思って心構えをしてください。竜巻が起こりそうなときには、実際に非常に激しい雨が降ったり、急に風が強まったり、大きな雷鳴や稲光に見舞われたり……など「怖い」と感じる現象は起こっていることが多いです。屋外にいるのは危険ですから、是非、屋内で状況が収まるまで安全確保してください。

もし、竜巻注意情報の発表を確認したり、実際に竜巻を見るようなことがあれば、以下に注意してください。

・屋外なら鉄筋コンクリート製の頑丈な建物に避難。なければ、とにかく身を低くして側溝など狭くて周りに囲いがあるような場所を見つける。ただし、豪雨による冠水・浸水の恐れもあるので、かえって危険なこともある。

・屋内ならまずカーテンを閉めて窓から離れる。トイレやバスタブなど狭いところで身を低くする。この時に布団などで体を覆うことも大切。
・被害の後は、ガラスやがれきで足元が危険。しっかりとした靴や軍手の用意を。竜巻までいかなくても、落雷や突風から身を守るにも効果的。

夜間は昼間よりも現象に気づきにくいですが、あらかじめ備えてイメージしておくことも大切です。

④ 局地前線

「関東の「春一番」が東京都心まで届かない問題しばしば勃発」

横浜や羽田だけ「春一番」。

関東地方では雪や竜巻の他にも予測が難しい現象があります。それが南風です。

春一番など南風が届くかどうかで気温の予想が大きく外れることがあるのです。

春一番とは、冬から春へ季節が移り替わる中で初めて吹く南よりの強い風で、気象庁ウェブサイトの用語解説では、立春から春分までの間に、広い範囲（地方予報区くらい）で初めて吹く、暖かく（やや）強い南よりの風とあり、地方予報区というのは、関東や近畿、四国などをさします。北海道と東北はこの期間中はまだ冬という地域が多く、逆に沖縄は期間中にはすっかり春本番を迎えることから3地方は発表対象外です。

2022年3月5日午後の隅田川
23区東部を南北に流れる隅田川は南風が吹き抜けやすく、この日も水面が波立つほど風が強かった。

具体的な風速などはその地方ごとに定義が分かれていて、例えば関東地方では、①日本海に低気圧があり、②東京で平均風速8m/s以上の、③南より（西南西〜東南東）の風が吹いて、④前日よりも気温が上がる、という条件です。

天気予報では、毎年必ずと言っていいほど、「日本海に低気圧があり、関東地方は南風が吹いて気温が上がるでしょう。この南風は**春一番**になりそうです。東京の予想最高気温は昨日より5度高い16度です。」などという日がやってきます。

予報を信じて期待して出かけたのに、なかなか晴れず、南風も吹かず、気温は10度に届かないという結果では風邪をひきかねません。このような大ハズレが東京ではしばしば起こります。しかし、横浜や房総半島ではきちんと予報が当たって、晴れて南風が吹いて気温が上がる傾向が多いのです。

東京まで南風が届かない多くのケースでは、天気図に現れない**沿岸前線**の存在があります。

基本的に、南風は関東の南の方（神奈川や千葉など）から先に吹いて強まります。この南風エリアが関東の内陸へ北上するのを阻むのが**沿岸前線**で

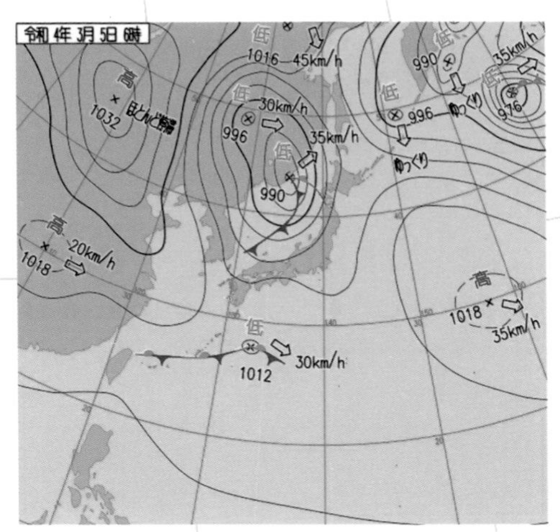

2022年3月5日6時の天気図
立春から春分の間で日本海に低気圧がある。時期と気圧配置は「関東の春一番」の条件クリア。あとは、東京で平均8m/s以上の南よりの風が吹いて気温が上がるかどうか。

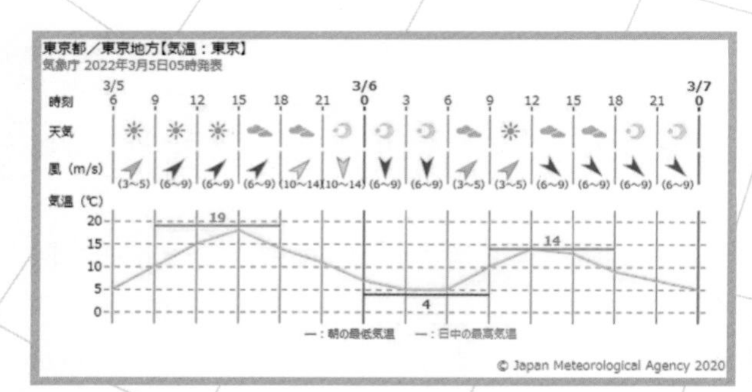

2022年3月5日の東京の時系列予報

東京は最低気温4.3度から最高気温19度まで上がる予想で、南風も8m/s以上吹く可能性があった。実際、最高気温は17.9度、南風は最大8.3m/s、最大瞬間風速は14.6m/sの南南西の風を観測。春一番の発表があった。

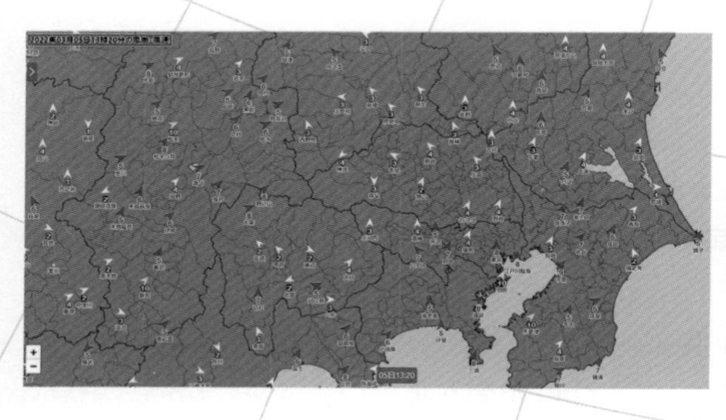

2022年3月5日13時20分のアメダス風向風速

関東地方は広い範囲で南寄りの風が吹いている。沿岸部では南風が強まると交通機関に影響が出ることも。

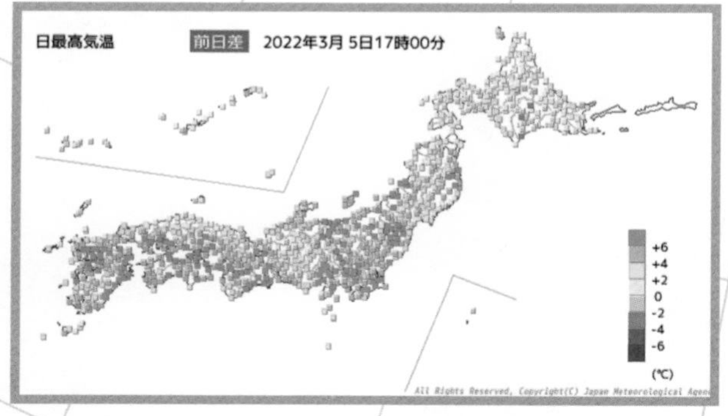

2022年3月5日の最高気温前日差

全国的に暖かい空気が流れ込み、前日より気温が高くなった。東海地方も同日に春一番を発表。

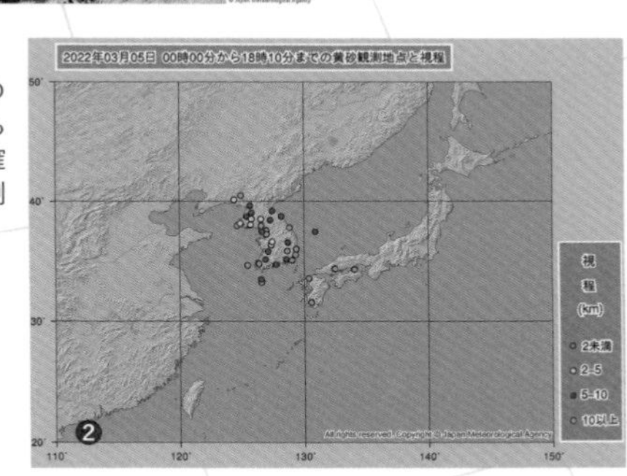

2022年3月5日の気象衛星画像と黄砂の観測
日本海を低気圧が通過した後、強い西風にのって黄砂が飛来することも。気象衛星画像でも東シナ海から九州・四国付近に茶色い帯が確認でき（❶）、福岡や高松などで黄砂を観測（❷）。

大雪に関する関東甲信地方気象情報　第1号
2022年03月05日16時08分　気象庁発表

６日から７日にかけて強い冬型の気圧配置となるため、長野県と関東地方北部の山沿いでは大雪となる見込みです。大雪や路面の凍結による交通障害に注意・警戒してください。

［気象状況と今後の予想］
日本付近は、６日から７日にかけて上空に強い寒気が流れ込み、強い冬型の気圧配置となる見込みです。

［防災事項］
長野県と関東地方北部の山沿いでは、６日から７日にかけて、大雪となる所がある見込みです。低気圧の位置や上空の寒気の影響により、予想よりも降雪が強まった場合には、警報級の大雪となる可能性があります。
大雪や路面の凍結による交通障害に注意・警戒し、電線や樹木などへの着雪、なだれにも注意が必要です。

［雪の予想］
５日１８時から６日１８時までに予想される２４時間降雪量は、いずれも多い所で、
関東地方北部　３０センチ
甲信地方　　３５センチ
その後、６日１８時から７日１８時までに予想される２４時間降雪量は、いずれも多い所で、
関東地方北部　１０から２０センチ
甲信地方　　２０から４０センチ

［補足事項］
今後発表する防災気象情報に留意してください。
次の「大雪に関する関東甲信地方気象情報」は、６日６時頃に発表する予定です。

2022年3月5日夕方発表の気象情報
春一番のあとは真冬がしっぺ返しのようにやってくることがある。まだ暖気が持続せず、寒冷前線通過後に強い寒気が流れ込むことで、気温急降下や山沿いの大雪に要注意。

す。

前線の北側は冷たい空気が溜まっているエリアです。冷気を追いやって南風エリアが北上するのではなく、南風が冷気の上をスライドする形で吹きあがってしまうことがあります。すると東京の内陸部や埼玉以北には冷たい空気が留まってしまい気温が上がらないのです。

全国版の天気予報や天気図に表現しづらい規模の前線

この沿岸前線は、全国版の天気図上に描くにはスケールが小さく、予報モデルの空間解像度などがそこまで緻密ではないので、しっかり捉えて予報するのはまだ難しいのが実情です。大雑把なイメージとしては全国の天気を予想するための網目を張り巡らしていても、そこをすり抜けてしまうような規模なので、もっと細かい網目が必要になる……でも網目を細かくすると計算量も多くなるので、今の精度では間に合わないという状況です。

現状のコンピューターの予想は、早めに前線を北上させてしまう（南風エリアが早めに北まで広がる）ことが多いようで、これが**都心や埼玉県でなかなか南風が吹かず、予想ほど気温が上がらない**という結果につながってしまうようです。

前線の北側に入ることが多い熊谷に住む予報士の大先輩は「伊藤さんがラジオで南風が吹いて暖かいと言っているとき、こっちまではまだ南風が来ていないから寒いよ、といつも答えている」と教えて下さいました。沿岸前線は東京湾の北辺りに発生することが多く、気象庁のある東京都心は前線の北側か南側か微妙な位置にあたります。同じ都内でも羽田空港までは南風が入ることは多いのに対し、**都心**（皇居の北の丸公園）**まで南風が届かない問題**となってしまうのです。

全国的な天気予報の中で熊谷・東京・羽田空港・横浜というごく狭い範囲の気温差を取り上げるのは、規模が小さすぎて現実的ではありません。それだけ局地的な前線ですので、予想するためには関東地方レベルの細かい網が必要なのです。

春一番の南風のあとは、日本海の低気圧から延びる寒冷前線の通過によって一気に気温が下がり冬の寒さがぶり返す傾向ですが、関東では沿岸前線によって南風が阻まれて気温が上がらないうちに、寒冷前線がやってきて、むしろ気温が下がることもあります。

2022年10月10日も春一番ではありませんが、東京は南風が強まって28度まで上がる予想でした。ところが南風が吹いたのは一瞬で主に北風で、正午の気温は20度未満。28度の予想からは大ハズレです。この日も沿岸前線が

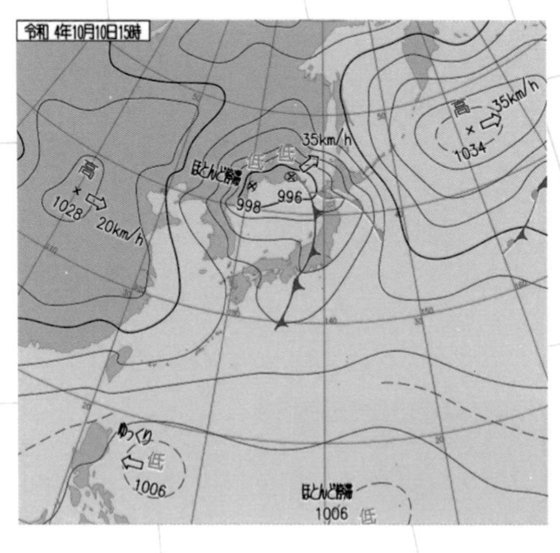

2022年10月10日15時の天気図
日本海に低気圧があり、一見「春一番」の時のように南風が吹いて気温が上がる気圧配置に見える。

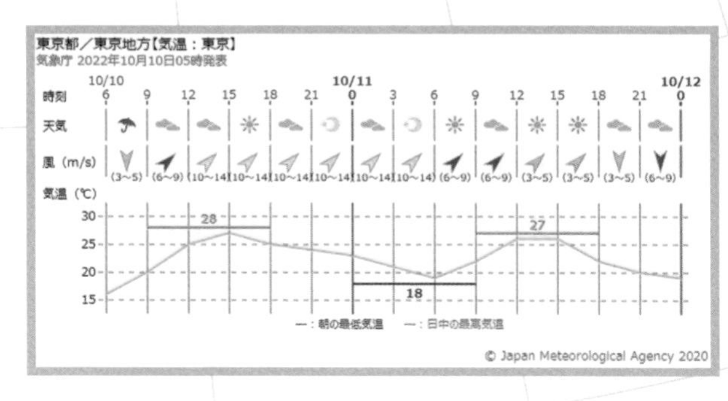

2022年10月10日の東京の時系列予報
東京は朝のうちに雨が止み、午後は晴れ間が出て南風も吹き28度まで上がる予想。10月に30度近くまで気温が上がるので熱中症への注意が呼びかけられた。

2022年10月10日15時の風向風速

南風が吹いたのは神奈川沿岸部と千葉、東京では羽田と江戸川臨海のアメダスだけ。東京都心から北では北風のままだった。

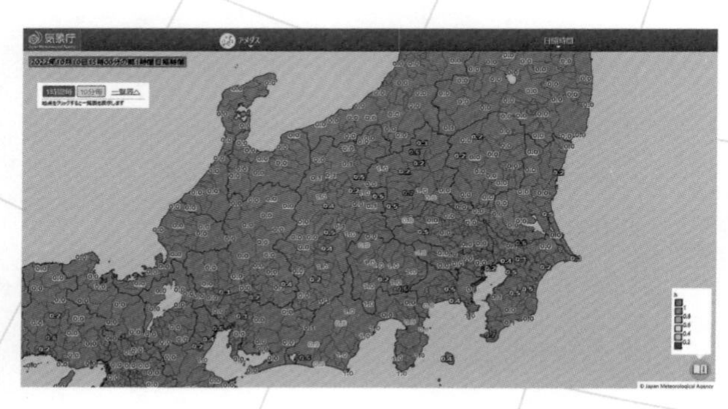

2022年10月10日15時の日照時間

東京や埼玉の広い範囲は南風も吹かないばかりか陽射しも無い。朝のシナリオの陽射しと南風、どちらも出番なし。

2022年10月10日16時の気温

南風も陽射しも無かった東京や埼玉の広い範囲は17度台。一方で南風や陽射しがあった地域は25度を上回っている。都心もこの赤文字エリアに入る予想だった。

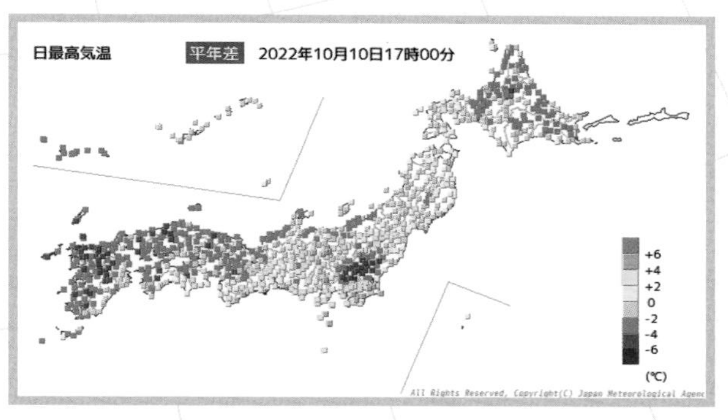

2022年10月10日の最高気温平年差
東海から関東にかけては平年より気温が高いところが多かったが、東京や埼玉などは「予想外れエリア」として青く浮かび上がってしまった。沿岸前線が形成されて、北側の冷気ドームが解消しなかった。一時南風が吹いた都心の最高気温は22.8度まで上がったが、さいたま市の最高気温は17.6度。羽田空港や横浜・千葉は26～27度だった。

ありました。

気象庁では**スーパーコンピューター**の機能向上や新しい観測結果を取り込んで数値予報モデルの改良を進めていて（2023年3月にも実施）、狭い範囲の予測の精度も地道に上がっていく見込みですが、一気には改善しないようです。

予報が難しい天気を知っておくと、予想外に寒い（暑い）思いを回避できて健康維持にもつながります。関東地方の場合は南風が届くかどうかを天気予報で解説していたら**届かなかったら寒い、南風に変わったら急に暑くなる**という備えをお勧めします。逆に北東からの海風で予想外に雲が広がって寒いこともあります。二方を山、二方を海に囲まれた関東の予報は風に左右されることがしばしば……風まかせとは言えない予報士泣かせです。

CHAPTER

3

覚えておきたい
防災キーワード

① 特別警報

「特別警報は2013年に運用開始、そのきっかけは2011年の甚大な災害」

特別警報の本文は「なし」。そこに込められた願いとは

気象庁では甚大な災害が発生した場合、その要因や当時の気象状況、被害状況などのまとめを発表したり、それを補足できるような新たな気象情報や注意を呼び掛ける表現を検討したりします。

2011年には東日本大震災による大津波、台風12号による紀伊半島の大雨災害とこれまでの経験や想定を上回るような未曽有の災害が相次ぎました。

これを機に**特別警報**が新たに登場したのです。

現象の種類	基準	
大雨	台風や集中豪雨により数十年に一度の降雨量となる大雨が予想される場合	
暴風	数十年に一度の強度の台風や同程度の温帯低気圧により	暴風が吹くと予想される場合
高潮		高潮になると予想される場合
波浪		高波になると予想される場合
暴風雪	数十年に一度の強度の台風と同程度の温帯低気圧により雪を伴う暴風が吹くと予想される場合	
大雪	数十年に一度の降雪量となる大雪が予想される場合	

特別警報の発表条件
過去の災害事例に照らして、指数（土壌雨量指数、表面雨量指数、流域雨量指数）、積雪量、台風の中心気圧、最大風速などに関する客観的な指標を設け、これらの実況および予想に基づいて発表を判断する。詳細は下記QRコードよりアクセス。

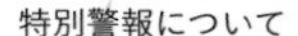
特別警報について

特別警報の発表条件

特別警報は2013年8月30日から運用が始まりました。これは、警報の発表基準をはるかに超える豪雨や大津波などが予想され、重大な災害の危険性が著しく高まっている場合に発表されます。ちなみに注意報は**災害**が起こる恐れがあるとき、警報は**重大な災害**が起こる恐れがあるときに出されます。

運用前にも切迫した状況を伝えるために、気象庁では表現を工夫してきました。

島根県の例です。2013年7月28日に**島根県西部ではこれまでに経験したことのないような大雨**と発表があり、8月24日には「浜田地区、大田邑智(おおち)地区では、7月28日に津和野町付近で降った大雨に匹敵する所がある」と発表しました。このように、数十年に1度という雨が近隣の地域で間を置かずに降ることもあり、頻発する記録的な大雨や大雨による被害の可能性に伝え手も受け手も直面していました。

初めて特別警報が発表されたのは2013年9月16日の早朝、台風18号が紀伊半島に激しい雨を降らせているときでした。報道現場で**特別警報が発表されそうだ**とザワザワし始め、私は「特別警報が出るのは大雨になっている三重県あたりかな、特別警報がつくられたきっかけも紀伊半島の大雨災害だったし」と心構えをしました。

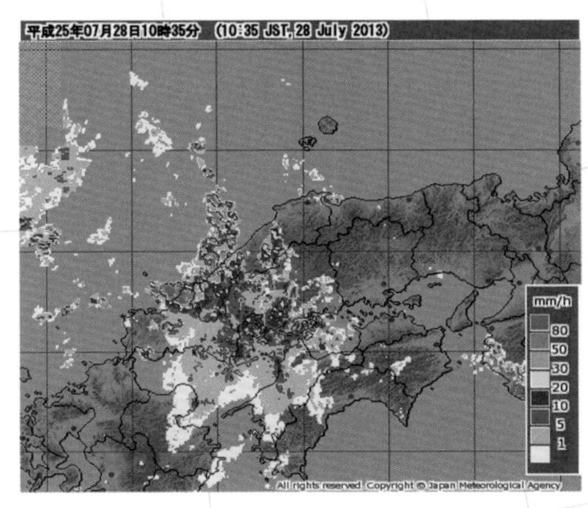

2013年7月28日の雨雲レーダー
島根県西部から山口県東部にかけて発達した積乱雲がかかり、島根県では津和野を中心に記録的な大雨に。11時20分に島根県西部ではこれまでに経験したことのないような大雨という表現を用いて「記録的な大雨に関する島根県気象情報」を発表。

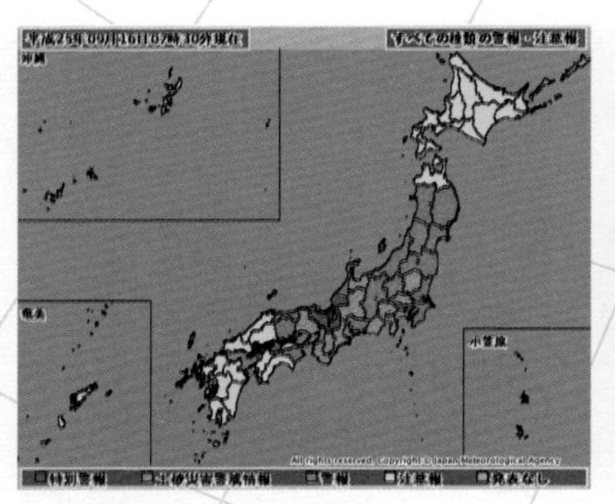

2013年９月16日　初の特別警報

５時５分に大雨特別警報が京都府・滋賀県・福井県に発表され、気象庁ウェブサイトの警報注意報画面に紫色の表示が現れた。初めて目にした紫色。2023年現在、大雨特別警報だけは黒色表示。2017年からは都道府県単位ではなく市町村単位での発表になっている。

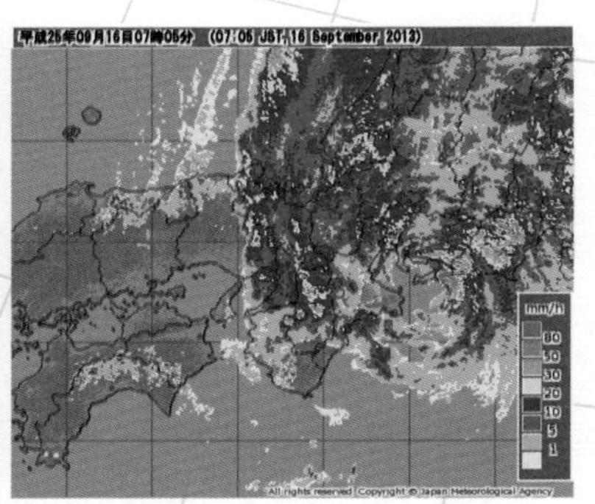

2013年９月16日朝の雨雲レーダー

台風18号は太平洋を北上中で発達した雨雲は太平洋側にもかかっていたが、京都府・滋賀県・福井県は台風に向かって吹く日本海からの風で雨雲がかかり続けていた。

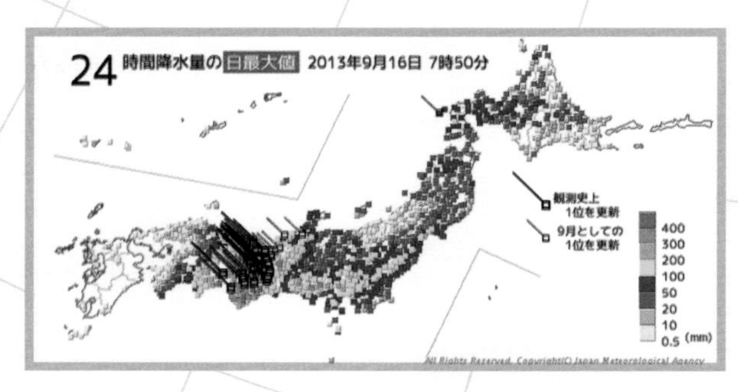

2013年９月16日の24時間降水量

雨量としては紀伊半島が最も多かった（総雨量500ミリ超の地点も）が、京都府や滋賀県は広範囲で平年９月の降水量に対して２倍前後の大雨になり浸水・冠水が相次いだ。

ところが５時５分に大雨特別警報が発表されたのは京都府・滋賀県・福井県でした。台風18号は８時過ぎに愛知県豊橋市付近に上陸しましたが、京都府・滋賀県・福井県では台風に向かって吹く日本海からの風によって雨雲が次々とかかっている状態でした。紀伊半島の山沿い（三重県や奈良県）の方が雨量は多くなりましたが、比較的雨に強い紀伊半島よりも**少ない雨で甚大な災害が発生する恐れがある地域**に特別警報が発表されたのです。結果、京都府では由良川と桂川の上流域で総雨量400mmを記録するなど、2004年の台風23号以上の規模の大雨になり、滋賀県も含めて**広範囲で浸水害**が発生しました。

このあと2014年には三重県と北海道、2015年には東日本豪雨で栃木県・茨城県・宮城県、2017年には九州北部豪雨、2018年には西日本豪雨、2019年には令和元年東日本台風……と毎年のように大雨特別警報が発表されています。

特別警報の発表基準や発表対象地域は改訂が行われています。

運用開始当初は**ある程度の面的な広がり**に該当しない島々には発表されず**50年に一度の大雨**といった表現で伝えられていましたが、降雨量だけでなく過去の災害に基づく**土壌雨量指数**に見直され、危険度の対象範囲も5キロメッシュから1キロメッシュに細かくしたことで島々にも大雨特別警報が発表されるようになりました。2013年の台風26号で大雨が降った伊豆大島では大規模な土石流が発生し、36名が亡くなる甚大な被害となりましたが、大雨特別警報は発表されませんでした。改訂後の2020年の台風14号では面積が比較的狭い島として初めて伊豆諸島の三宅村と御蔵島村に大雨特別警報が発表されました（2019年には長崎県の五島と対馬にも発表されています）。

気象庁のウェブサイトでは全ての特別警報は紫色で表現されていましたが、2021年からは大雨特別警報だけは黒色で表現されるようになりました。

大雨特別警報の発表文は「（本文）なし」で、見出しだけです。

通常の気象情報の発表文は（本文）から先が本編……長いです。どうして雨が降っているか、これまでどのくらい雨が降ったか、これからどのくらいの雨が予想されるか、それに伴ってどのような災害に気をつけなければならないか、次のお知らせはいつか……などA4の紙に2枚分になるような時もあります。

大雨で状況が切迫している時に、このような長文を読み込み、それから避難呼びかけなどを検討する余裕はありません。呼びかけをする自治体の人

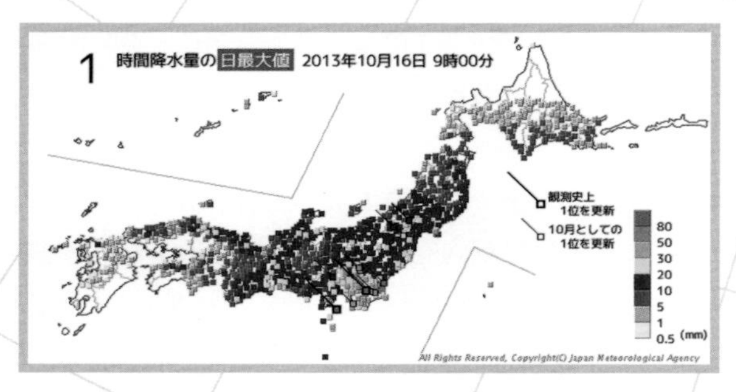

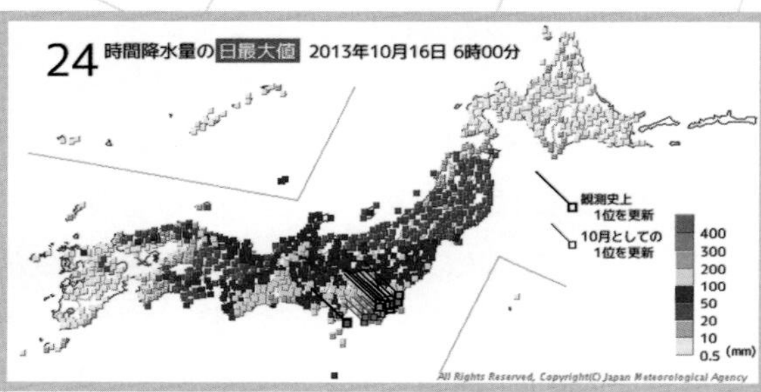

2013年10月16日の1時間と24時間雨量

台風26号の北上に伴い、関東地方で記録的な大雨に。特に伊豆大島では1時間に122.5ミリ、24時間で824ミリを観測し、大規模な土石流が発生した。当時「なぜ特別警報が出ないのか」と疑問の声が上がったが、2020年の改訂後の指標なら発表に至る状況。

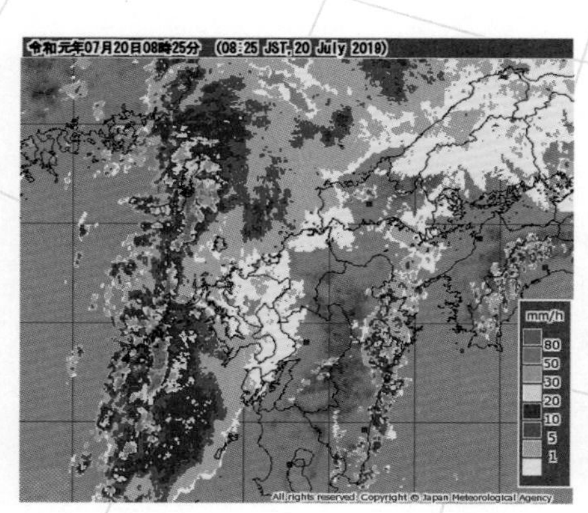

2019年7月20日の雨雲レーダー

対馬海峡に梅雨前線が停滞する中、台風5号が北上、対馬市美津島付近で8時40分に、五島市付近で10時30分に約110ミリの雨が降ったとみられ記録的短時間大雨情報を発表するなど、大雨への警戒が呼びかけられていた。

記録的な大雨に関する全般気象情報　第39号

令和元年７月２０日１０時０６分　気象庁予報部発表

（見出し）
長崎県では、大雨特別警報が発表されました。これまでに経験したことのないような大雨となっているところがあります。何らかの災害がすでに発生している可能性が高く、警戒レベル５に相当する状況ですので、最大級の警戒をしてください。

（本文）
なし

2019年7月20日　長崎県に発表された大雨特別警報

10時5分に五島（五島市・新上五島町・小値賀町、佐世保市の宇久地域、西海市の江島と平島）と対馬市に大雨特別警報を発表。5段階の警戒レベル導入後初の「警戒レベル5相当」と表記された特別警報。本文は「なし」で見出しのみ。

2020年7月9日に発表された気象情報

通常発表される気象情報は、本文以下に気象状況と予想・防災事項・（雨などの）実況や予想・次の情報発表のお知らせなどが記される。災害が迫っている緊急事態に、この長さの情報を読み込んで自分に該当する地域の状況を確認したり、避難を呼びかける判断をしたりするのは困難。とにかく早く命を守る行動を……と呼びかけるのが特別警報。

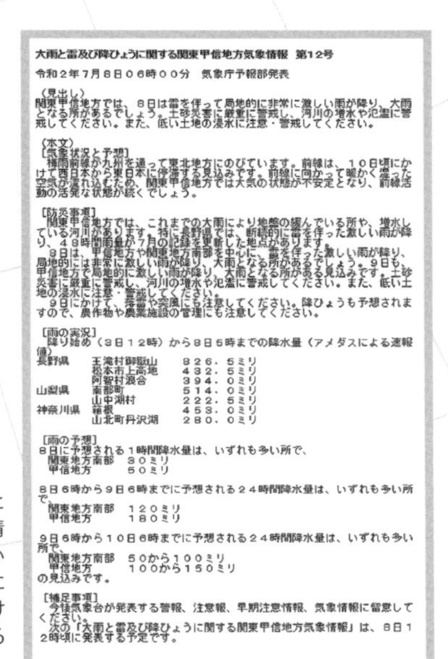

大雨と雷及び降ひょうに関する関東甲信地方気象情報　第12号

令和２年７月８日０６時００分　気象庁予報部発表

（見出し）
関東甲信地方では、８日は雷を伴って局地的に非常に激しい雨が降り、大雨となる所があるでしょう。土砂災害に厳重に警戒し、河川の増水や氾濫に警戒してください。また、低い土地の浸水に注意・警戒してください。

（本文）
［気象状況と予想］
梅雨前線が九州を通って東北地方にのびています。前線は、１０日頃にかけて西日本から東日本に停滞する見込みです。前線に向かって暖かく湿った空気が流れ込むため、関東甲信地方では大気の状態が不安定となり、前線活動の活発な状態が続くでしょう。

［防災事項］
関東甲信地方では、これまでの大雨により地盤の緩んでいる所や、増水している河川があります。特に長野県では、断続的に雷を伴った激しい雨が降り、４８時間雨量が７月の記録を更新した地点があります。
８日は、甲信地方や関東地方南部を中心に、雷を伴った激しい雨が降り、局地的には非常に激しい雨が降り、大雨となる所があるでしょう。９日も、甲信地方で局地的に激しい雨が降り、大雨となる所がある見込みです。土砂災害に厳重に警戒し、河川の増水や氾濫に警戒してください。また、低い土地の浸水に注意・警戒してください。
９日にかけて、落雷や突風にも注意してください。降ひょうも予想されますので、農作物や農業施設の管理にも注意してください。

［雨の実況］
降り始め（３日１２時）から８日５時までの降水量（アメダスによる速報値）

長野県	王滝村御嶽山	８２６．５ミリ
	松本市上高地	４３２．５ミリ
	阿智村浪合	３９４．０ミリ
山梨県	南部町	５１４．０ミリ
	山中湖村	２２２．５ミリ
神奈川県	箱根	４５３．０ミリ
	山北町丹沢湖	２８０．０ミリ

［雨の予想］
８日に予想される１時間降水量は、いずれも多い所で、
関東地方南部　３０ミリ
甲信地方　５０ミリ

８日６時から９日６時までに予想される２４時間降水量は、いずれも多い所で、
関東地方南部　１２０ミリ
甲信地方　１８０ミリ

９日６時から１０日６時までに予想される２４時間降水量は、いずれも多い所で、
関東地方南部　５０から１００ミリ
甲信地方　１００から１５０ミリ
の見込みです。

［補足事項］
今後気象台が発表する警報、注意報、早期注意情報、気象情報に留意してください。
次の「大雨と雷及び降ひょうに関する関東甲信地方気象情報」は、８日１２時頃に発表する予定です。

も含めて、**もう長い本文を読まなくてもいいから早く逃げて**という切実な想いが「（本文）なし」に込められています。

大雨特別警報が発表されたらどうしたらいいかではなく、発表されたときにはすでに安全なところに全員がいて「いま、発表されたんだね」という状況でいてもらえるように**その前の段階での安全確保**を願っています。

① 特別警報

台風による荒天を知らせる特別警報

最初の台風に関する特別警報は「大雨の特別警報」で現場混乱

本土で初めて台風に関する特別警報が出されたのは2022年

特別警報には大雨により重大な災害の危険性が著しく高まっている場合に発表されるだけでなく、まだ災害が起こるような雨や風に至っていない場合にも出されます。

それが数十年に一度の強さの台風などが近づくと予想されたときです。台風など、と表現したのは台風並みに発達した温帯低気圧が予想された際にも出されることがあるからです。

具体的な目安は、伊勢湾台風クラスの中心気圧930hPa以下又は最大風速50m/s以上の台風が襲来すると予測された場合です。ただ沖縄・奄美・小笠原諸島では、伊勢湾台風クラスの台風が近づく頻度が数十年に一度よりも高いため、中心気圧910hPa以下又は最大風速60m/sという別の基準があります。

このクラスの台風などの予報円がかかる地域に暴風・波浪・高潮（冬に温帯低気圧が来た場合は暴風雪）に対する特別警報が発表されます。温帯低気圧は通常、予報円は表示されませんが、台風並みに発達する場合は予報精度が良いので特別警報の対象地域を絞れるのです。

台風などが襲来して記録的な暴風や高波に見舞われる前に、最大級の対策をとる……運用当初の私のイメージは2005年にアメリカでハリケーン・カトリーナに備えてルイジアナ州に非常事態宣言が出され、多くの市民が避難するために長い渋滞が発生した映像でした。日本もそんな特別警報が出る

「伊勢湾台風」級(中心気圧930hPa以下又は最大風速50m/s以上)の台風や同程度の温帯低気圧が来襲する場合に、特別警報を発表します。ただし、沖縄地方、奄美地方及び小笠原諸島については、中心気圧910hPa以下又は最大風速60m/s以上とします。

台風等を起因とする特別警報の発表条件
沖縄などは「中心気圧930hPa以下又は最大風速50m/s以上の台風」が襲来する頻度が本土よりも高いため別の基準が設けられている。

ようになるのか、と思って内容を確認しました。

過去に特別警報の条件を満たす台風は室戸台風・枕崎台風・伊勢湾台風・第二室戸台風。私は実際に経験したことがありません。伊勢湾台風の後に生まれた人なら1993年の台風13号が該当するそうです。これは1993年9月3日に鹿児島県薩摩半島南部に930hPaで上陸し、死者・不明者48人、負傷者396人、1784棟が全半壊した台風です。種子島で最大瞬間風速59.1m/sを観測、大分では21時51分に観測した最高潮位192cmが2023年現在も1位となっています（この台風は伊勢湾台風のように命名はされず、前月の平成5年8月豪雨が命名されています）。

戦後は1993年13号しか条件を満たしていない台風による特別警報、まだまだ未来の話になるかと思っていたら、運用翌年に発表されてしまいました。

2014年の台風8号です。

この台風は7月6日にフィリピンの東の海上を北上中に発達、非常に強い勢力となって沖縄に近づく予想でした。7日15時発表の予想では8日15時に宮古島の東の海上を通る時点の中心気圧が910hPa・最大風速55m/sとなり、沖縄付近の特別警報の基準に該当しました。

気象庁は7月7日18時20分に初の台風由来の特別警報として宮古島地方に暴風と波浪の特別警報を発表、21時11分に沖縄本島地方にも暴風の特別警報を発表しました。

まだ風が強まる前に多くの市町村が避難を呼びかけました。8日に那覇で

名称	上陸時 中心気圧	上陸日・上陸場所	被害
室戸台風	911.6hPa	昭和9年9月21日 高知県室戸岬の西	死者・行方不明者5,000人以上 負傷者30,000人以上 全半壊15万棟以上 床上浸水15万棟以上
枕崎台風	916.1hPa	昭和20年9月17日 鹿児島県枕崎市付近	死者・行方不明者3,000人以上 負傷者14,000人以上 住家被害9万棟以上 床上・床下浸水40万棟以上
第2室戸台風	925hPa	昭和36年9月16日 高知県室戸岬の西	死者・行方不明者3,700人以上 負傷者2,400人以上 住家被害8万棟以上 床上・床下浸水27万棟以上
伊勢湾台風	929hPa	昭和34年9月26日 和歌山県潮岬の西	死者・行方不明者48人 負傷者396人 全半壊1,784棟 床上浸水3,770棟
平成5年台風第13号	930hPa	平成5年9月3日 鹿児島県薩摩半島南部	死者・行方不明者202人 負傷者4,900人以上 住家被害6万棟以上 床上・床下浸水38万棟以上

特別警報の発表条件を満たす主な台風事例
2013年（平成25年）に運用が始まった時、条件を満たす主な台風として挙げられたのは昭和で4つ、平成で1つだった。

開催が予定されていたプロ野球の公式戦（DeNA-巨人）は、前日に中止が決定。雨風が強まらないうちの中止は極めて異例でした。

実際には8日午後に宮古島と沖縄本島の間を通った時は935hPaと、予想ほどは気圧が下がりませんでしたが、台風の北東側に発達した雨雲がかかる恐れがあったことから、8日の14時12分に沖縄市・南城市・嘉手納町に大雨特別警報が発表されました。

その後、台風が沖縄付近から北に離れるに従い、宮古島地方に出されていた特別警報は8日18時30分に、本島地方の特別警報も9日2時50分にすべて警報などに切り替わりました。

9日朝5時から私が担当するラジオ番組が始まり、気象解説をする中で心配なことが起こりました。台風本体の雲は沖縄から離れて東シナ海を北上中でしたが、台風からしっぽのように雲がのびて沖縄本島にかかり続けていたのです。もうちょっと東か西にずれてくれれば海の上なのに、積乱雲が沖縄

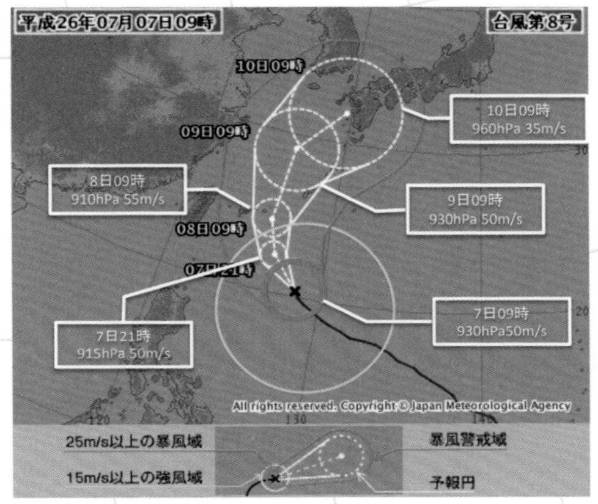

2014年7月7日9時の台風8号の進路予想図

台風8号は7月8日9時に中心気圧が910hPaまで下がると予想され、気象庁から「台風の特別警報発表の可能性がある」と報道発表があった。18時20分に初の「台風由来の特別警報」として宮古島地方に暴風と波浪の特別警報を発表。

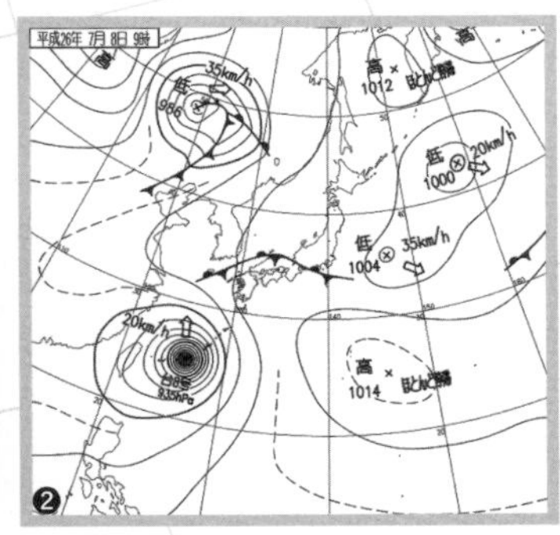

2014年7月8日の気象衛星画像と天気図

台風8号は7月8日9時には宮古島の東の海上で中心気圧は935hPa、予想ほど気圧は下がっていないが、最大風速は50m/sと非常に強い勢力を保って北上中（❶）。「大型」で奄美から沖縄全域が台風本体の雲に覆われ、目もはっきりしていた（❷）。

本島の陸地に乗っかる形で連なっていて「沖縄本島のみなさん、大丈夫ですか？」と呼びかけずにはいられない状況でした。7時10分までの1時間に読谷村で96.5ミリの猛烈な雨を観測。このころには「また特別警報が出るかも……」と報道体制も再編成されはじめ、7時31分、**再び沖縄本島に大雨の特別警報**が出されました。

2時50分に解除された特別警報が5時間経たずにまた発表。しかも未明か

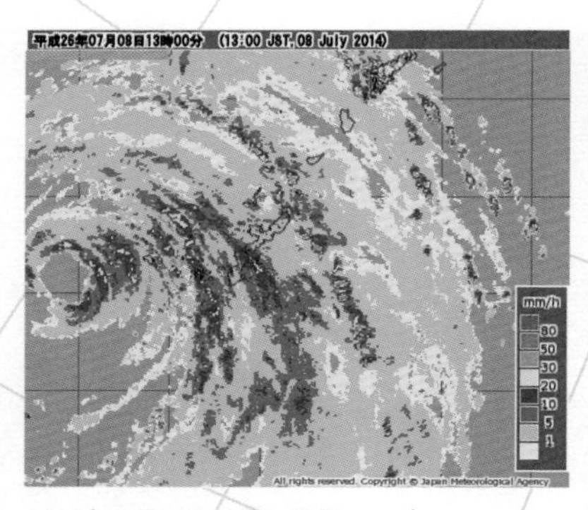

2014年７月８日13時の雨雲レーダー

台風８号は７月８日13時には久米島の西の海上を勢力を維持しながら北上、台風の右側の雲が沖縄本島にかかり続け大雨になる恐れがあったことから、14時12分に沖縄市・南城市・嘉手納町に台風接近に伴う大雨特別警報が発表された。

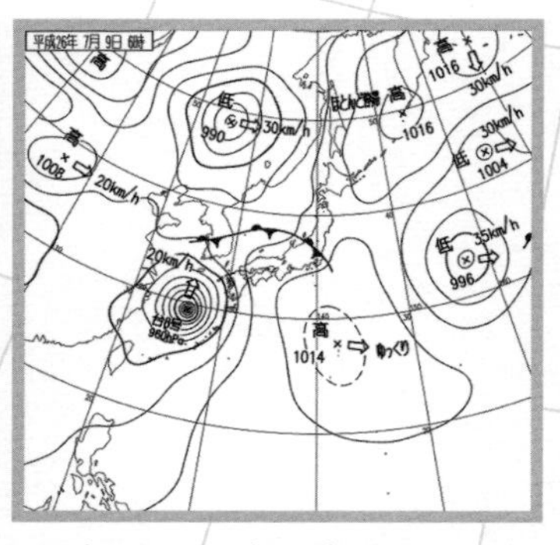

2014年７月９日６時の天気図

台風８号は８日20時には沖縄本島から離れる形で東シナ海を北上、各特別警報は９日２時50分までに警報などに切り替わった。少しホッとできるかと思われた７日朝、再び緊迫した事態になった。沖縄本島は、この天気図だけでは想像できない大雨に見舞われた。

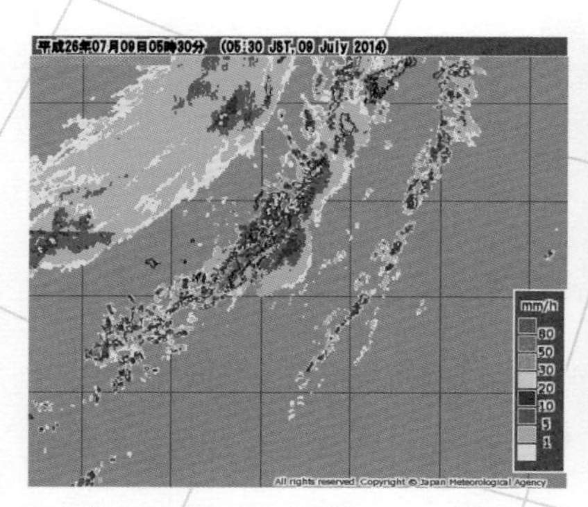

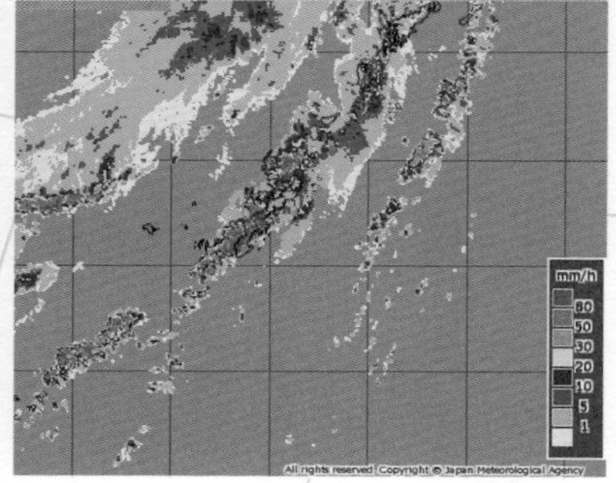

2014年７月９日５時半と７時20分の雨雲レーダー

台風本体の雨雲は沖縄本島よりもかなり北に離れていたが、台風からのびるしっぽのような雲（後に線状降水帯として一般に広く浸透）が沖縄本島にかかり続けた。１時間の雨量は読谷村で96.5ミリ、那覇空港で80.5ミリなど記録的な大雨になり、７時31分に再び大雨特別警報が発表された。

ら早朝の暗い時間帯です。伝える側の私も困惑しました。未明に解除されたのは**台風接近に伴う＝雨風が強まる前**の特別警報、新たに発表されたのは**大雨が降ったことによる**特別警報と性質が異なるものでしたが、それを理解するのに時間がかかりました。運用開始から１年未満で発表された特別警報は混乱を伴いました。

その後2019年３月に**５段階の警戒レベル**が導入され、台風接近に伴って大雨が予想される特別警報は**警戒レベル３相当**、大雨が降ったことによる特別警報は**警戒レベル５相当**に位置付けられました。このことから2020年８月24日以降、**大雨特別警報は雨が降ったことによる場合に一元化**され、台風等接近による特別警報は暴風・高潮・波浪・暴風雪のみになりました。台風に伴って大雨が予想される場合は、気象情報などでしっかりと警戒を促すことになっています（下図）。

沖縄県では2016年に台風18号が接近する際にも特別警報が発表され、沖縄県以外で初めて台風接近に伴う特別警報が発表されたのは2022年９月の台風14号でした。

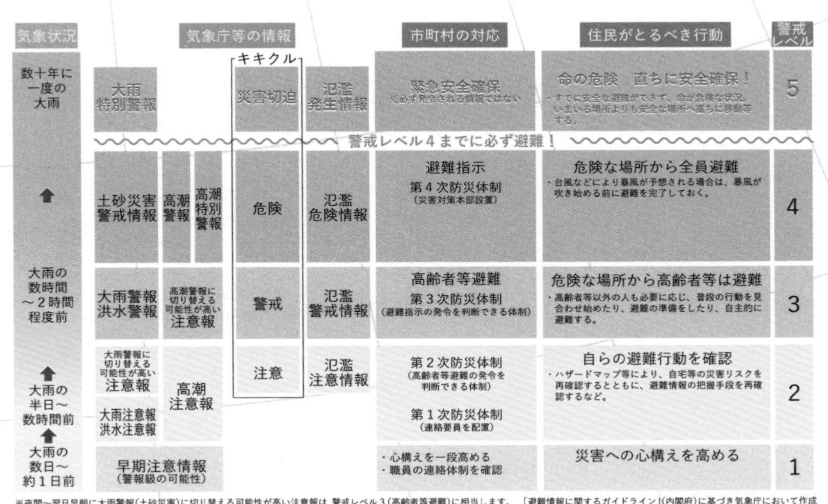

※夜間～翌日早朝に大雨警報（土砂災害）に切り替える可能性が高い注意報は、警戒レベル３（高齢者等避難）に相当します。　「避難情報に関するガイドライン」（内閣府）に基づき気象庁において作成

段階的に発表される防災気象情報と対応する行動

2019年に５段階の警戒レベルが導入され、台風に伴って大雨が予想される時に発表される特別警報は警戒レベル３相当と位置付けられた。混乱をきたす恐れもあるため、台風に伴って出される特別警報から大雨は除外された。導入後、初めて発表された大雨特別警報は2019年７月20日（長崎県）。

2022年台風14号は9月17日9時、南大東島の東の海上で中心気圧が910hPa、猛烈な勢力で北西に進んでいました。24時間後の18日9時、910hPaの猛烈な勢力を維持して種子島・屋久島付近に接近すると予想されたことから気象庁は緊急会見を開き**特別警報級の台風！早めの避難を！**という言葉を用いて警戒を呼びかけました。経験したことのないような暴風・高波・高潮・大雨に見舞われる恐れがあったのです。

そして17日21時40分、**鹿児島県に暴風・波浪・高潮の特別警報**が発表されました。台風は18日17時30分ごろ鹿児島県指宿市付近を通過し、19時に鹿児島市付近に上陸。上陸時の気圧935hPaは、1951年のルース台風と並んで統計開始以来4番目の低さでしたが、12月20日に発表された事後解析の確定値で940hPaに修正され、5番目の低さになっています。9月18日に観測された鹿児島気象台の最低気圧は940.6hPaで、枕崎台風（1945年・922.6hPa）時に次ぐ2番目の低さです。

特別警報発表により、早くから安全確保の動きがとられ、鹿児島県内で

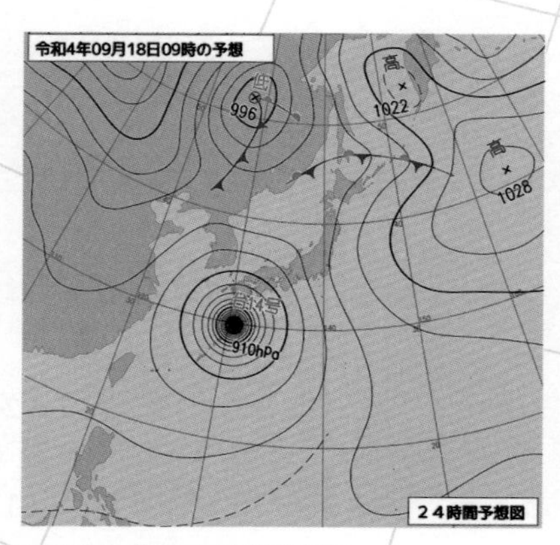

2022年9月18日の予想天気図
9月17日朝の予想では、9月18日朝には中心気圧910hPa 最大風速55m/sの猛烈な勢力で種子島屋久島付近に接近する恐れがあり、台風要因の特別警報を発表する可能性があると緊急会見が行われた。

令和4年　台風第14号に関する情報　第56号
2022年09月17日23時10分　気象庁発表

鹿児島県に特別警報を発表しました。大型で猛烈な台風第１４号は１９日にかけて奄美地方と九州にかなり接近する見込みです。鹿児島県では、これまでに経験したことのないような暴風や高波、高潮となるおそれがあります。暴風が実際に吹き始めてからでは、屋外での行動は命に危険が及びます。暴風や高波、高潮に最大級の警戒をして、早め早めに身の安全を確保してください。また、記録的な大雨となるおそれがあるため、土砂災害、低い土地の浸水、河川の増水や氾濫に厳重に警戒してください。なお、九州南部・奄美地方では１９日午前中にかけて、九州北部地方と四国地方では１８日午前中から１９日にかけて線状降水帯が発生して大雨災害の危険度が急激に高まる可能性があります。

2022年9月17日夜発表された特別警報
鹿児島県に台風要因の特別警報が発表された。2013年の運用開始以来、沖縄で2回発表された後、3回目。沖縄以外では初めてだった。

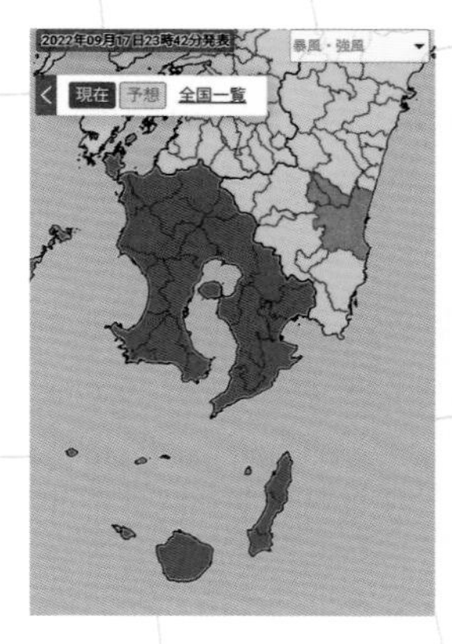

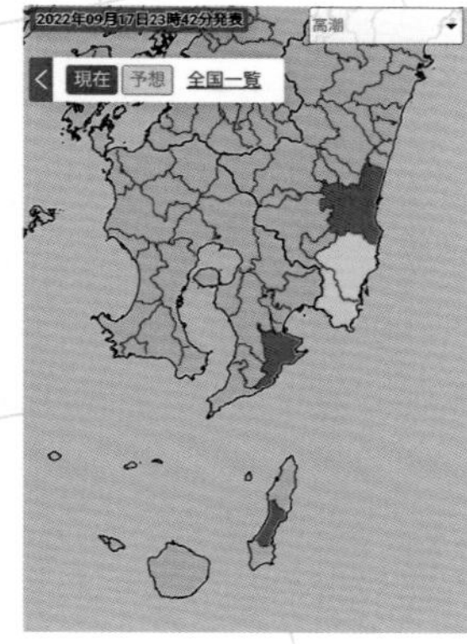

2022年９月17日夜　特別警報を示す画面

気象庁ウェブサイトで警報注意報画面を表示したスマホのスクリーンショット。鹿児島県には広く暴風の特別警報、大隅半島や種子島、宮崎県に高潮の特別警報が発表されている。

2022年９月18日19時の雨雲レーダー

台風14号は2022年９月18日19時ごろ鹿児島市付近に上陸。鹿児島気象台の気圧は940.6hPaまで下がった。

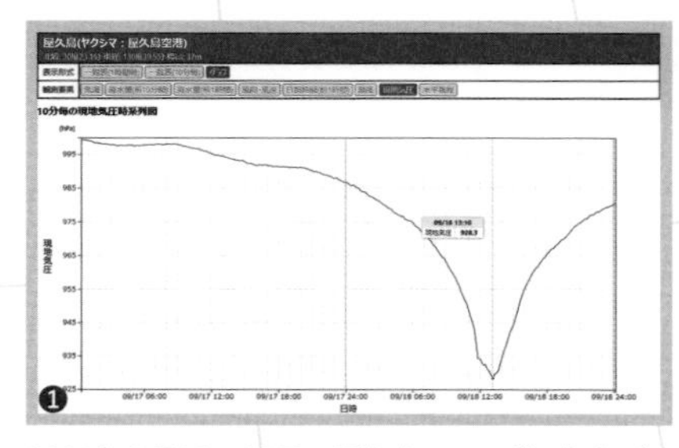

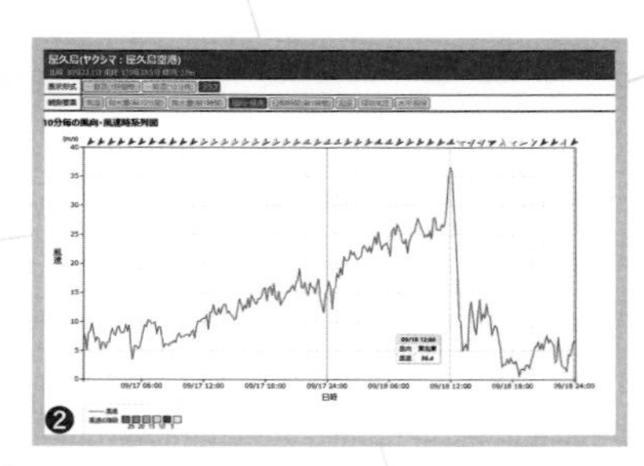

2022年９月17～18日の屋久島のアメダス気象データ

台風14号は18日13時前後に屋久島付近を通過。屋久島の気圧は13時10分に932.3hPaと1937年からの統計史上最低を記録し（❶）、13時10分には10分間の最大風速が4.9m/sと急に弱まった（最大瞬間風速は11時51分の50.9m/s）。その後は南から西風に変わり、午前中ほど強くは吹かなかった（❷）。

は暴風や高波などで亡くなった人はいませんでした。

宮崎県では、美郷町神門で24時間に712.5ミリ（期間中985ミリ）の雨が降るなど各地で大雨になり、９月18日15時10分から19日０時45分にかけて大雨特別警報発表が相次ぎました。

秋台風は足早に北上する傾向ですが、速度を上げる**偏西風の流れになかなか乗れなかったこと**で動きが遅くなり、宮崎県などに大雨をもたらすことになってしまいました。

また、**海水温が高かった**ため、台風14号は陸地付近まで非常に強い勢力が維持されました。夏の高温などが海水温にも影響し、今後も特別警報級の台風が本州に近づく可能性があります。これまでにない広範囲に海水が及ぶ高潮の恐れもあり、気象庁からの情報に加え、**ハザードマップの確認**なども必要になってきます。

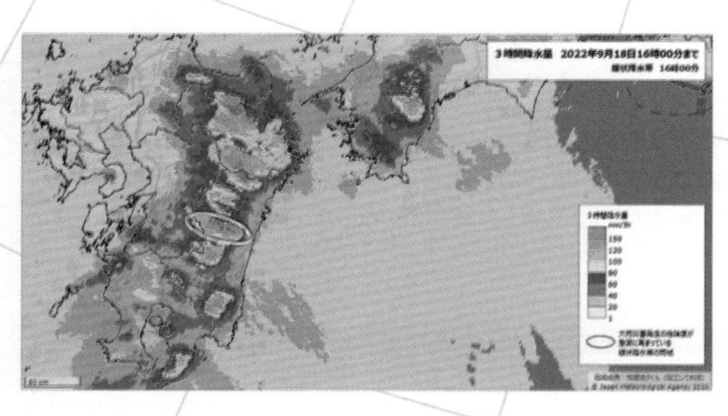

2022年９月18日16時までの３時間降水量

宮崎県には台風接近前から発達した積乱雲がかかり、線状降水帯も発生。えびの市では９月19日09時20分までの24時間に726ミリを観測した。

記録的な大雨に関する宮崎県気象情報　第13号

2022年09月18日15時11分　宮崎地方気象台発表

１５時１０分に大雨特別警報を発表しました。宮崎市、都城市、三股町を中心に、これまでに経験したことのないような大雨となっています。何らかの災害がすでに発生している可能性が高く、警戒レベル５に相当します。命の危険が迫っているため直ちに身の安全を確保しなければならない状況ですので、大雨に最大級の警戒をしてください。

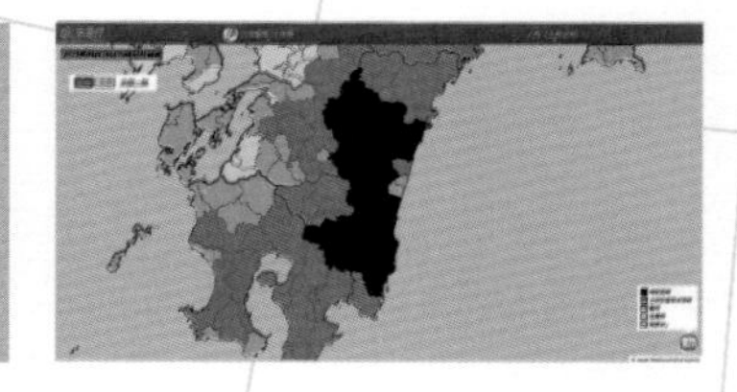

2022年９月18日宮崎県に大雨特別警報

台風の中心の右側だった宮崎県は海からの湿った空気や台風に伴う発達した積乱雲がかかり、記録的な大雨になった。18日15時10分に宮崎市・都城市・三股町に発表されて以降、19日０時45分までに計15市町村に出された。

台風による特別警報は、急な移動が困難な島々にとって荒天前に**島外避難**ができるきっかけになります。2020年9月の台風10号では、初めて鹿児島県十島村と三島村から鹿児島市（本土）に島外避難がとられました。この時は特別警報は出ませんでしたが、今後も早い安全確保の目安となることを願います。

順位	台風番号	上陸時気圧(hPa)	上陸日時	上陸場所[*1]
1	6118[*2]	925	1961年9月16日09時過ぎ	高知県室戸岬の西
2	5915[*3]	929	1959年9月26日18時頃	和歌山県潮岬の西
3	9313	930	1993年9月3日16時前	鹿児島県薩摩半島南部
4	5115	935	1951年10月14日19時頃	鹿児島県串木野市付近
5	2214	940	2022年9月18日19時頃	鹿児島県鹿児島市付近
	9119	940	1991年9月27日16時過ぎ	長崎県佐世保市の南
	7123	940	1971年8月29日23時半頃	鹿児島県大隅半島
	6523	940	1965年9月10日08時頃	高知県安芸市付近
	6420	940	1964年9月24日17時頃	鹿児島県佐多岬付近
	5522	940	1955年9月29日22時頃	鹿児島県薩摩半島
	5405	940	1954年8月18日02時頃	鹿児島県西部

＊1：当時の市町村名等　＊2：第二室戸台風　＊3：伊勢湾台風

上陸時（直前）の中心気圧が低い台風

・参考記録（統計開始以前のため）
　室戸台風　911.6hPa　1934年9月21日（室戸岬における観測値）
　枕崎台風　916.1hPa　1945年9月17日（枕崎における観測値）
・2022年台風14号は上陸時気圧が当初935hPaと発表されたが940hPaに修正された。

② 記録的短時間大雨情報

「名指しされた地域と周辺の地域は災害の危険が迫っている」

キロクアメが相次いで２回発表されたら
災害が発生してもおかしくない状況に

私が天気予報を伝えている中で、特に緊張感を覚える情報が**記録的短時間大雨情報**です。

その地域にとって災害につながるような**希な大雨**が降ったことを知らせる情報です。

記録的短時間大雨情報の前身は1983年から運用が始まりました。1982年の**昭和57年７月豪雨（長崎水害）**がきっかけです。

1982年７月23日から梅雨前線の活動が活発になり、長崎県では23日夜に１時間に100ミリを超える猛烈な雨が続きました。長浦岳のアメダスでは153ミリを観測し、現在も歴代最大の１時間雨量の記録となっています(1999年千葉の香取でも同値)。長崎の気象台では３時間に313.0ミリ、日降水量448.0mmの豪雨となり、長崎市内を中心に土石流やがけ崩れにより299人の死者行方不明者が出るなど大きな災害が発生したのです。これ以来、警報の基準をはるかに上回る集中的な豪雨になったことを知らせるために**大雨に関する情報**の中に記録的な雨が降ったと記すようになり、これが今の**記録的短時間大雨情報**の始まりとされています。

記録的短時間大雨情報は、**①実際に雨を観測した場合**、**②雨雲レーダー等の解析結果**、という２つの場合に発表されます。**記録的**とされる雨量の目安は地域によって異なります。

雨量を測る気象庁のアメダスは約17キロごとに設置されていますが、も

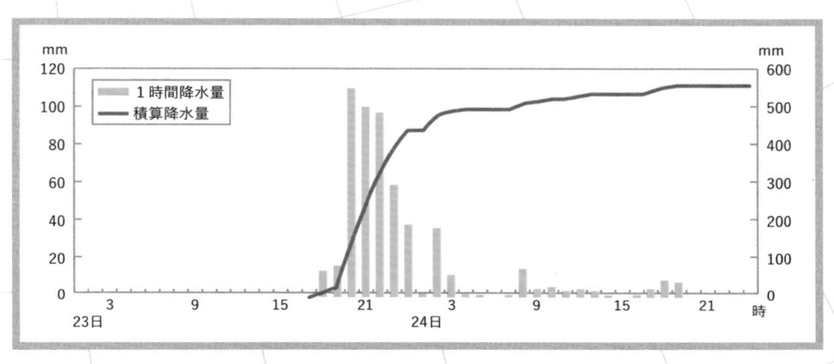

1982年7月23日「長崎豪雨」時の時系列降水量
1982年7月23日夜、長崎県では1時間に100ミリを超える猛烈な雨が続いた。
長崎海洋気象台では20時までに111.5ミリ、21時までに102.0ミリ、22時までに99.5ミリと3時間で313.0ミリの豪雨が一気に降った。

っと狭い範囲に激しい雨を降らせる積乱雲は捉えられません。面的に隙間が無い雨雲レーダーの観測値をアメダスや他機関の雨量計による観測で補正したものが解析雨量です。

①の場合は地名と雨量が断定的に記され、②の場合は地名に付近、雨量に約がついているので区別できます。

いずれにしても名指しされた地域の方はもちろんですが、その周辺の地域の方も警戒が必要です。名指しされた地域に雨を降らせた雲が移ってくる場合もありますし、名指しされた地域で降った雨水が周辺地域の川の水位を上げる場合もあるからです。

多くの気象関係者は記録的短時間大雨情報を**キロクアメ**と略して呼んでいます。

大雨が降っているときに長い名称は時間のロスにもなるので、放送でも使いたいくらいです。このキロクアメが同じような地域に相次いで2回以上発表されたら、私は「その地域ではもう災害が起こってしまっているような危険な状況なのでは？」と心配になるほど大雨時には注意している情報です。

というのも、2011年の平成23年7月新潟・福島豪雨の際、何度もテレビに新潟県や福島県への記録的短時間大雨情報の速報スーパーが出たことが印象的だったからです。7月28日早朝から30日早朝にかけて新潟県内には30回も発表されたのです。この大雨は気象庁が命名するほどの災害につながってしまいました。以来、同じ地域に相次いで2回発表されたら、災害になる可能性が高いと身構えています。

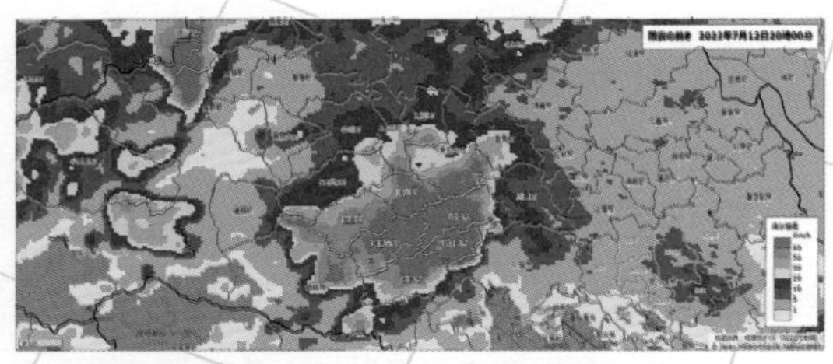

2022年7月12日20時の雨雲レーダー

2022年の梅雨明けは当初ほとんどの地域で6月中に発表されたが、7月半ばには高気圧の勢力が弱まり、各地で大気の状態が不安定になった。7月12日には埼玉県で9回相次いで記録的短時間大雨情報が出された（結局、梅雨明けは7月下旬に修正されたところが多く、北日本や北陸は特定できず）。

2022年7月12日埼玉県に発表された記録的短時間大雨情報

9回出されたうちの第6号、一方は鳩山で20時10分までに110ミリと断定的に書いてあるのに対し、もう一方は越生町「付近」で「約」100ミリとなっている。「付近」や「約」がついているものは、雨雲レーダー等の解析。鳩山のアメダスでは20時8分までの1時間に111.0ミリを実測している。

埼玉県記録的短時間大雨情報　第6号

2022年07月12日20時16分　気象庁発表

２０時１０分埼玉県で記録的短時間大雨
鳩山で１１０ミリ
２０時埼玉県で記録的短時間大雨
越生町付近で約１００ミリ

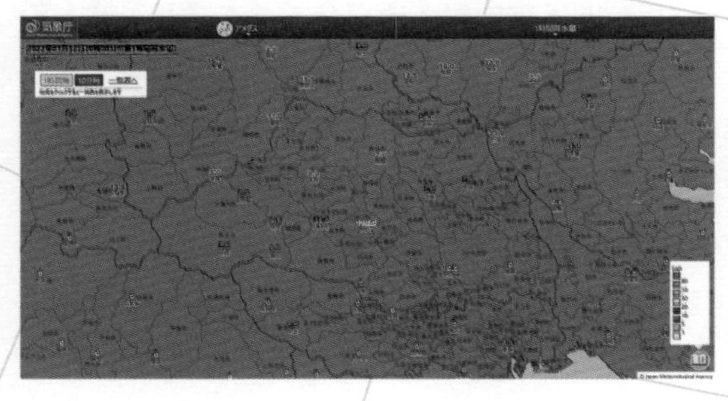

2022年7月12日20時までの1時間降水量

積乱雲が局地的に発生したため、鳩山町のアメダスでは110ミリを観測したが、鴻巣市は2ミリ、飯能市は0ミリなど、同じ埼玉県でも降り方に大きな偏りがある。

記録的短時間大雨情報が発表されたら

記録的短時間大雨情報は自治体が避難を呼びかける目安ともされ、テレビやラジオでも速報として伝えている。自身でも雨雲レーダーやキキクルなどを確認し、早めの安全確保を。
2021年からはキキクルで「非常に危険」が出現している中で基準の雨量に達したときにのみ発表されるようになったため、より災害発生と結びつきが強くなっている。

42人の死者行方不明者を出した**平成29年7月九州北部豪雨**でも7月5日に福岡県に15回、大分県に2回発表されました。

2022年8月3日から4日は前線の活動が活発になった山形県と新潟県に特別警報が発表されました。山形県では特別警報が出される前に記録的短時間大雨情報は4回、新潟県も特別警報の前後で10回の記録的短時間大雨情報が出されました。線状降水帯も確認されました。

私の印象だけでなく、長野地方気象台の向井利明さんと静岡大学防災総合センターの牛山素行教授が2018年の日本災害情報学会誌に発表した論文によると、記録的短時間大雨情報と災害の発生に関する調査において**同一市町村に複数回の記録的短時間大雨情報が発表されたとき、81%の市町村でなんらかの大雨災害が発生していた。複数回を同一の現象としてまとめた全体の調査では63.9%だったので、複数回の方が17.1%発生率が上昇する**という結果がありました。

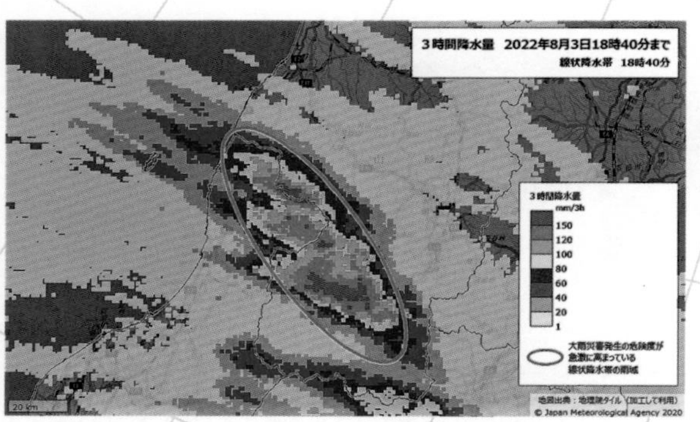

2022年８月３日18時40分までの３時間降水量

山形新潟県境付近に線状降水帯が現れている。このあとも積乱雲が帯状につらなり、山形県や新潟県に記録的短時間大雨情報が頻発した。

記録的な大雨に関する山形県気象情報　第1号

2022年08月03日19時18分　山形地方気象台発表

１９時１５分に大雨特別警報を発表しました。米沢市、南陽市、高畠町、川西町、長井市、飯豊町を中心に、これまでに経験したことのないような大雨となっています。何らかの災害がすでに発生している可能性が高く、警戒レベル５に相当します。命の危険が迫っているため直ちに身の安全を確保しなければならない状況ですので、最大級の警戒をしてください。

❶

山形県記録的短時間大雨情報　第4号

2022年08月03日19時07分　気象庁発表

１９時山形県で記録的短時間大雨
飯豊町付近で約１００ミリ

❷

山形県に出された大雨特別警報と記録的短時間大雨情報

８月３日19時15分に山形県米沢市・長井市・飯豊町などに大雨特別警報が発表された（❶）。その直前に「飯豊町付近で約100ミリの雨が降ったとみられる」山形県記録的短時間大雨情報（第４号）が出されている（❷）。

記録的な大雨に関する新潟県気象情報　第10号

2022年08月04日02時01分　新潟地方気象台発表

０１時５６分に大雨特別警報を発表しました。村上市、関川村では、これまでに経験したことのないような大雨となっています。何らかの災害がすでに発生している可能性が高く、警戒レベル５に相当します。命の危機が迫っているため直ちに身の安全を確保しなければならない状況ですので、最大級の警戒をしてください。

❸

新潟県記録的短時間大雨情報　第9号

2022年08月04日02時07分　気象庁発表

２時新潟県で記録的短時間大雨
村上市神林付近で１２０ミリ以上
村上市荒川付近で１２０ミリ以上
胎内市黒川付近で１２０ミリ以上

❹

新潟県に出された大雨特別警報と記録的短時間大雨情報

８月４日１時56分に関川村と村上市に大雨特別警報が発表された（❸）。その直後に新潟県記録的短時間大雨情報の第９号が発表された（❹）。村上市などで120ミリ以上の雨が降ったとみられ、命の危機が迫っていると警戒が呼びかけられた。

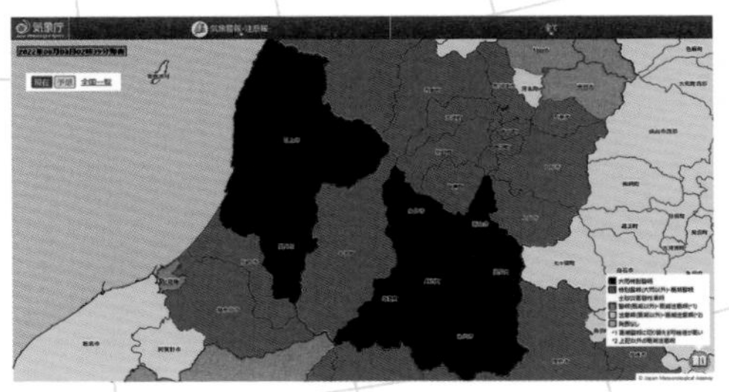

2022年8月4日の注警報

大雨特別警報が発表されている市町村以外にも広範囲に警戒レベル4に相当する土砂災害警戒情報が出されている。

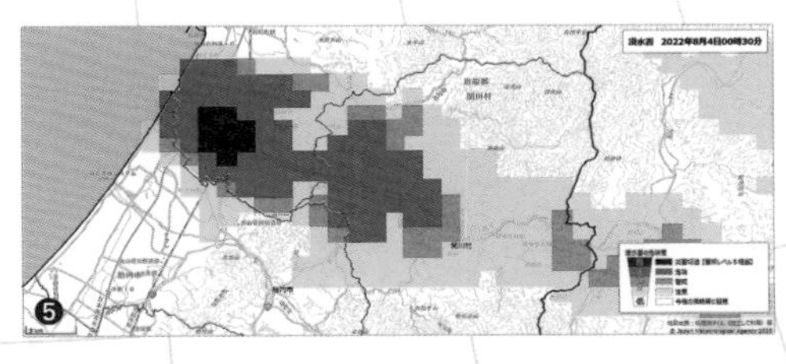

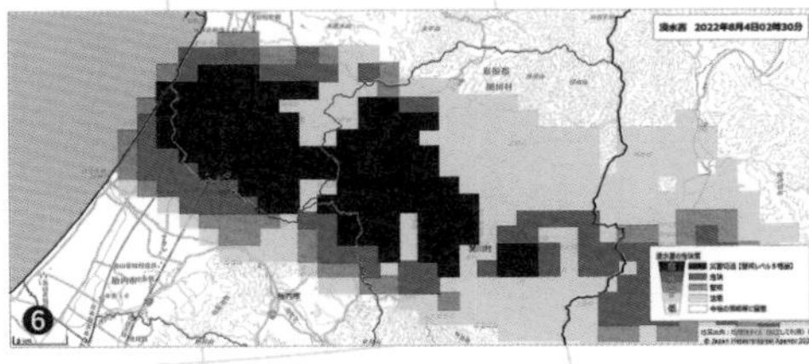

2022年8月4日の浸水キキクル

0時半（❺）と2時半（❻）を比べると、JR米坂線に沿って浸水害が発生していてもおかしくない地域が広がっている。

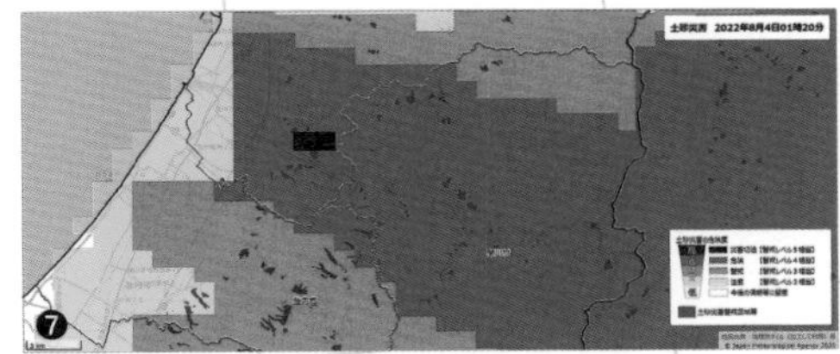

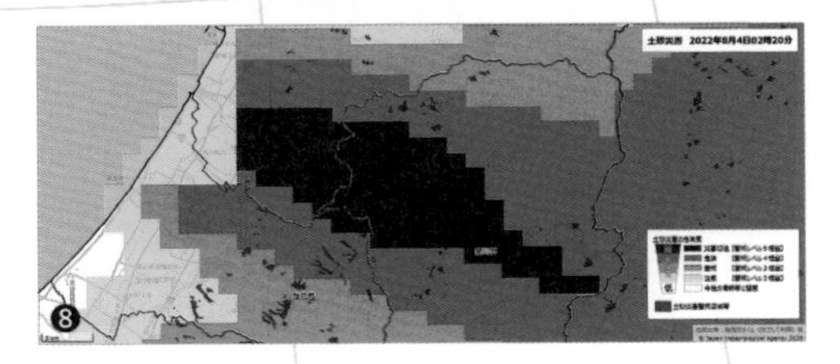

2022年8月4日の土砂キキクル

1時20分（❼）から1時間で土砂災害の危険が切迫している地域が広がった（❽）。夜間の屋外への避難も危険が伴うので、できれば日中のうちの安全確保を。

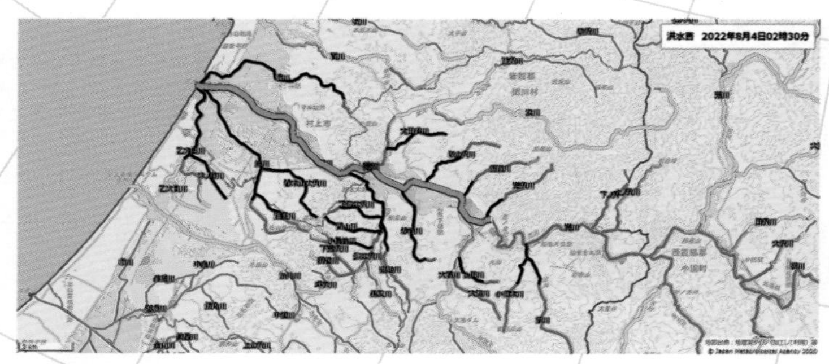

2022年８月４日の洪水キキクル
村上市を流れる荒川に注ぐ支川は氾濫した川があり、このあと荒川の水位も増す恐れがあった。川の両脇の山は土砂崩れが相次ぎ、所々で山肌が見えていた。

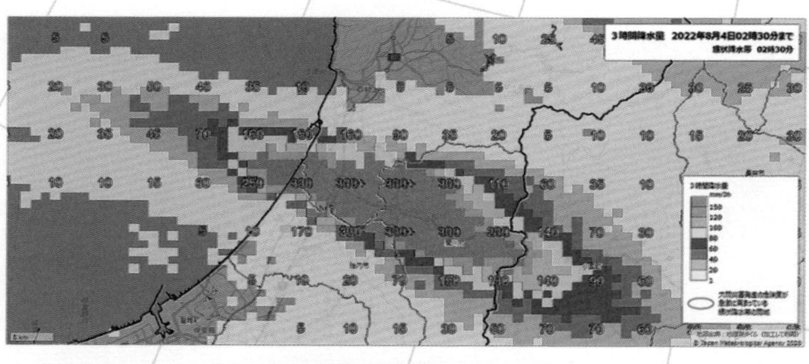

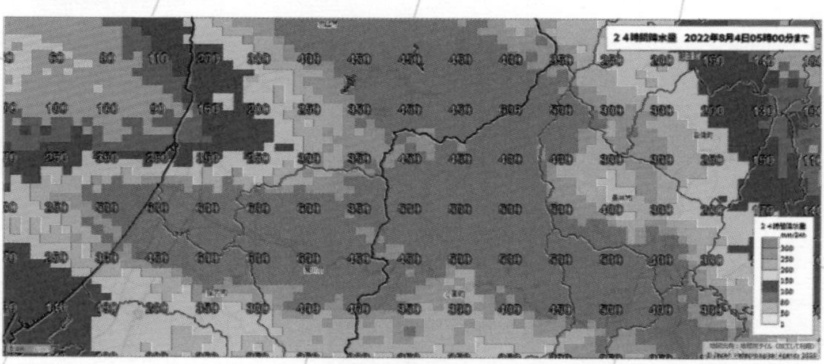

2022年８月４日２時半までの３時間解析雨量と５時までの24時間解析雨量
一連の大雨で新潟県では16回、山形県で６回の記録的短時間大雨情報が出された。４時間で500～600ミリの大雨が降ったとみられる所があり、アメダスでも新潟県関川村下関では560ミリを観測。これまでの記録を２倍以上上回った。夜中に雨が強まる恐れがある時は夕方までに安全確保を。

この結果からも、もし同じ地域や近くの地域に相次いで記録的短時間大雨情報が発表されたら、**もう災害が迫っている、もしくは発生してしまっている状況**だと考えて安全確保をしてください。（調査は2010年５月27日から2014年12月31日までの記録的短時間大雨情報と対象の市町村単位で発生した災害との関連性を分析したものです。その後2016年と2021年に運用が変更されていますが、いずれも**複数回発表されたら危険！**という傾向です。）

記録的短時間大雨情報は自治体が避難を呼びかける目安ともされていますが、テレビやラジオでも速報として報じるので、自治体と同じタイミングで一般の皆さんも情報を得られます。

もし、ご自身の住んでいる地域や近隣の地域が対象になっていたら**このあと自治体からも避難を呼びかける情報が出るかもしれない**と準備をすることで、より早く安全を確保できます。気象解説をしている私も同時に危機感を持ちます。是非、安全確保のきっかけとして活用して下さい。

③ 線状降水帯

「予測が難しい「線状降水帯」を予測するのが近年の大きな課題」

情報名は「顕著な大雨に関する情報」

予測が難しい局地的な現象に**線状降水帯**があります。

線状降水帯という言葉が広まったのは2014年の広島での土砂災害といわれていますが、それまでにも**ラジオでは表現が難しい積乱雲の列**という状況での大雨災害はありました。

2008年8月末に東日本を中心に1時間に100ミリ前後の猛烈な雨が各地で降った時（**平成20年8月末豪雨**）、2本の線状降水帯が東海地方と関東地方にかかっていました。2本の方向が揃っています……これをラジオで説明す

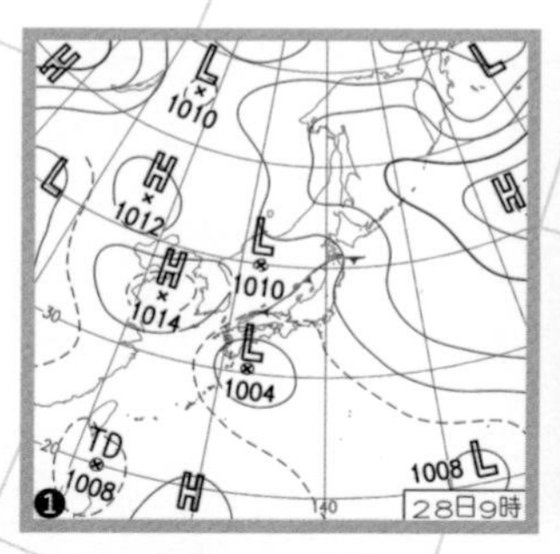

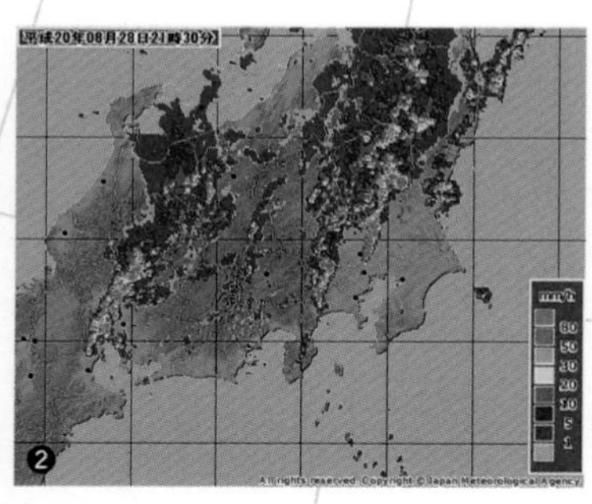

2008年8月28日の天気図と雨雲レーダー

四国の南の低気圧と日本の東の高気圧が湿った空気を送り込むポンプのような役割をして（❶）東海から関東に発達した雨雲が発生（❷）。当時はこの画面をラジオで説明するのが難しかった。今なら「7時から1時の方向に3本の線状降水帯がある。西の方から一本目が……」というように説明できそうな…。

るには何と言おうか。ベテランアナウンサーからは「フォークのように同じ向きに揃った雨雲が」などという案を頂きながら、何とか**この雨雲の通り道に当たってしまったら、しばらくは激しい雨が止まない**という内容をリスナーさんに届けようと必死でした。

2014年7月の台風8号でも、台風が遠ざかった沖縄本島上に台風へ向かう線状降水帯がかかり、沖縄本島に特別警報が発表されました。この時も**台風から伸びる長いしっぽのような雨雲が沖縄本島にかかり続けている**と説明しました。伝わったかは不安です。

線状降水帯が市民権を得てからは、地域と雨雲ののびる方向を示すだけで、リスナーさんにも届くようになりました。**方向は丸い時計の針**で例えました。例えば、7時から1時といえば南南西から北北東、8時から2時といえば西南西から東北東というイメージです。

2014年の台風8号の沖縄本島の大雨の印象が強かったので、2015年の平成27年9月関東・東北豪雨でも心構えをして警戒を呼び掛けることが出来ました。

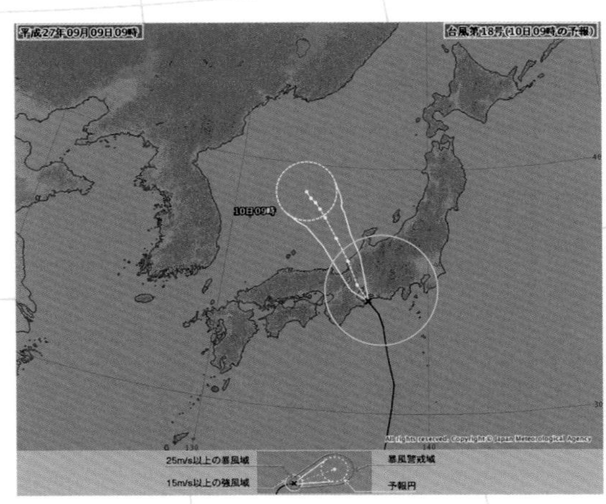

2015年9月9日9時台風18号の進路予想図

台風18号は9月9日10時過ぎに愛知県知多半島に上陸、21時に日本海で温帯低気圧に変わった。台風の勢力は強くはなかったが、南から湿った空気が流れ込み、いわゆる関東東北豪雨をもたらした。

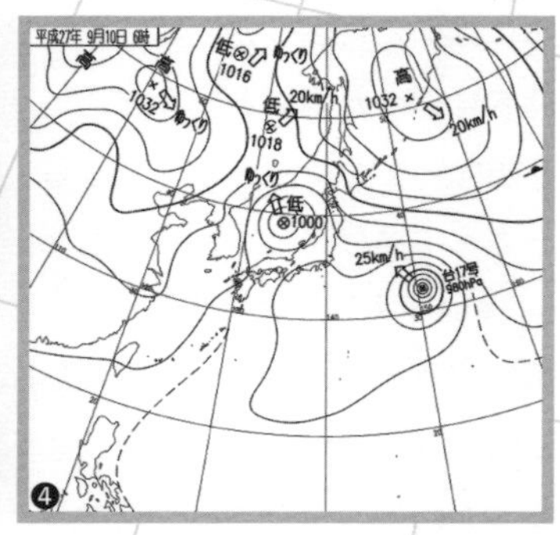

2015年９月９日の気象衛星と９月10日の天気図

台風18号が愛知県に上陸したころから南東側にしっぽのような雲がのびていた（❸）。台風から変わった低気圧がゆっくりと日本海を北上（❹）。この天気図を見ただけでは関東で大雨による甚大な被害が発生しているとは想像しがたいが、低気圧がゆっくり北上しているうちは、その南東側に南北にのびる雲もほとんど動かない。

線状降水帯による大雨の例
「平成27年９月関東東北豪雨（東日本豪雨）」

2015年の台風18号は、台風自体は大きな被害をもたらすことなく愛知県を北上し日本海に抜けて温帯低気圧に変わりました。

温帯低気圧に変わってからは**低気圧のしっぽ**のような雨雲（**線状降水帯**）が南北方向にのび、ゆっくりゆっくり東に進む予想でした。前年の沖縄の特別警報時と同じような状況です。東海地方から関東甲信越、東北南部にかけては局地的な大雨による災害が起きるのではと案じながら９月９日の業務を終えました。

ゆっくり西から進んできた線状降水帯は関東平野の中央付近で留まってしまい、栃木県では記録的な大雨になりました。24時間降水量は、宇都宮市で250ミリ超（平年の９月月間降水量を上回る）、日光市五十里で550ミリ超（平年の９月月間降水量の２倍）でした。

10日午前０時20分に栃木県に、７時45分に茨城県に、それぞれ大雨の特別警報が発表されました。

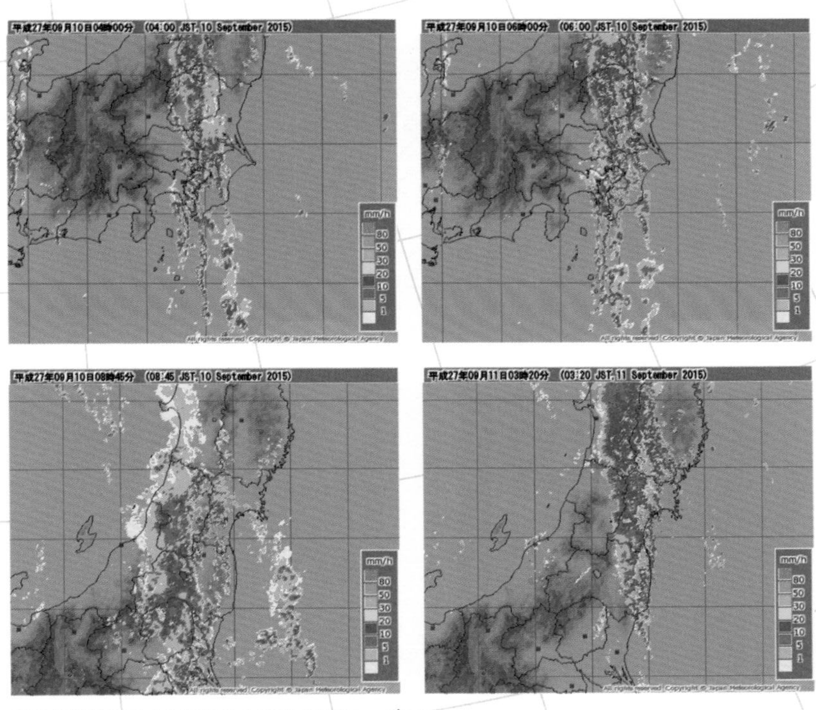

2015年9月10日から11日にかけての雨雲レーダー

2014年の台風8号で沖縄本島に特別警報が出た時と同じように台風（低気圧）本体の南東側に「南北方向の線状降水帯」が組織化された。日本の東に高気圧があったため、すぐに東に抜けることはなく、9月10日から11日に線状を保ったまま徐々に東に移っていった。

この日は午前1時過ぎに出勤しました。夜間の臨時放送に備えて2時間早く家を出たのです。職場に着くなり「栃木に特別警報が出たから、気象解説を」と依頼されました。

この時、2つのことが頭にありました。一つは沖縄の特別警報の雨、ちょっとでも動いてくれれば大雨に遭っている地域では雨が収まるのに……と願ってもほとんど動かず雨量が多くなったこと。もう一つが栃木の山で記録的な雨になっているなら茨城が大変だということです。以前、水戸気象台に取材に行った時に「茨城を流れる川の多くは栃木からだから、栃木の雨量にも

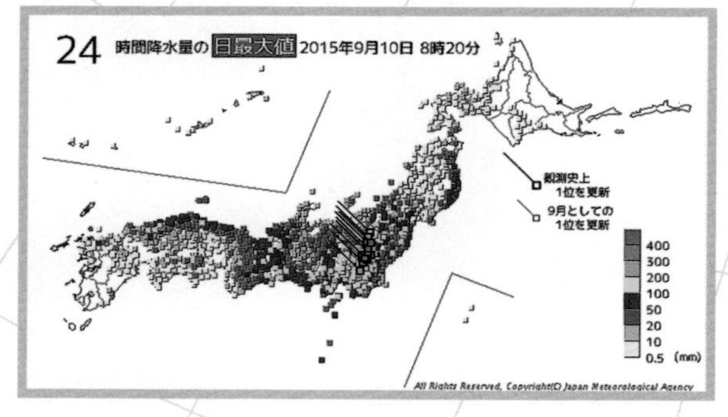

2015年９月10日朝までの24時間降水量

線状降水帯がかかった地域で特に大雨になった。日光市五十里で551ミリ、日光市今市で541ミリ、鹿沼市444ミリ、奥日光391ミリなど記録的な大雨になり、解析雨量では日光市や那須塩原市で700ミリに達したとみられる。

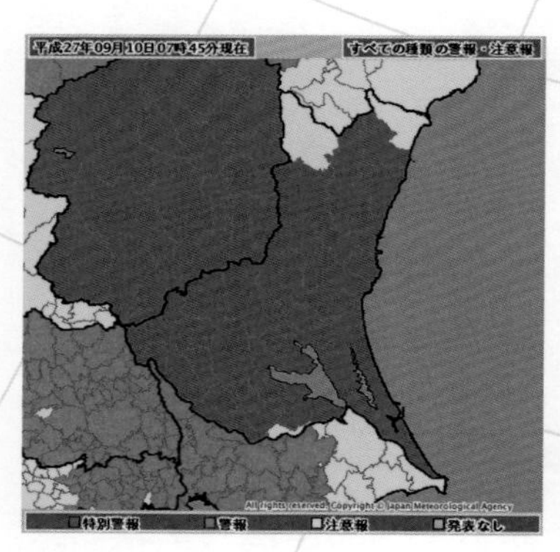

2015年９月10日朝　警報注意報画面

10日午前０時20分に栃木県に、７時45分に茨城県に大雨の特別警報が発表された。

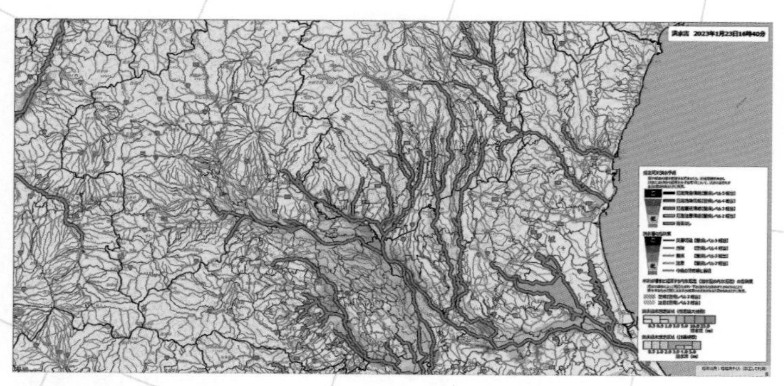

洪水キキクル

茨城県内を流れる川を見ると、上流の多くは栃木県の山に遡る。栃木県の山で大雨が降れば、茨城県内で雨が少なくても、川は増水する恐れがある。上流の雨の様子を確認することも大切。

気を配らないと」と教えて頂いたのです。

この2つを踏まえて、「栃木に特別警報が出ました。この状況だと、この時間（午前2時ごろ）に起きている**茨城県の方**、早めに大雨への備えをしておいて下さい。というのも、茨城県を流れる川の上流である栃木県の山で記録的な大雨になっています。茨城県に雨が降らなくても、栃木県の大雨がいずれ茨城県の川の水位を上げます。さらに栃木県に雨を降らせた雲が茨城県に移っていきます。**茨城県の川は栃木県の雨と茨城県の雨の両方によってこれまでに無いような水が流れる恐れ**があります。」深夜のラジオでちょっと脅かしすぎてしまったかなと思いましたが、非常に危険な状況だということを伝えたかったのです。

しかし、私に出来たことはこれだけでした。結果は大きく報道されたように、10日午後には**茨城県常総市付近で鬼怒川が決壊**し、多くの家屋が水に押し出され、住民は屋根やベランダから助けを求める事態になるなど、各地で甚大な被害が発生しました。映像を見ながらラジオで情報を伝えることの無力さを痛感しました。

自然堤防決壊後、田園地帯に広がった砂浜

約1か月後に決壊した現場を視察する機会がありました。

水門にはテレビや大きなタイヤが引っかかっていたり、まだ家が横倒しになっていたりしたのも衝撃を受けましたが、何より驚いたのが、川の近くに**砂丘のような砂の斜面**があったことです。常総市は海からは遠いのに、まるで海岸のような砂地が広がっていました。この砂はどこから来たのだろうと思ったら、**土手の内部**だったのです。

自然堤防は一見すると頑丈に土で固められたような地面で、木や草に覆われています。しかし、実は長年川から流れてきた土砂が堆積して出来ているので、中身はサラサラの砂であることも多いのです。子供の頃に砂場で**山崩し・棒倒し**をしたことがある人は多いでしょう。

砂の山を下からえぐっていって山が崩れる……あの状態が増水した川の

茨城県常総市の鬼怒川沿いの様子
川の近くでは、多くの家が流され横転してしまったり、1階部分が潰れてしまったりしていた。2015年11月29日撮影

まるで砂浜のような自然堤防決壊地点
自然堤防が決壊して土手の内部のさらさらした砂があらわになっていた。日頃は草も茂るなど頑丈そうに見えている自然堤防も、内側の下の方から水でえぐられてしまうと「砂場の山崩し」のように一気に壊れてしまうことの恐ろしさを目の当たりにした。2015年11月29日撮影

土手を土嚢で応急補強
自然堤防の弱い部分が侵食されて川の外側に砂がはみ出しているところを補強。素人考えだと、土手に絆創膏を貼るように土嚢を被せてしまうが、ある程度たわみを持たせて弧を描く方が有効だそう。2015年11月29日撮影

八間堀水門
八間堀川の水が鬼怒川に流れ込む水門、豪雨時にいったん閉められた時に川を流れていたタイヤやテレビ、テーブルなどが引っかかり、後に水門が上がったあとの状態。2015年11月29日撮影

土手で起こっていたと思うと、とても怖くなりました。

それまで川の氾濫というと、川の水が土手を越える**越水**の印象が強かったのですが、川の**内部で土手が侵食**されていて、下から崩れて水が一気に溢れ出す様子がはっきり目に浮かびました。よく台風が近づくときに土手の上から川の様子を見る人が画面に映ることがありますが、これは本当に危険です。私も当時は「まだ土手の上まで水がくるには時間がありそうだ」と土手の上の人の気持ちになって画面を見ていましたが、**常総市の砂浜**を目の当たりにして以来、「その**足元から土手が崩れる**かもしれないから、上から見て大丈夫じゃ済まないよ！早く逃げて！」と画面の向こうに心で呼びかけるようになり、放送や防災士養成講座でも何度も伝えました。

線状降水帯は徐々に東進・北上し、11日午前3時20分に宮城県にも大雨特別警報が発表され、福島県・宮城県・山形県でも大雨による被害が発生、気象庁はこの災害に**平成27年9月関東・東北豪雨**と命名しました。

この水害での避難の遅れや避難者孤立発生を受けて**マイ・タイムライン**の活動が広まっています。マイ・タイムラインとは台風の接近等によって川の水位が上昇する時に、「いつ」「何をするか」等を予め記載して、避難完了までの個人や家族、地域の行動計画を立てるものです(別項に記します)。

近未来、線状降水帯の危険度分布登場に期待

もし、雨雲が線状に連なったとしても、雨雲の列と垂直方向に動いていけば（南北方向の雨雲なら東西に動くなど）、ひとところで降る時間は短くて済みます。寒冷前線の雨雲などは、短時間で本州を通過することもあります。前線を押し出す寒気の勢力が強かったり、低気圧の移動速度が速かったりする場合です。

ところが、「雨雲が南下したいのに、南にある高気圧の勢力が強い」とか「雨雲が東に進みたいのに、東にある高気圧が留まっている」などで順調に動けない場合や、面的だった雨雲が線状に組織化されてしまう予測は難しいのが現状です。

さらに、雨雲の元となる水蒸気が供給されたり、急に雨雲がわき立つような性質の異なる空気が存在したりなど様々な要素もかかわってきます。

気象庁では線状降水帯の検出・予測に力を入れていて、2021年からは**顕著な大雨に関する情報**を発表するようになりました。6月17日から運用を始め、6月29日に沖縄で初めて発表されました。

さらに2022年６月１日からは線状降水帯による大雨の可能性を**半日前から**気象情報の中で示すようになりました。ただ、これは九州地方や近畿地方などと範囲が広く、市町村単位の規模で大雨をもたらす線状降水帯の予測としてはまだ粗削りで、的中率より見逃し率の方が高いというお断りつきの運用でした。実際に運用をスタートした2022年の結果は、あるといってあった的中率が13回中３回、あるといわずにあった見逃し率が11回中８回と想定と同程度だったそうです。2023年は８月４日までの発表によると、的中率は８回中４回、見逃し率は12回中８回。的中率は上がったものの、見逃し率は前年と同程度でした。

「これじゃ参考にならないよ」と思わないで下さい。これがゴールではなく、スタート地点なのです。2023年５月25日からは**30分前倒し**で線状降水帯の発生が発表されるようになりました。2029年には市町村単位の危険度が図で示され、半日前から把握できることを目標に精度を高めていくとのこ

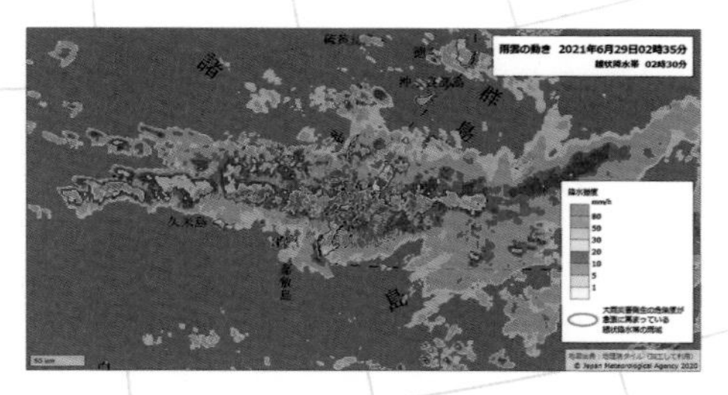

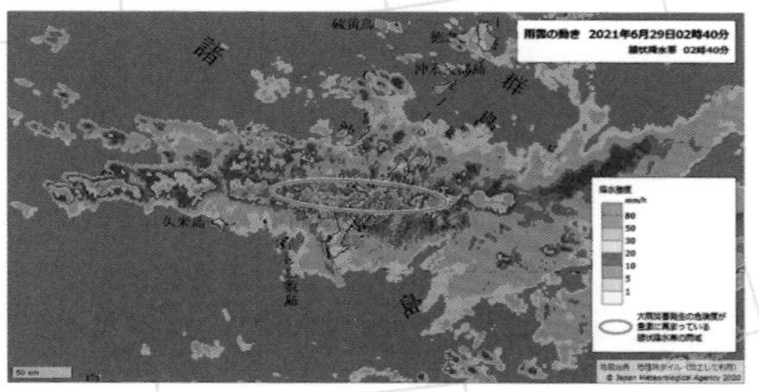

2021年６月29日の雨雲レーダー

梅雨前線の影響で沖縄本島付近には発達した積乱雲が東西方向に連なっていた（上図）、２時40分に線状降水帯を示す赤い楕円形が現れた（下図）。これが運用開始後初の線状降水帯確認となった。

顕著な大雨に関する沖縄地方気象情報　第1号
2021年06月29日02時49分　沖縄気象台発表
沖縄本島地方では、線状降水帯による非常に激しい雨が同じ場所で降り続いています。命に危険が及ぶ土砂災害や洪水による災害発生の危険度が急激に高まっています。

初の「顕著な大雨に関する情報」

沖縄地方気象台が６月29日２時49分に第１号を発表。これが全国初。この情報が発表されたらキキクルなどで状況の確認を。

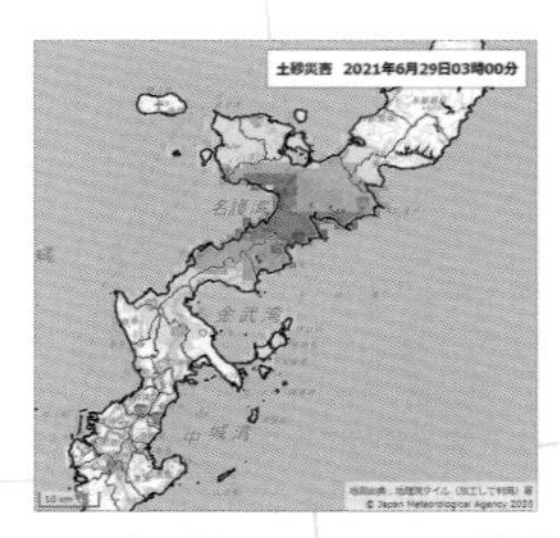

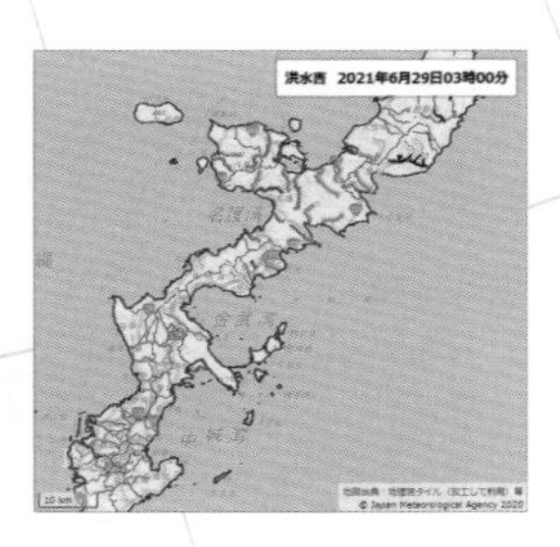

2021年６月29日キキクルの様子

土砂・洪水・浸水いずれも線状降水帯がかかった地点で危険度が高まっている。南北に長い沖縄本島に、東西方向の線状降水帯がかかったので、島の北と南は通常どおり。

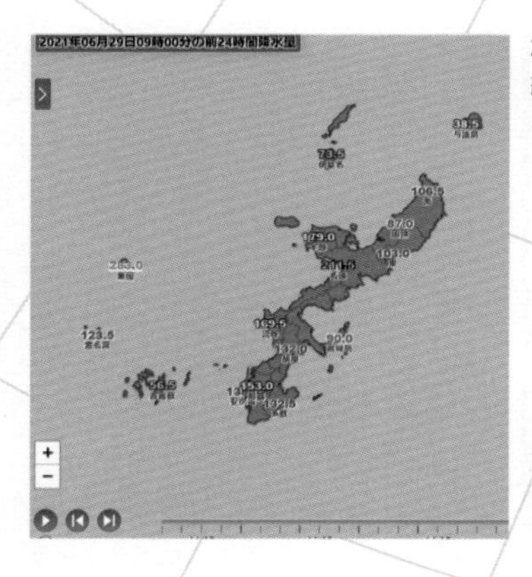

2021年6月29日の24時間降水量

線状降水帯がかかった粟国空港や名護で200ミリを超える大雨になった。

50年に1度の記録的な大雨

線状降水帯がかかった粟国島では重大な災害が差し迫っていることを伝えるために「50年に1度の記録的な大雨」という表現を用いました。面積の比較的狭い島としては最大級の緊急事態を知らせています。

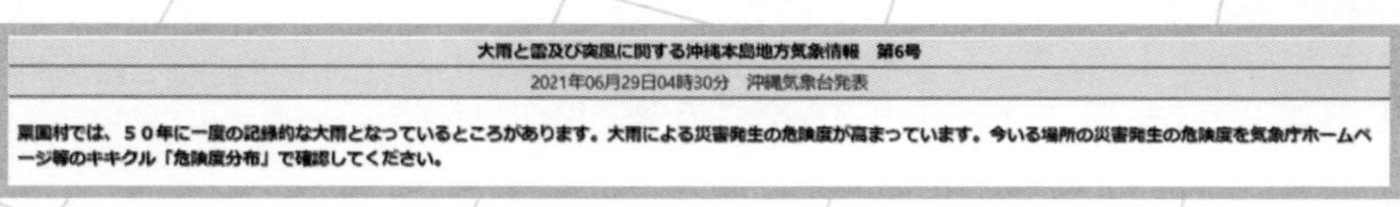

大雨と雷及び突風に関する沖縄本島地方気象情報　第6号

2021年06月29日04時30分　沖縄気象台発表

粟国村では、５０年に一度の記録的な大雨となっているところがあります。大雨による災害発生の危険度が高まっています。今いる場所の災害発生の危険度を気象庁ホームページ等のキキクル「危険度分布」で確認してください。

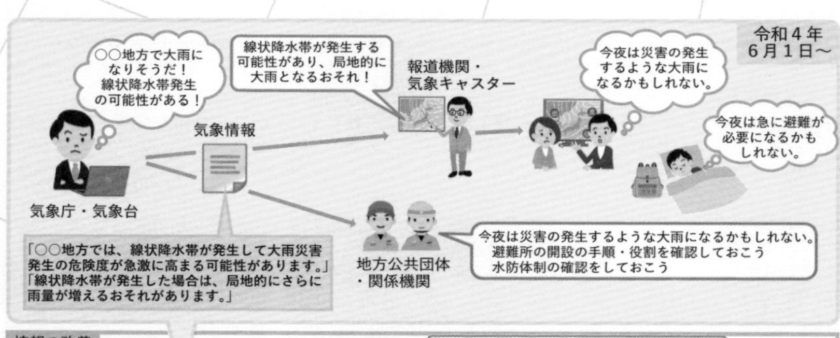

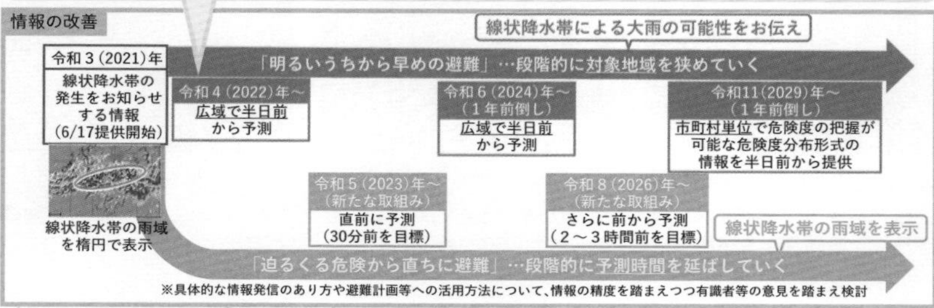

線状降水帯の情報改善の見通し

令和４年末時点では地方単位で半日前から「線状降水帯発生の可能性」に留まっているが、2029年には市町村ごとに危険度分布の形式で半日前から情報を提供できるのが目標。

と……線状降水帯から早めに安全確保が出来る未来も近いと願っています。また2022年末の段階でも線状降水帯の発生が予想されたときに、線状降水帯が検出されないまでも大雨になったケースが4回あったそうです。

ご自身の住んでいる地方に線状降水帯発生が予想されたら**普段よりも大雨に遭う確率は高い**と思って、備えることが肝心です。

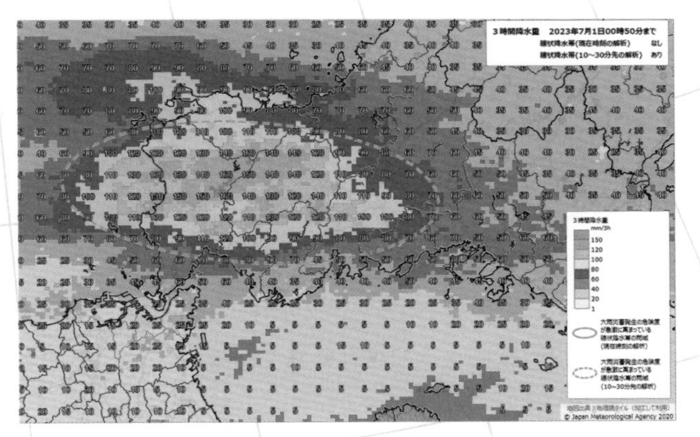

2023年7月1日の3時間解析雨量

山口県では積乱雲が同じような所に連なって3時間で150ミリの雨が降ったとみられる。2023年5月25日からは線状降水帯が30分後に発生すると予測された時点で「線状降水帯発生」として情報を発表。予測の段階では実線ではなく破線の楕円。

顕著な大雨に関する山口県気象情報　第1号
2023年07月01日01時00分　下関地方気象台発表
山口県西部、中部、北部では、線状降水帯による非常に激しい雨が同じ場所で降り続いています。命に危険が及ぶ土砂災害や洪水による災害発生の危険度が急激に高まっています。

2023年7月1日　山口県に発表された顕著な大雨に関する情報

予測の段階でも、情報内容は発生したときと同じ。これまでよりも少しでも早く安全確保をしてもらえるように、30分前倒しで線状降水帯による雨として警戒を呼び掛けている。

④ キキクル

「我が身に迫る危険の種類と危険度がひと目でわかる」

キキクルの有効活用法は
「悪化する前」と「明るいうち」

近年の気象庁の情報で画期的に便利だと思ったのが「**キキクル**（危険度分布）」です。

これは降った雨によって**土砂災害・浸水・洪水**（河川の水位）のどの危険がどのくらい高まっているかがひと目でわかる情報です。雨による災害の危険度が地図上にリアルタイム表示されていて、10分ごとに更新されます。

雨に関する警報は、初めは雨量のみで危険度を評価し、発表されていました。

2008年からは、降った雨がどのくらい地面に溜まっているか、どのくらい川に流れ込むかなども加味して発表されるようになり、2010年からは大雨警報が**土砂災害**と**浸水害**に区別されるようになりました。

そして、2013年６月27日から土砂災害警戒判定メッシュ情報の運用が始まりました。土砂災害発生の危険度を５キロメッシュで黄色・赤・薄紫・濃い紫の４段階に色づけされ、黄色は注意報・赤は警報の基準を超えたエリア、薄紫は予想で土砂災害警戒情報の基準を超え、濃い紫は実況で超えたエリアという階級でした。

2017年７月４日からは土砂災害に加えて、浸水と洪水の危険度分布の提供が始まりました。

洪水警報に関してはそれまでの長さ15キロ以上の約4,000河川のみだったのが、**全国約20,000河川**と一気に対象が増えました。その中で**指定河川洪**

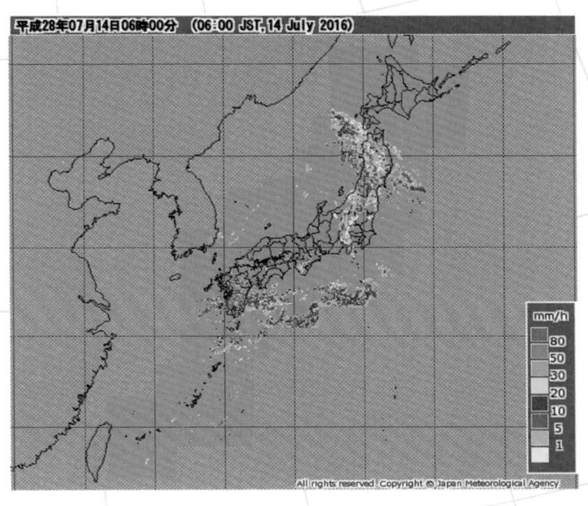

2016年７月14日６時の雨雲レーダー

九州南部には梅雨前線に伴う発達した積乱雲がかかっている。

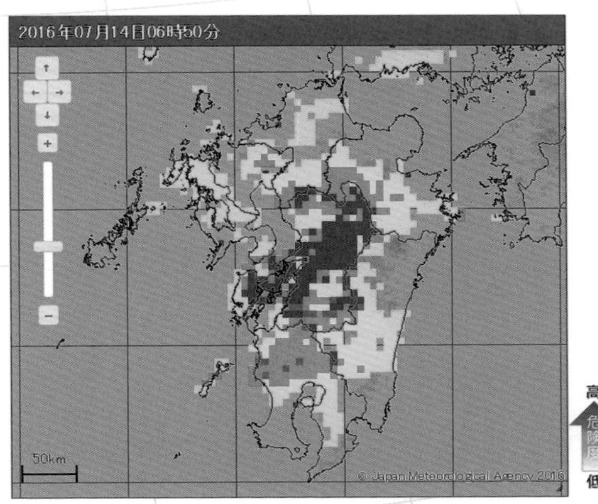

2016年７月14日６時50分の土砂災害警戒判定メッシュ情報

雨雲がかかっているあたりは黄色や赤の表示の他、熊本県の広い範囲が「土砂災害の危険が極めて高い濃い紫色」の表示になっている。春に熊本地震があったことで警報・注意報の基準が引き下げられていた。

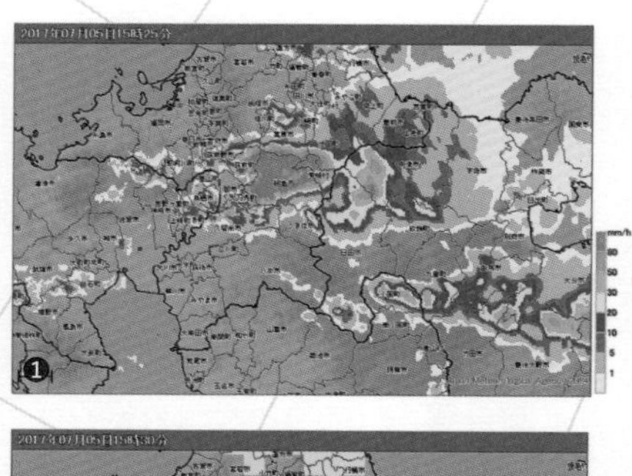

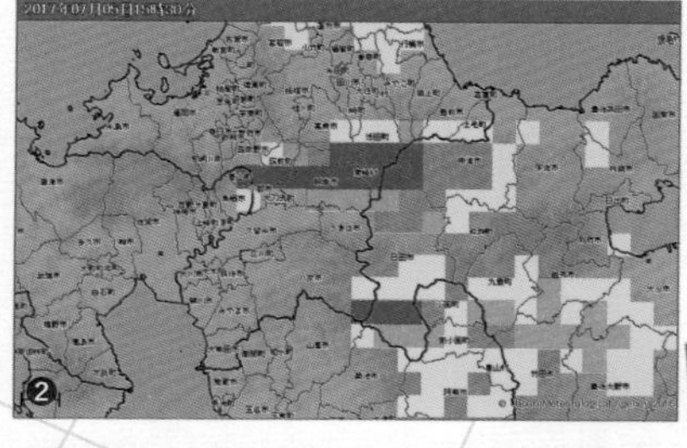

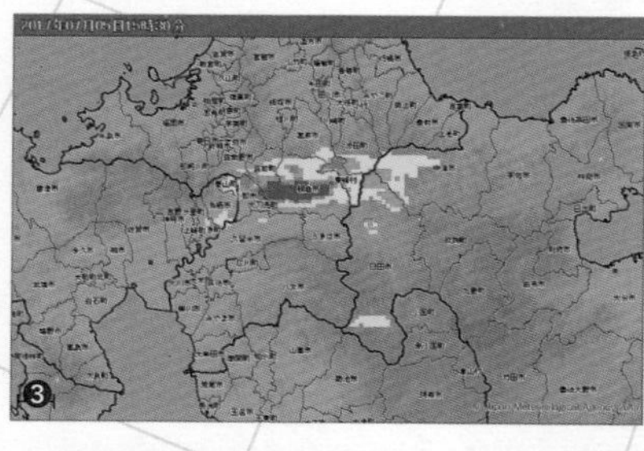

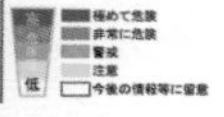

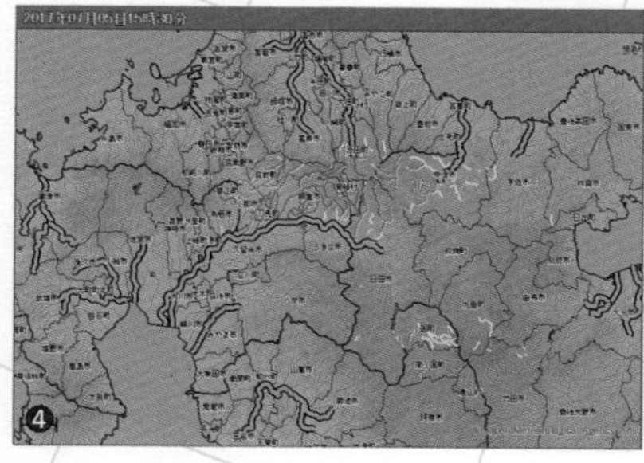

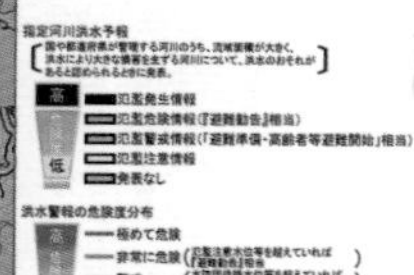

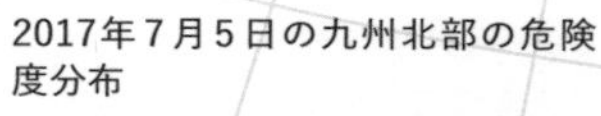

2017年7月5日の九州北部の危険度分布

2017年7月4日から危険度分布の運用が始まったが、その翌日の7月5日午後、九州北部に線状降水帯が形成され（❶)、福岡や大分では記録的短時間大雨情報が相次いだ。夕方には福岡に九州で初の大雨特別警報、夜には大分県でも発表された。発達した積乱雲がかかった地域では山沿いでは土砂災害の危険が増し（❷)、低い土地では浸水の危険が増し（❸)、川は水かさが増していく様子がわかる（❹)。雨が降ったことにより、その土地にどんな危険がどの程度迫っているかがひと目でわかる。

水予報の対象になっている大河川の状況と共に水位の変化が判るようになったのです。

それぞれの危険度分布の元となっているのが、

- 土砂災害に関しては降った雨が土壌中にどれだけ溜まっているかを指数化（土壌雨量指数）、2時間先までの予測を表示
- 浸水害に関しては降った雨が地中に浸み込まずに、地表面にどれだけ溜まっているかを指数化（表面雨量指数）、1時間先までの予測を表示
- 洪水に関しては降った雨が地表面や地中を通って河川に流れ出し、さらに河川に沿って流れ下る量を指数化（流域雨量指数）、3時間先までの予測を表示

これらの指数を発表基準に用いることでより精度よく警戒を促せるようになりました。

気象庁のウェブサイトでは6時間前からの変化が掲載されるため、降った雨によって、自分のいる場所にどのような危険がどのくらい迫ってきているのかが一目瞭然です。

一目でわかる情報をラジオで伝える苦労と新登場した「黒」

全国向けのラジオできめ細かな一目瞭然を伝えるのは至難の業で「特に危険なのは……」と地名を伝えることしかできませんが、しっかりとした情報・予報の裏付けがある分、自信をもって伝えられるようになりました。また「是非、ウェブサイトを見られる方はご自身で確認を」「離れた場所に暮らすご高齢の方などウェブサイトを見られない方々にも、危険が迫りそうなら早めに電話などで状況を伝えてほしい」などと自ら情報をとりにいくことを促すようになりました。とはいえ薄紫と濃い紫をラジオで伝えられないもどかしさはぬぐえませんでした。視覚に訴える情報がどんどん整備されていく中、視覚に障害がある方や運転中のドライバーさんなどラジオから情報を得ている方々にもしっかり届けないと、という強い想いをもって日々試行錯誤しています。

また、危険度分布の色が変わってもすぐに気づかないので使いづらいという課題もありました。そこでスマホアプリなどの**登録型のプッシュ型メールシステム**による高齢者避難支援**逃げなきゃコール**のサービスも始まっています。

2022年6月30日からは色の区分が変わりました。5段階の警戒レベルと一致するように、**警戒レベル4相当の紫**に薄紫と濃い紫が統合され、**災害切迫に相当する黒**が新たに加わり「注意の黄色」＝2　「警戒の赤」＝3　「危険の紫」＝4　「災害切迫の黒」＝5の4色になっています。

ちなみにキキクルという愛称は2020年秋に一般公募され、1200を超える応募の中から決定、2021年3月17日に発表されました。

また、水管理・国土保全局では2020年から**国管理河川の洪水の危険度分布**（水害リスクライン）を運用し、国管理河川についてきめ細かな越水・溢水リスクを伝えてきましたが、2023年2月16日から**洪水キキクル**と一体化し、気象庁のウェブサイトにて**大河川の詳細な危険度**が確認できるようにな

事業者名	提供方法	関連するURLとQRコード
ヤフー株式会社	Yahoo! JAPANアプリ（スマートフォン）	https://promo-mobile.yahoo.co.jp/risklevel/
日本気象株式会社	お天気ナビゲータ 大雨災害危険度メール（メール）	https://s.n-kishou.co.jp/w/mail/mail_top.html
アールシーソリューション株式会社	PREP（スマートフォンアプリ）	https://www.service.rcsc.co.jp/prep
ゲヒルン株式会社	特務機関NERV防災（スマートフォンアプリ〈英語対応〉）	https://nerv.app/
株式会社島津ビジネスシステムズ	お天気JAPAN（スマートフォンアプリ）	https://tenki.shimadzu.co.jp/otenkijp/

キキクル（大雨・洪水警報の危険度分布）のプッシュ型通知サービス事業者のQRコード

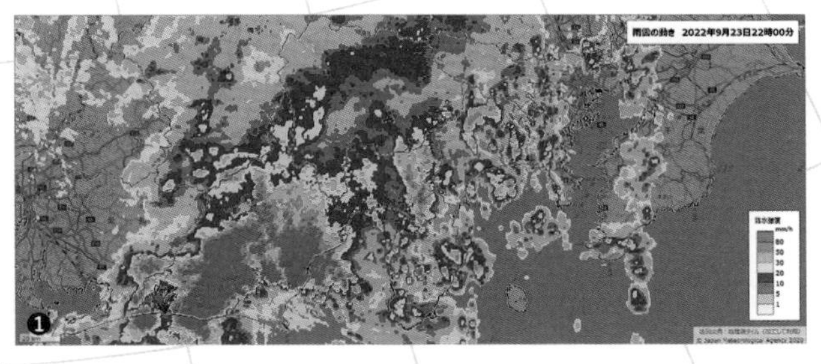

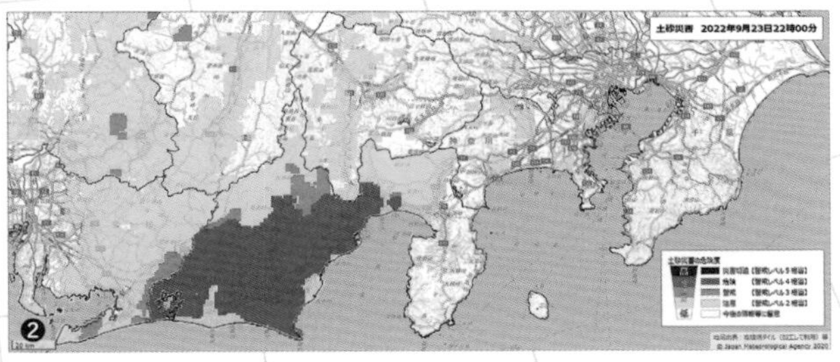

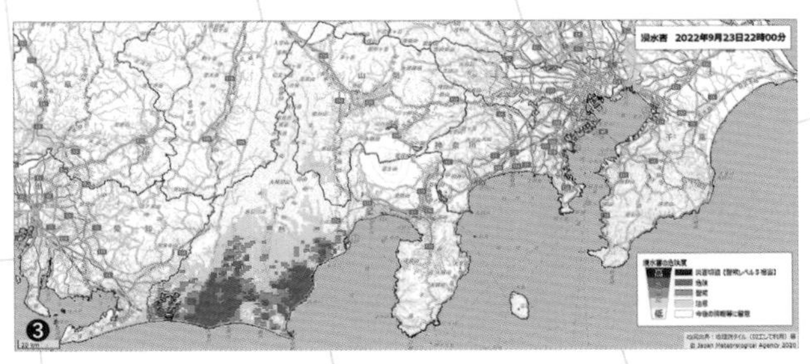

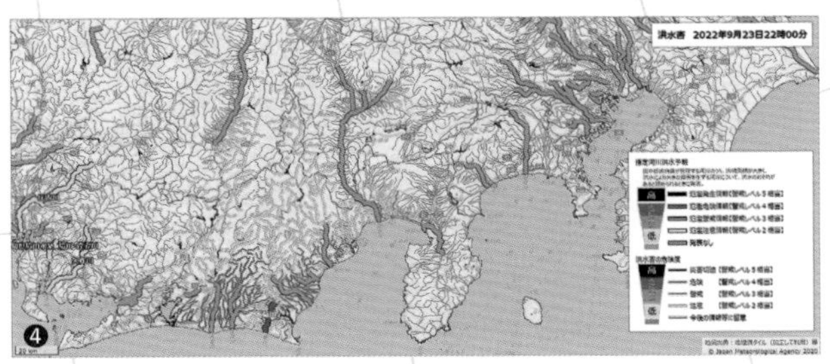

2022年９月23日22時の静岡県の危険度分布

台風15号が９月23日９時に室戸岬の南で発生、夜には紀伊半島から東海地方に接近。夜遅くには静岡県で猛烈な雨が降り続き（❶）、記録的短時間大雨情報多発。22時の時点で、静岡県内では西部から中部にかけて土砂災害・浸水・洪水の危険度が高まった。

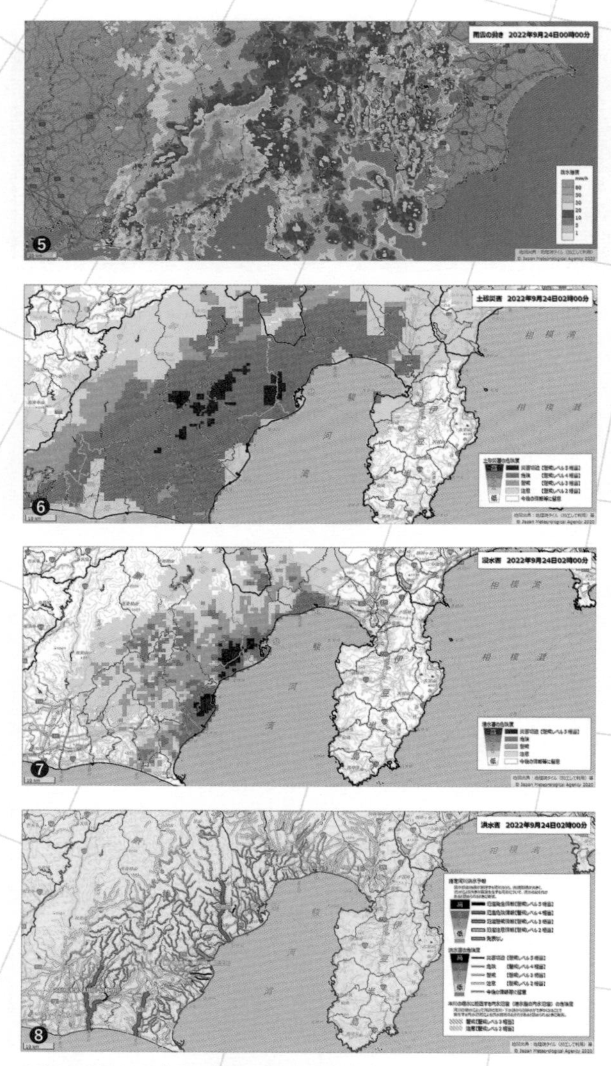

2022年９月24日未明の静岡県の危険度分布

積乱雲はゆっくり東進（❺）したため、静岡県内では記録的な大雨になった。キキクルでは警戒レベル５に相当する「災害切迫（すでに災害が発生していてもおかしくない状態）」を示す黒色が示されるようになった。記録的な大雨が降った地域は雨が止んでもしばらくはキキクルで高い危険度が示される。まだ地盤が緩んでいたり、大きな河川は遅れて水かさが増すことに注意が必要。

りました。

キキクル（危険度分布）は、降った雨によって土砂災害・浸水・洪水の危険がどのくらい迫っているかが4色の分布で判る情報ですが、扱い方に注意があります。

①状況が悪化する前、明るいうちに避難を済ませよう

昼過ぎから降り始めた雨が夜間に強まる場合、辺りが暗くなってからキキクルの色が紫になったり、避難を呼びかける情報が出されたりすることがあります。そのころには避難場所までの道路が冠水していて歩行や車の運転が危険になっていたり、避難ルートが渋滞していて想定以上に時間がかかったりする恐れがあります。**夜間は周りの状況を確認しづらく**、一層危険です。

②自分や周りの人の体調・状況に応じて所要時間に余裕を

東日本大震災時の宮城県では橋の手前で渋滞が発生、迫る津波から車を置いて走って逃げたという話を聞きました。健康で脚力に自信があれば逃げることが出来ても、たまたま足を怪我していたり、高齢者や乳幼児と共に避難していたりという状況では全力では走れません。「警戒レベル4＝紫」に達する前の「3＝赤」の段階で**余裕をもって避難を開始する**検討も必要です。

③土砂災害警戒区域にいたら、ただちに避難

同じ大雨による災害でも、大河川の増水・氾濫に比べて中小河川の水位上昇や土砂災害は、短時間のうちに一気に危険な状況になる恐れが高いです。特に土砂災害は**発生を目撃したら逃げる時間は無い、土砂災害に遭った怖さを伝えられる人は少ない（命を落としてしまう人が多い）**といわれています。災害が発生する前の避難が肝心です。キキクルが紫になったり、避難を呼びかける情報が出たりしたら、土砂災害警戒区域にいる人は直ちに避難してください。上記の①②も考慮し、早めの避難も検討してください。逆に周囲に崖などが無い安全な場所にいる人が慌てて避難場所に行く必要はありません。本来避難が必要な人のスペースが無くなってしまうケースもあるそうです。

④大河川は遅れて状況が悪化する、天気回復後も注意

大きな川は中小河川に比べて水位の上昇は比較的緩やかです。ただ、中小河川の雨水が流れ込むため、雨が止んだ後も川の水位が上がり続けることがあります。2019年の台風19号通過後、東京都足立区付近の荒川の状況を見たところ、すでに空は晴れていましたが、河川敷がなくなるほど増水した川はまだまだ流れが早く恐怖を感じました。山形県を流れる最上川も上流と下流のタイムラグが20時間ほどあり、下流では天気が回復した後に遅れて危険度が増すこともあります。大河川の下流では洪水キキクルを長く確認する必要があります。

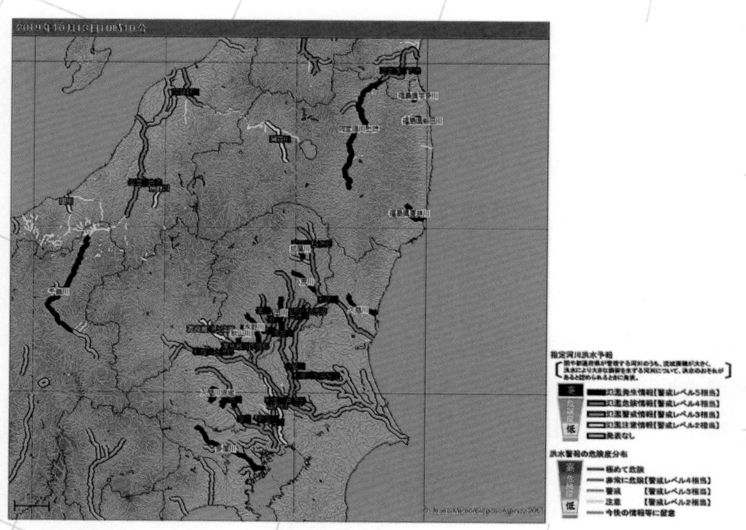

2019年10月13日10時10分の洪水キキクル

流域面積の大きな川は、天気が回復しても支流からの水が加わり遅れて増水することがある。すでに細い川は水がひいているが、太い川は危険度が高いまま。荒川も氾濫危険情報が発表されていた。多摩川などの黒は氾濫発生。

2019年10月13日午後の荒川
鉄橋に迫るほど水かさが増している。上流の岩淵水門では9時50分に荒川基準水位+7.17mを観測。氾濫危険水位の7.7mに迫り、戦後ではカスリーン台風・狩野川台風に次ぐ3番目に高い水位だった。午後3時過ぎに写真を撮った時は橋桁の目盛りが3.5m付近にみえる。

河川敷まで川になってしまった荒川
普段は手前半分はグラウンドやサイクリングロードがある河川敷だが、一本の太い川のようになってしまっていた。奥の本来の川の方が流れが速い。高い土手の上から見ても茶色い濁流は恐怖を感じる。

増水した川と青空
すでに台風一過の青空が広がっているが、荒川はまだ水位が下がる気配が感じられなかった。上流でも記録的な雨が降り、支流からの雨水も加わるため、天気が回復した後も水位の高い状態がしばらく続く。

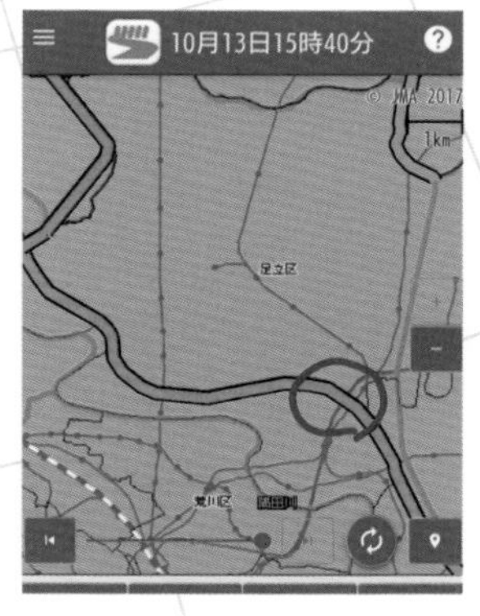

写真を撮った頃の洪水キキクル
ピーク時より一段階危険度は下がっていたが、まだ近づくのは危険。河口付近の満潮時刻は下流への流れが滞る恐れがあるため、水位は下がりにくくなる。

⑤ 降水短時間予報

「安心・安全に繋がる「いつ止む?いつ降る?」を把握」

15時間先までの雨の予報

頻繁に外出する方にとっては次にいつ雨が降るか、今降っている雨はいつごろ止むのかといったことはかなりが気がかりかと思います。

その時に参考になるのが気象庁ウェブサイトの降水短時間予報（今後の雨）です。

これまでの雨の観測値と15時間先までの雨の予想が見られるもので、これまでの雨はレーダーとアメダス観測値などによる解析雨量（雨量分布を1km四方の細かさで示したもの）、今後の雨は6時間先までは10分ごと、7時間先からは1時間ごとの予想です。

日中いっぱい雨は降らない予想となっていたら安心して外出が出来ますし、4時間後には雨が降り出す予想になっていたら、午前中に外出の予定を集中して行うなどと計画出来ます。また、低気圧や前線、台風などで激しい雨が降っている時にも雨が続くのか、収まるのか、さらに強まるのかなどの参考になるかと思います。

降水短時間予報は一度見てそれっきりではなく、途中で何度か更新して確認することが肝心です。予想が変わる可能性があるからです。

「動かない線状降水帯予想」が甚大な被害に（令和2年7月豪雨）

梅雨前線が停滞して大雨になった例を挙げます。

2020年7月3日の夕方に雨雲レーダーを見ると、鹿児島県や四国に発達し

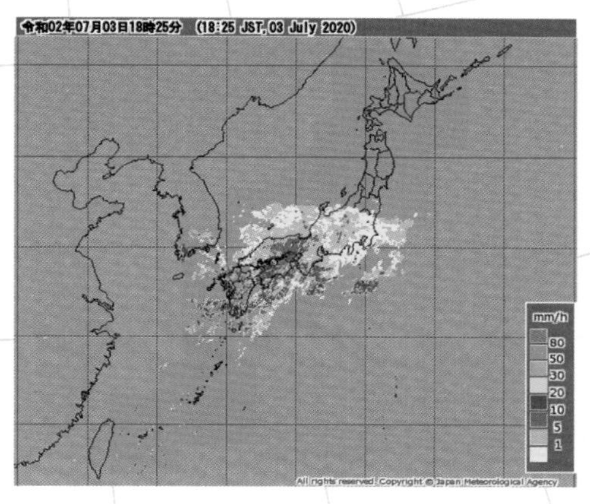

2020年7月3日18時25分の雨雲レーダー
すでに九州南部に積乱雲が東西に連なっていて局地的に非常に激しい雨が降っていた。まだ周囲は明るい時間だが、夜間に状況が悪化するのは怖い。降水短時間予報（今後の雨）の確認を。

た雨雲がかかっていました。この時に**降水短時間予報**を見てみると、日付が変わった後から翌日の朝にかけても鹿児島県や熊本県付近に線状の雨雲がかかったままと予想されていました。

この日の鹿児島市の日没の時間は19時25分、激しい雨が降っていた18時25分はまだ日の入り前でした。このあとも同じような激しい雨が降り続くとなったら、夜間に大きな災害が発生し、安全に避難できなくなるかもしれません。今後の雨の予想を参考にすると、まだ**周囲が明るいうちに**、1階の畳を上げたり、大切なものを2階にあげたり、安全な場所に早めに移動する検討ができたかもしれません。

日付が変わった7月4日、熊本県では3時20分までの1時間に芦北町付近で約110ミリ、3時30分までの1時間に八代市付近で約120ミリ、八代市坂本町付近と球磨村付近で約110ミリ……と8時台までに**記録的短時間大雨情報**が6回、うち芦北町付近には4回相次いで発表されました。熊本県内のアメダスは4日午前中までの24時間に400ミリを超え500ミリ近い雨量を観測した所もあり、レーダーなどの解析による雨量では600〜700ミリに達しました。3日深夜から4日朝にかけて熊本・鹿児島・宮崎各県内に相次いで**土砂災害警戒情報**が発表されました。

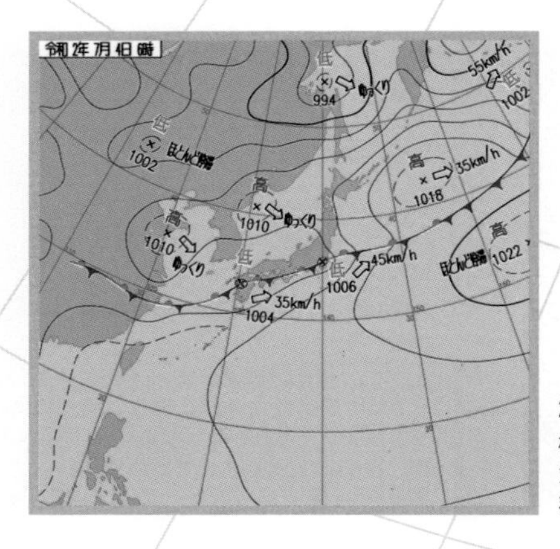

2020年7月4日6時の天気図
梅雨前線が九州から本州に停滞。前線上を低気圧が東進する影響で九州では大気の状態が非常に不安定だった。

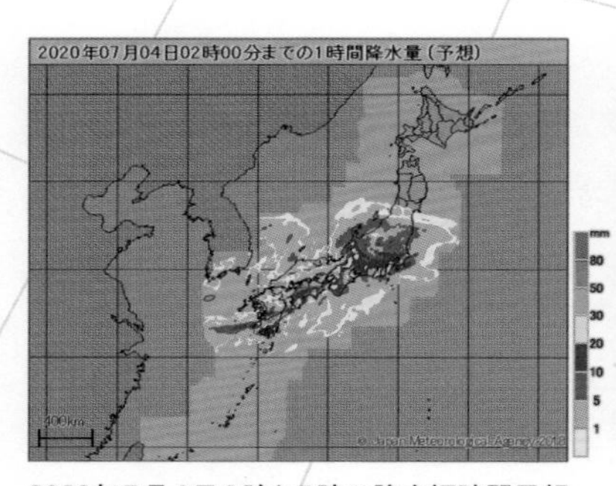

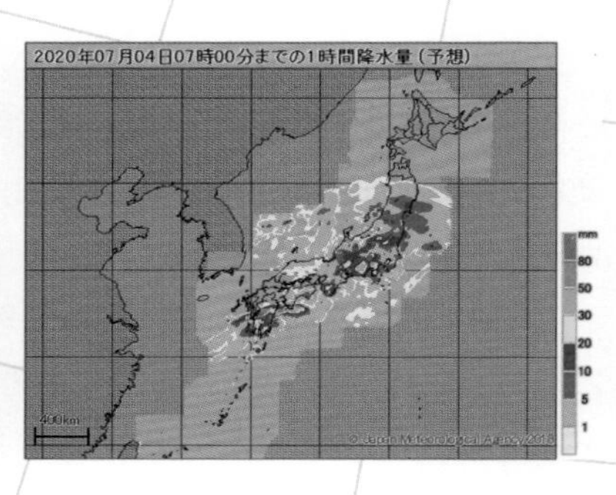

2020年7月4日2時と7時の降水短時間予報
今後の雨を確認すると、翌朝にかけて同じような所に雨雲がかかり続ける可能性があった。川の近くなど雨が心配な地域にいた場合は、まだ周囲が明るいうちに夜間の激しい雨に備えて安全な場所に移ったり、２階に大切な物を上げたりするなどの対策を。
※必ずこの通りになるとは限らないので、雨雲レーダーや周囲の状況は定期的に確認を。

４日４時50分に熊本県と鹿児島県に**大雨の特別警報**が発表され、５時55分には**球磨川の氾濫発生情報**が発表されました。

大量に降った雨水が支流からも球磨川に流れ込んだ上、８時前の満潮の時刻に向かって潮位も高くなり川が増水しやすい状況でした。球磨川は堤防決壊２か所のほか、堤防を水が越えるなどして大災害となり、熊本県では死者不明者あわせて62名となりました。

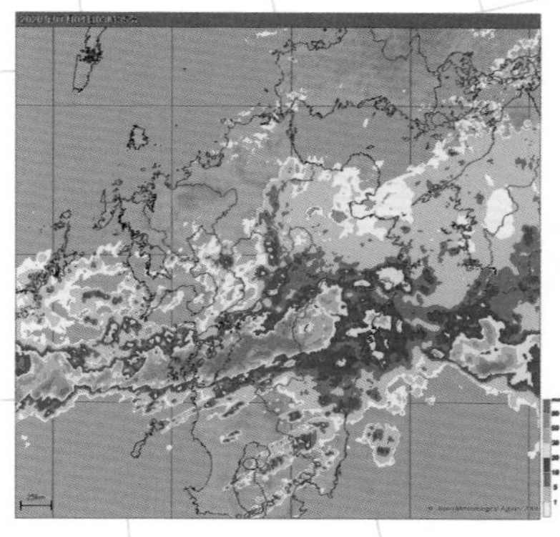

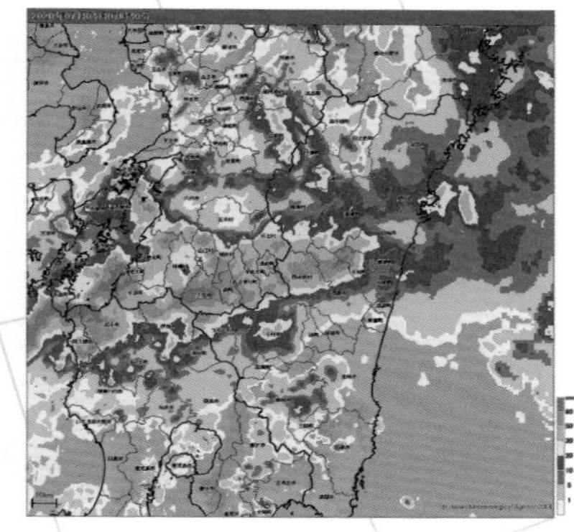

2020年7月4日4時半と7時40分の雨雲レーダー

前日の夕方の予想のように同じような所に線状降水帯が停滞。キキクルを確認すると災害が発生していてもおかしくない状況になっていた。

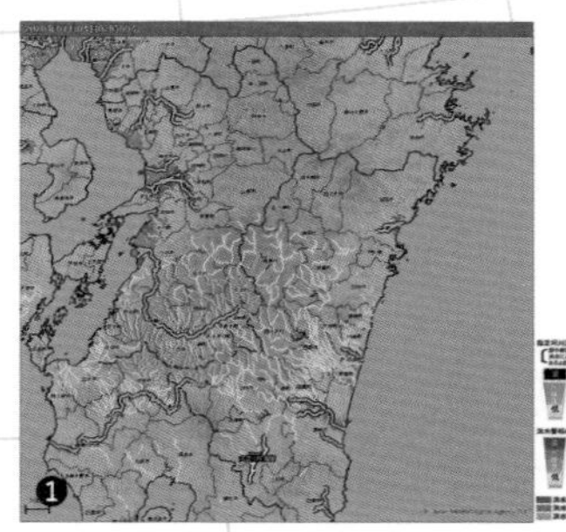

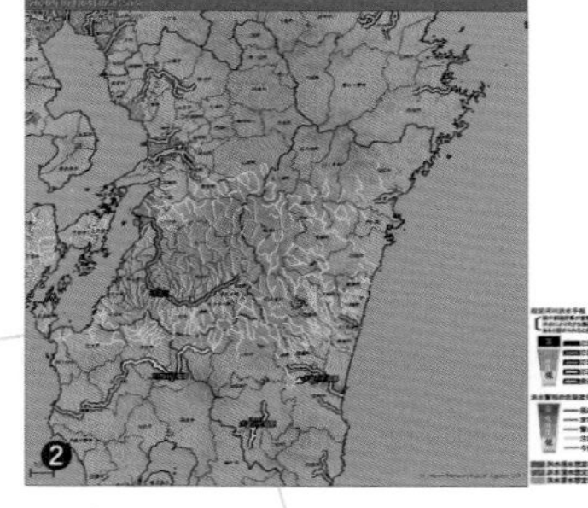

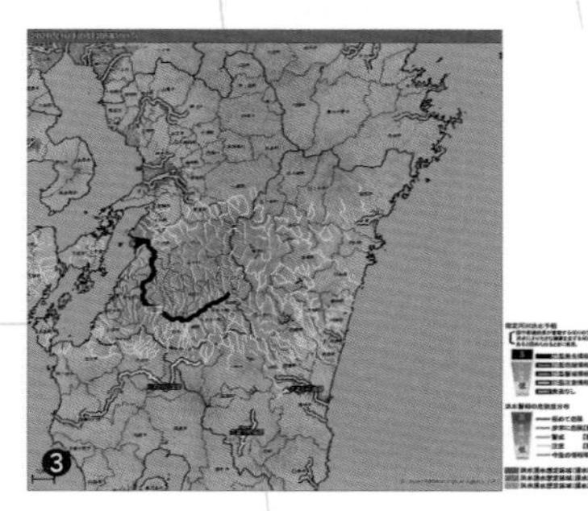

2020年7月4日2時・5時50分・6時の洪水キキクル

午前2時の時点で球磨川の支流は水かさが増し始めていて（❶）、球磨川本川は5:55に球磨村大字渡地先（右岸）付近で氾濫発生。5時50分（❷）と6時（❸）の間に発生したので、6時の洪水キキクルが黒色に。

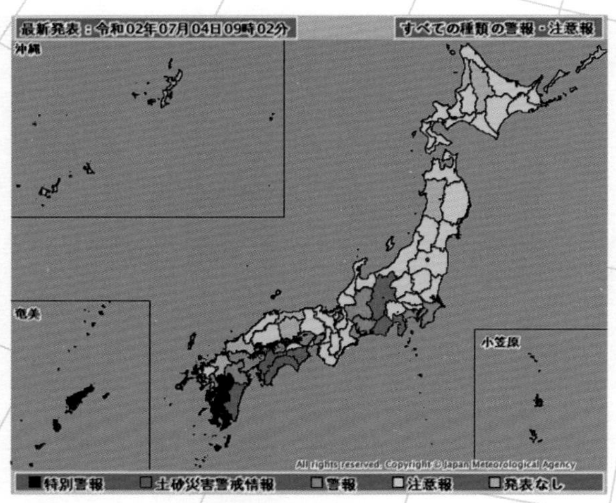

2020年７月４日９時の警報注意報
熊本県と鹿児島県には４日４時50分に大雨特別警報が発表された。この後、７月31日にかけて九州から東北地方で相次いで記録的な大雨が降り、福岡・佐賀・長崎・岐阜・長野の各県に大雨特別警報が発表された。球磨川だけでなく、筑後川・飛騨川・江の川・最上川といった大河川で氾濫が相次いだ。

雨は４日午後にはいったん小康状態になりましたが、梅雨前線はその後も九州付近に停滞し、７月５日から８日にかけて九州には何度も東西方向に積乱雲が連なりました。各地で大雨になり、気象庁では７月９日に「７月３日からの豪雨に対して**令和２年７月豪雨**と名称を定めた」と発表しました。たいていは大雨が収まった後に命名されますが、今回は「現象は継続中であり、今後発生し得る一連の現象についても本名称を使うことといたします。」というお断り付きでした。

７月８日までの総降水量は、九州では1000ミリ、近畿で900ミリを超えたところがあり、九州から東海・甲信地方にかけては**７月の降水量の平年値の２～３倍となる大雨が数日で降ってしまった**所もありました。熊本県・鹿児島県だけでなく、７月６日には福岡県・佐賀県・長崎県に、７月８日には岐阜県・長野県に大雨特別警報が発表され、最大級の警戒が呼びかけられまし

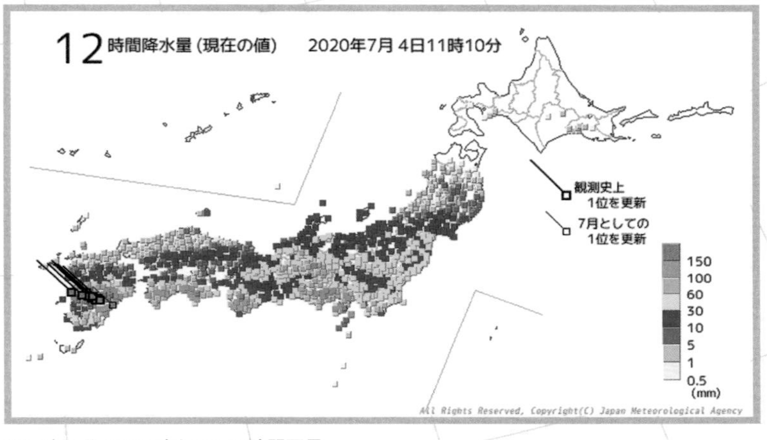

2020年７月４日11時までの12時間雨量
４日午前中までの12時間で熊本県水俣市415ミリをはじめ、熊本県内のアメダス９カ所で統計史上１位の大雨を観測。河川の氾濫だけでなく土砂災害なども発生。

た。

8月４日に気象庁は「令和２年７月豪雨の名称は、７月３日から31日まで」と発表、期間中の総降水量は長野県や高知県の多い所で2000ミリを超えました。

梅雨前線による雨は予想が難しい現象の一つで、**降水短時間予報**も今回の例ほど上手く表現できないこともあるかと思います。ただ、大雨が続く予想や激しい雨が降る予想になっていた場合は、**念のため備える**、**常に情報を更新する**ことを実践することで、災害から身を守る術になると思います。

⑥ 経験したことのない大雨

「こんな予報は見たことなかった! 平成30年7月豪雨(西日本豪雨)」

スーパーコンピューターの
予想すら信じられない!

近年は雨の降り方が強まっている、大雨災害が増えている、などと世間でも話題になることがありますが、20数年の気象解説生活の中で最もこれまでに経験したことが無い大雨だと感じたのが2018年のいわゆる西日本豪雨です。

何がこれまでに経験したことのない状況だったかというと広範囲で同時多発的に記録的な大雨に見舞われたという点です。それまでも九州北部や近畿地方などで2～3県にまたがって大雨になり特別警報が発表されたことはありましたが、西日本豪雨では岐阜、京都、兵庫、岡山、鳥取、広島、愛媛、高知、福岡、佐賀、長崎の11府県に特別警報が発表されたのです。

これまでにない大雨の予想と実際に広く大雨に直面した状況を記します。

6月29日、関東甲信地方では統計史上初めて6月中に梅雨が明けました。7月に入って太平洋高気圧が本州付近で勢力を強め始め、だんだん湿った空気の通り道が西や北へ追いやられていきました。台風7号の通り道も沖縄奄美付近を北上して日本海を進む予想、その北の北海道付近に梅雨前線が停滞。広く梅雨明けが近いという気圧配置です。

7月3日には東シナ海から九州の北の海上を台風が進み、九州や四国で大雨になりました。

台風はその後日本海を速度を上げずに北上、4日15時に温帯低気圧に変わりました。

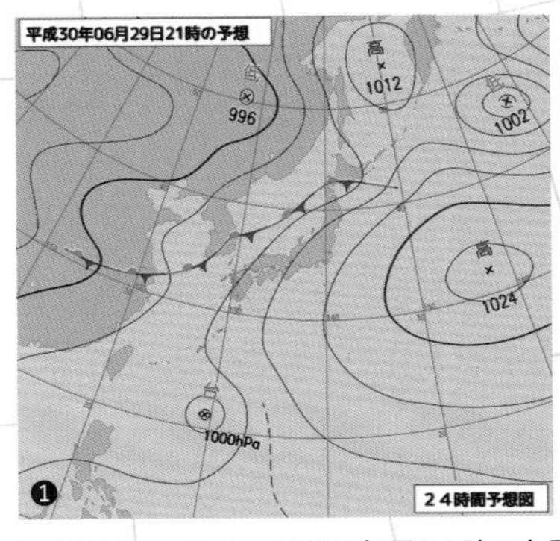

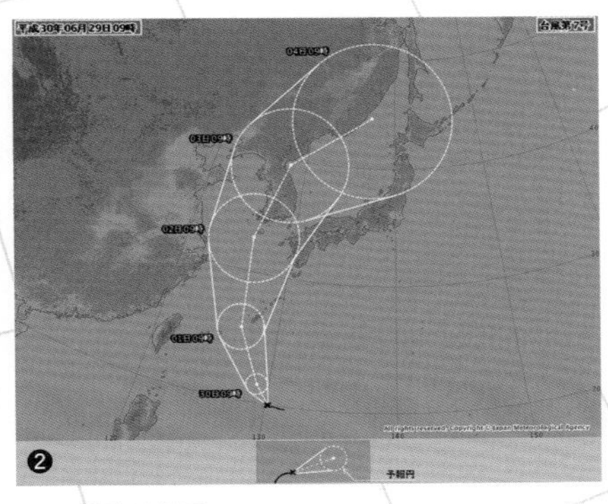

2018年6月29日夜の予想天気図と9時の台風7号の進路予想図
梅雨前線は東北北部から北海道付近まで北上、太平洋高気圧が関東付近で勢力を強め（❶）、関東甲信地方は史上初めて6月中に梅雨明けの発表があった。台風は関東付近を覆う高気圧を避けるように東シナ海から日本海を通って北海道付近に進む予想だった（❷）。

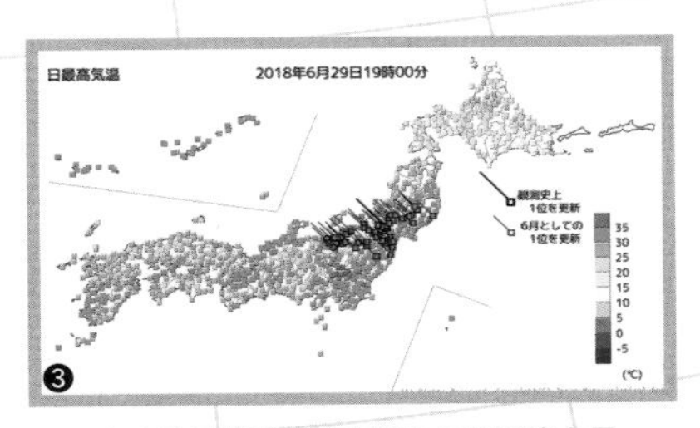

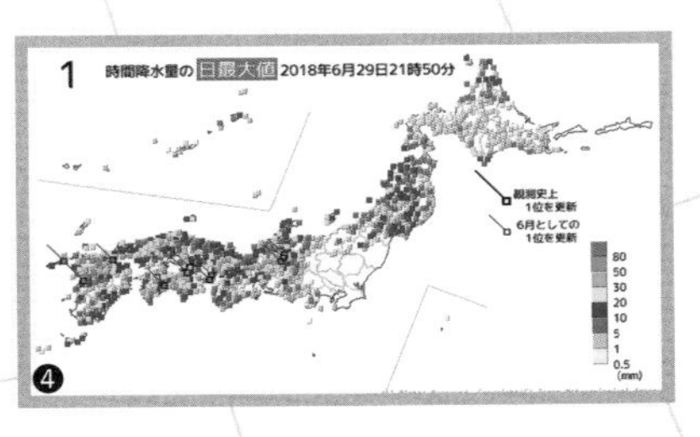

2018年6月29日の最高気温と1時間降水量
関東甲信地方で梅雨が明けた日、梅雨前線の南側で晴れ間があった関東甲信越や東北南部で6月として記録的な暑さになった（❸）一方、それ以外の地域は前線や湿った空気の影響で大雨（❹）。

温帯低気圧は5日に津軽海峡の西辺りまで北上し、北海道に停滞していた梅雨前線は関東北部から瀬戸内海付近まで一気に南下しました。このころの雨雲レーダーを見ると、九州北部・中国地方・北陸の広い範囲を積乱雲が覆っていました。いわゆる線状降水帯よりも長さも幅も規模が大きく、ラジオの解説でも線状ではなく帯状降水帯と表現し「梅雨末期には、線状降水帯によってのちに名前がつけられるような豪雨災害が発生することがありますが、今回の降水帯はこれまでより幅が広く距離が長いので、ひと県・ふた県レベルでなく、広範囲で同時多発的に災害が発生する恐れがあります。小康状態の時に安全な場所で身体を休めつつ備えて下さい。」と呼びかけました。これが7月5日午後のことです。

実は、7月3日から4日ごろにスーパーコンピューターが導いた予想雨量の図を見た時「週末にかけての雨量はミスプリかな？コンピューターのバグかな？」と思ってしまいました。1日でも記録的な大雨になりそうな雨量が、九州から本州にかけての広範囲に連日予想されていたのです。20年以上平日はほぼ毎日見ている予想資料で、こんな状況はありません。きっと時

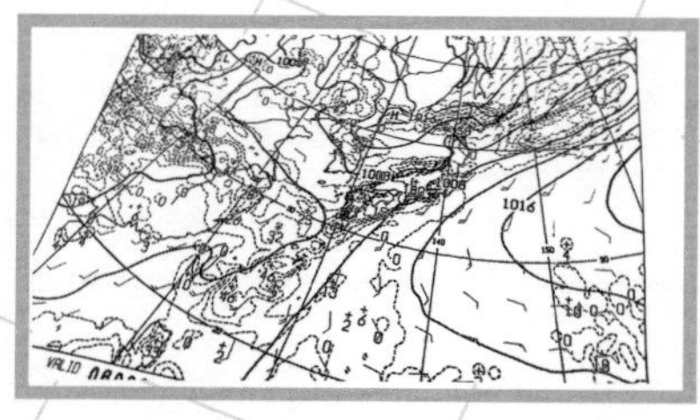

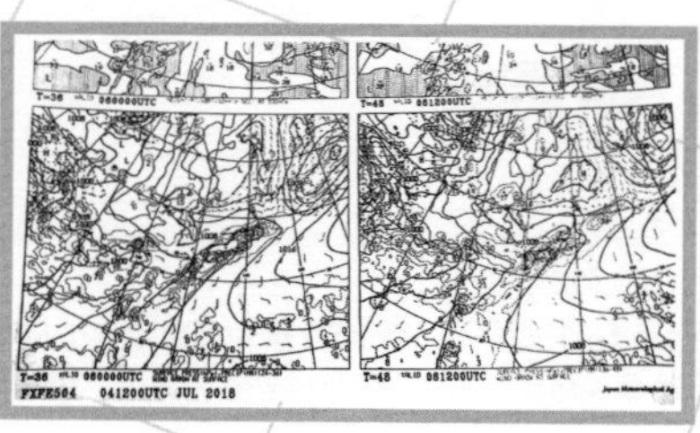

2018年7月4日初期値の数値予報

気象予報士が予報や解説のもととして使用する天気予報の基礎資料。12時間でどのくらい雨が降るかなどの予想が計算されている。本州上に12時間で150ミリや180ミリという大雨が連続している。この通りになったら、7月7日にかけての3日間でとんでもない大雨になってしまう。20年以上資料を見てきたが、このような状況はみたことが無く、正常化バイアスが働き「きっと計算ミスかバグなんだろう」とさえ思ってしまった。

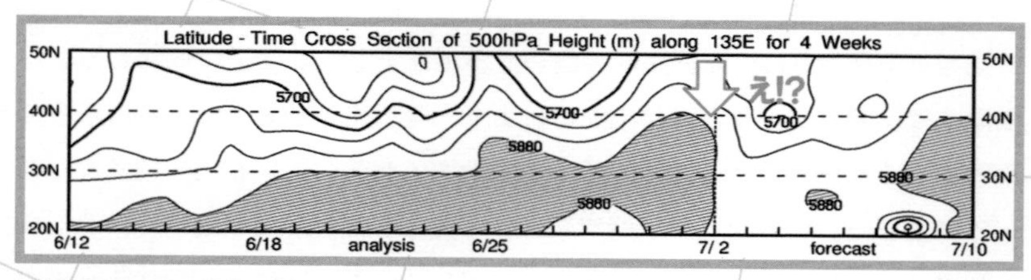

2018年7月4日の数値予報

専門的になるが、この図は週間予報などを解説するときに使う資料。500hPaの高度がどのあたりにあるかなどを見る。高度5880mの線が「夏の高気圧」の目安で、北緯35度から40度付近まで安定的に北上すると「そろそろ梅雨明けか」と見通しを話すことも。ところがこの資料では7月2日で5880mがぱったり途切れてしまう。7月3日から9日あたりはどうなるのか……なかなか見たことが無い状況なので加筆して当時のSNSで紹介した。

間が経てばしばしば見るような大雨時の予想に整うはずだと正常化バイアスが働き、気象庁の英知を集めた予想を信じきれませんでした。

梅雨末期に①太平洋高気圧が強まって、②梅雨前線に、③台風が加わるというケースはこれまでにもありました。この時も天気図上に登場していた

		5日		6日				7日				8日
		12-18時	18-24時	0-6時	6-12時	12-18時	18-24時	0-6時	6-12時	12-18時	18-24時	0-24時
大雨	北海道地方	警戒期間	注意期間	注意期間								
	東北地方	警戒期間	警戒期間	警戒期間	警戒期間	警戒期間	警戒期間	警戒期間	警戒期間	警戒期間	警戒期間	注意期間
	関東甲信地方	警戒期間	警戒期間	警戒期間	警戒期間	警戒期間	警戒期間	警戒期間	警戒期間	警戒期間	警戒期間	注意期間
	北陸地方	警戒期間	警戒期間	警戒期間	警戒期間	警戒期間	警戒期間	警戒期間	警戒期間	警戒期間	警戒期間	注意期間
	東海地方	警戒期間	警戒期間	警戒期間	警戒期間	警戒期間	警戒期間	警戒期間	警戒期間	警戒期間	警戒期間	警戒期間
	近畿地方	警戒期間	警戒期間	警戒期間	警戒期間	警戒期間	警戒期間	警戒期間	警戒期間	警戒期間	警戒期間	警戒期間
	中国地方	警戒期間	警戒期間	警戒期間	警戒期間	警戒期間	警戒期間	警戒期間	警戒期間	警戒期間	警戒期間	注意期間
	四国地方	警戒期間	警戒期間	警戒期間	警戒期間	警戒期間	警戒期間	警戒期間	警戒期間	警戒期間	警戒期間	警戒期間
	九州北部地方	警戒期間	警戒期間	警戒期間	警戒期間	警戒期間	警戒期間	警戒期間	警戒期間	警戒期間	警戒期間	警戒期間
	九州南部・奄美地方	警戒期間	警戒期間	警戒期間	警戒期間	警戒期間	警戒期間	警戒期間	警戒期間	警戒期間	警戒期間	警戒期間
	沖縄地方	警戒期間	警戒期間	注意期間	注意期間							

警戒期間　注意期間　　7月5日11時現在

6日12時までの24時間に予想される雨量は、
東海地方:450ミリ　四国地方:400ミリ　近畿地方:350ミリ
関東甲信地方:300ミリ　北陸地方、九州南部:250ミリ　九州北部地方:200ミリ
中国地方:150ミリ　東北地方:80ミリ　北海道地方:60ミリ

6日12時から7日12時までの24時間に予想される雨量は、
東海地方、四国地方: 300から400ミリ
北陸地方、関東甲信地方、近畿地方、九州北部地方、
九州南部: 200から300ミリ

7月5日11時の大雨に関する情報

前日に「長い期間の大雨に警戒」というこれまで目にしたことのない表現でお知らせをし、7月5日昼前には九州から東北地方は午後から7日にかけて全域で大雨に警戒という情報を発表。雨量としても48時間で800ミリ超の恐れがあり、警戒感が強まった。

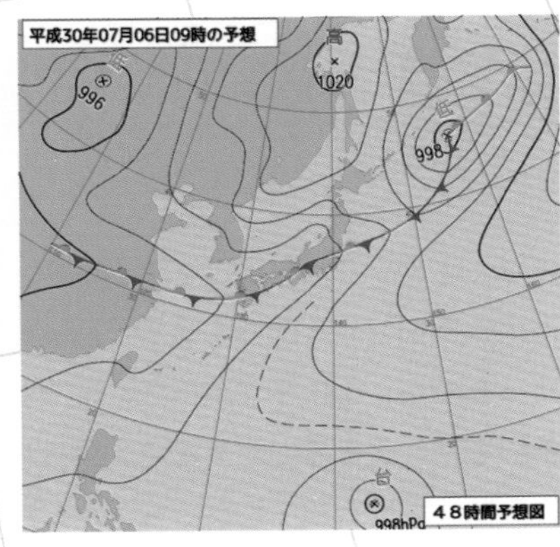

7月5日と6日の予想天気図

北海道付近まで北上していた梅雨前線が、日本海で低気圧に変わった元台風7号と一体化する形で本州付近をゆっくり南下する予想。南側には関東甲信に真夏をもたらした太平洋高気圧が張り出していて、北には冷たい空気を送り込む高気圧。これらの要素がすべて全力で拮抗してしまうと前線付近で大雨になるシナリオが予想された。

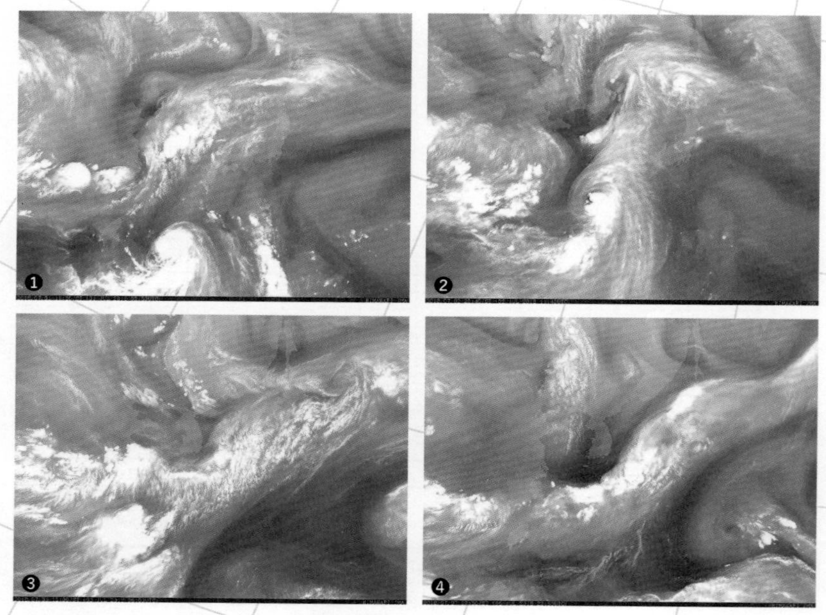

2018年7月1日から7日にかけての気象衛星水蒸気画像
気象衛星の水蒸気画像は、水蒸気の多いところが白く、少ないところが黒く写るように処理されて、上空の大気の湿り具合が判りやすくなっている。7月1日（❶）には、関東付近まで太平洋高気圧の縁がかかる一方、沖縄付近に台風7号、日本海や北海道に前線の湿った空気がみられる。7月2日（❷）には台風が東シナ海を北上し、前線も1日より北に上がっている。7月5日（❸）には前線が北海道から本州付近に南下し、湿った空気が帯状に九州から本州に延びて、7月7日（❹）までに湿った空気の帯を北と南から乾いた空気が縁取る形で強化してしまっているように見える。九州から本州にのびる前線に非常に湿った空気が供給され続けてしまった。

のは、①太平洋高気圧、②梅雨前線、③台風、④オホーツク海高気圧で、**通常の梅雨明け時と比べても特に目新しいものはありません**。ただ、気がかりだったのが、①太平洋高気圧が関東付近で勢力を強めたものの、一気に梅雨前線を押し上げることもなく、関東付近から撤退する気配もないことと、②梅雨前線上に台風7号が持ち込んだ熱帯の空気がある一方、台風から変わった低気圧が引き込んだ少し乾いた空気もあって、**登場する要素の力がすべて拮抗している**、という2点でした。

気象庁も7月4日には**長い期間の大雨に警戒**というこれまでにない表現や

内容の情報を発表しました。そして、スーパーコンピューターは当たってほしくない予想も当ててしまうのか……と痛感する結果になりました。

7月6日朝までの72時間に高知県馬路村魚梁瀬では1000ミリ超の雨量を観測するなど、各地で大雨になり、川の増水や土砂災害の危険が増していました。

17時10分福岡県・佐賀県・長崎県、19時40分に広島県・岡山県・鳥取県に、22時50分には京都府・兵庫県に大雨の特別警報が発表されました。

九州北部の気象情報には「命に危険が及ぶような土砂災害が発生していてもおかしくないきわめて危険な状態が継続しており、さらに大雨が続く見込みです」という担当予報官の危機感が伝わってくるような表現が使われていました。ここまで踏み込んだ文章は見たことがありませんでした。

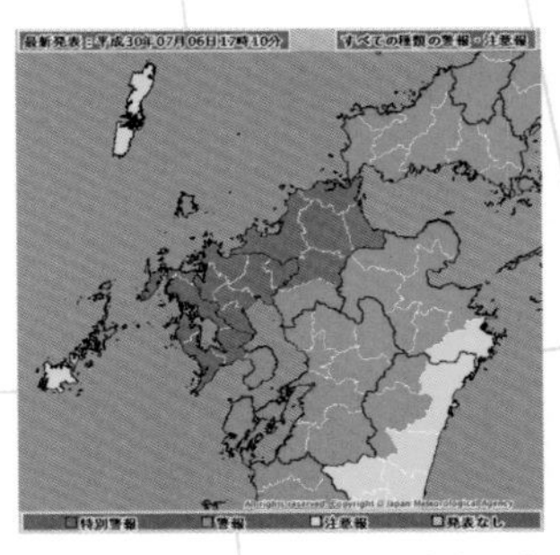

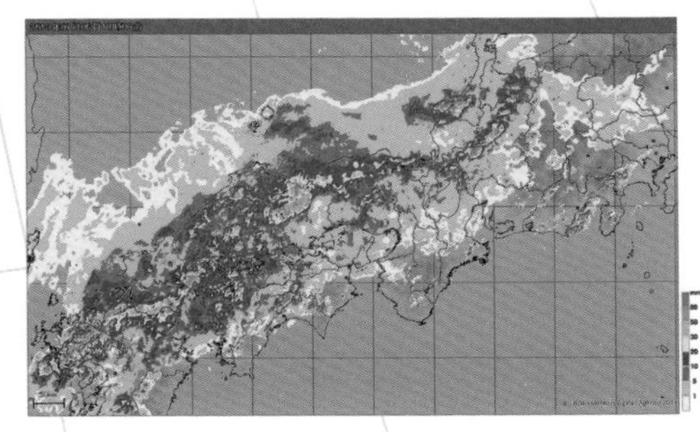

7月6日17時10分　長崎・佐賀・福岡に大雨特別警報が出されたころの雨雲レーダー

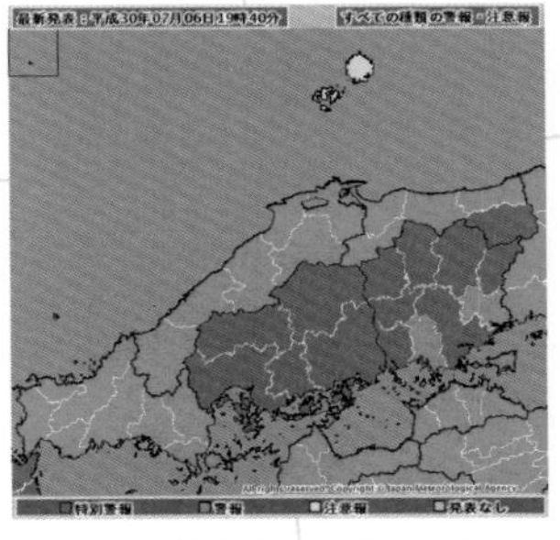

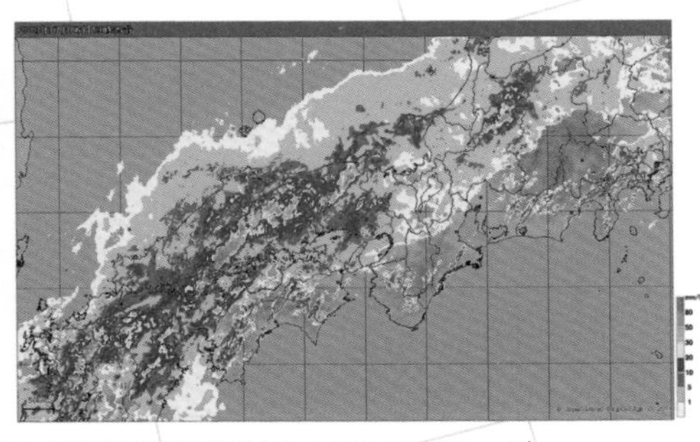

7月6日19時40分　広島・岡山・鳥取に大雨特別警報が出されたころの雨雲レーダー

7日の12時50分には岐阜県にも大雨の特別警報が発表され、8日の5時55分には高知県と愛媛県に大雨の特別警報が発表されました。

6月28日から7月8日にかけての台風7号や梅雨前線による豪雨は、9日に気象庁から**平成30年7月豪雨**と命名されました。期間中の雨量は、馬路

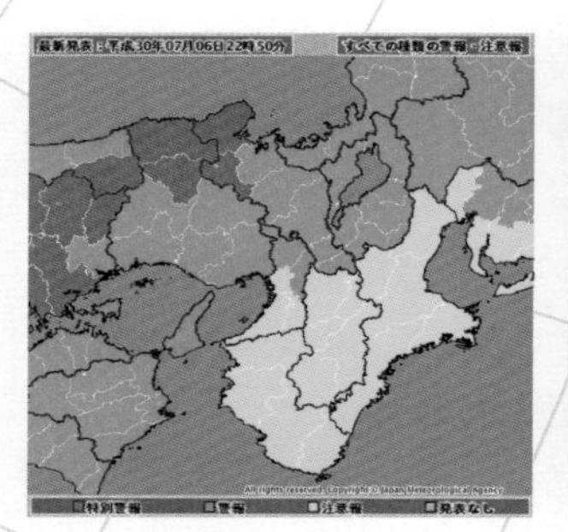

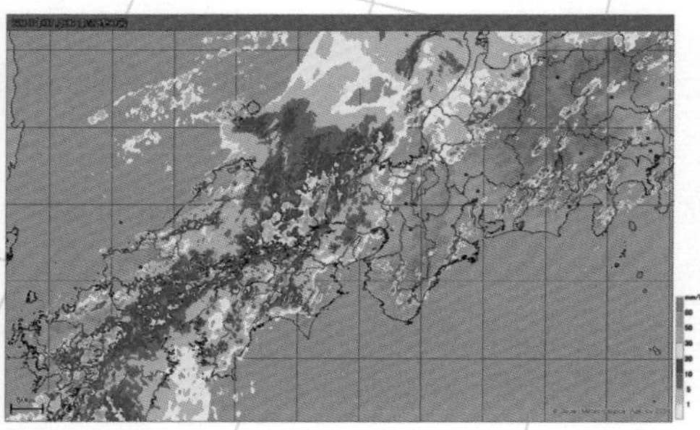

7月6日22時50分　京都・兵庫に大雨特別警報が出されたころの雨雲レーダー

このあと8日5時50分に高知・愛媛にも大雨特別警報が発表され、2013年に運用が始まって最多の11府県に及んだ。

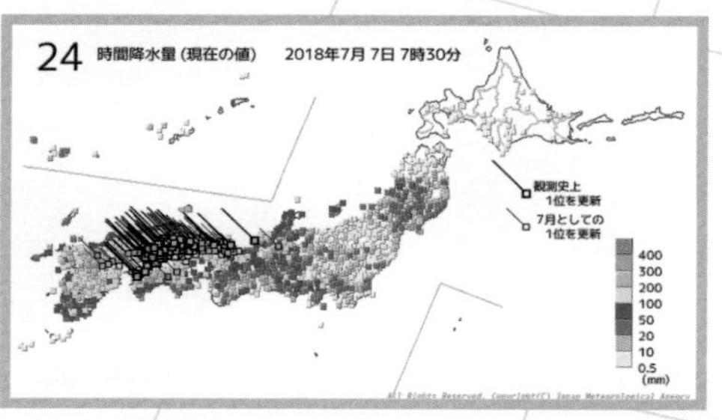

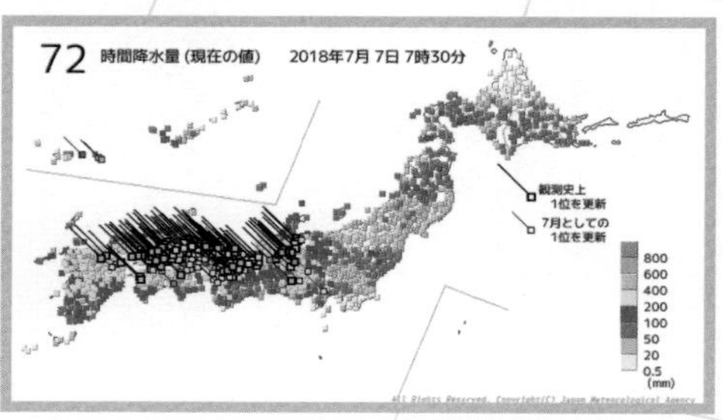

2018年7月7日朝までの24時間降水量と72時間降水量

7月4日に数値予報資料を見た時に「こんなに降るなんて」と信じがたかった雨量が実際に降ってしまった。レーダーとの解析による24時間降水量では高知県安芸市や土佐町で約800ミリに達したとみられる。72時間降水量は高知県馬路村魚梁瀬で1319.5ミリ、香美市重藤で985.5ミリ、岐阜県郡上市ひるがの868ミリなど広範囲で記録的な大雨に。

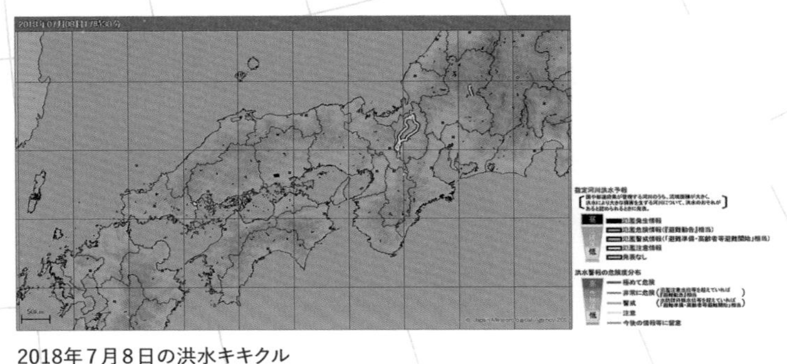

2018年７月８日の洪水キキクル
岡山県南西部の倉敷市真備町を流れる小田川は、決壊してしまったことを知らせる黒い表示（流域は短い）が出ている。

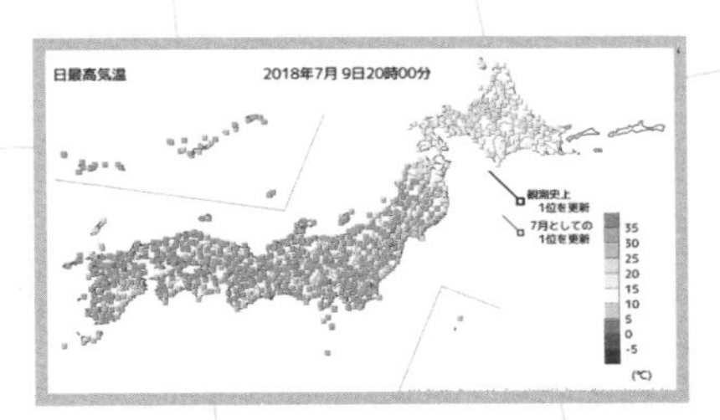

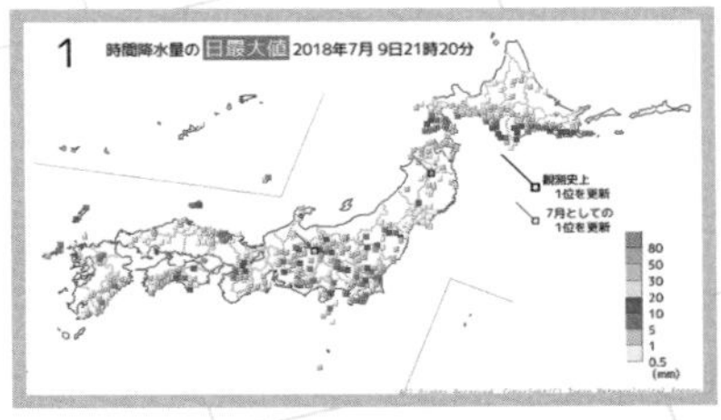

2018年７月９日の最高気温と１時間降水量
豪雨に見舞われた九州から東海は７月９日に一斉に梅雨が明けた。梅雨明け直後からの猛暑と局地的な雷雨によって、復旧作業は熱中症や二次災害の恐れと隣り合わせだった。

村魚梁瀬で1852.5ミリ、岐阜県郡上市ひるがので1214.5ミリに達するなど各地でこれまでの記録を上回る大雨になりました。たとえ300〜500ミリでもその地域にとっては災害が発生するような大雨に値することもあり、気象庁のウェブサイトによると全国で死者224名、行方不明者８名、負傷者459名（重傷113名、軽傷343名、程度不明３名）、住家全壊6,758棟、半壊10,878棟、一部破損3,917棟、床上浸水8,567棟、床下浸水21,913棟など甚大な被害が発生しました。

末政川の復旧工事

小田川の支流の末政川の堤防は数カ所が決壊してしまい復旧工事が行われていた。NPO法人気象キャスターネットワークの現地視察会に参加して話をうかがった。周囲の建物は一見損傷が無いように見えたが、窓枠が無く、1階は壁だけになっていた。平地を濁流が拡がっていったため、屋根瓦や外壁を壊すほどではなかったが、窓などから水が浸入し、1階内部を損壊した家が多かったそう。2019年4月14日撮影。

広島県呉市天応地区の土砂災害現場

広島県は海から山までの距離が近く、海から車で数分走ればすぐに沿岸部を見渡せる高台にたどり着くところが多い。それだけに土砂災害警戒区域も多く、避難経路や避難のタイミングの判断に迫られる。この現場も急傾斜地崩壊危険区域だった。車で逃げようとしたからか車内で亡くなっていた人も多かったと説明を受けた。2019年4月15日撮影。

災害復旧工事の様子

まずは大きな石を受け止めるワイヤーネットが設置されていた。上の方を見ると、崩れてきたら怖い岩が連なっている。2019年4月15日撮影。

広島県坂町天地川沿いの水害現場

道路と家々の間に川が流れていて、日ごろは水深も浅いそう。フェンスが川に向かって倒れているのは川の氾濫ではなく、道路側から土砂や流木などが川に向かって流れてきたため。岡山の現場と違い、勾配のある川沿いの家々は外側からも損壊状況が明らかだった。

ひしゃげた鍋

どういう力が働いたらこのようにつぶれるだろう……と当時の土砂などの勢いを知らせる鍋が落ちていた。この状況ではヘルメットも役に立たないと推察され、土砂災害は発生前の避難が大切と教えてくれた。

明治時代の水害を伝える石碑の説明文

天地川は明治40年にも氾濫が発生し44人の命が失われた。小屋浦公園には当時の被害を漢文で伝える石碑があり、近くに説明文があった。およそ111年後に再び大きな災害が発生してしまった。西日本豪雨発生まではこの石碑は特に注目されていなかったそう。2019年4月15日撮影。

⑦ マイ・タイムライン

1人1人にカスタマイズした「安全確保への行動計画表」

あぶないから
「一緒に逃げよう」

甚大な被害でも全員が避難できたのは「顔が見える関係」と「一緒に逃げよう」

前項の平成30年7月豪雨では、特に岡山県倉敷市真備町の人的被害が甚大でした。

高梁川と小田川の水位上昇に伴い、小田川は2箇所、その支川は6箇所で堤防が決壊し、広い範囲で浸水被害が発生。浸水面積は約1,200ha、全壊棟数は約4,600棟に上り、浸水深が5mを超えたところもありました。死者（災害関連死を除く）51人のうち、44人は自宅で亡くなったそうです（岡山県発表の資料より）。

その真備町で、犠牲者を一人も出さなかった地区の方にお話を伺いました。もともと地区の住民名簿を整えていて、90代のおばあちゃんはいざという時に地区の人が誘導するか、親戚の人に迎えに来てもらうかなども確認していたそうです。降り続く大雨によって排水ポンプの機能が働かなくなった時にこれはまずい、これまでにないことだと感じたことで、地区を一軒一軒回って避難を呼びかけたそうです。日頃から顔が見える関係だったことからそんなに言うならとみなさんが応じ、90代のおばあちゃんも親戚の人により安全確保できました。結果、その後の川の氾濫によって命を落とす人はいませんでした。

当時の避難行動のきっかけをうかがうと「警報が出ていたのは知ってい

たが、それでは避難しなかった。きっかけは**これまでの大雨とは違う**という状況を見たことだった」とおっしゃっていました。

私は全国向けの気象情報で避難を呼びかけたり、危険が迫ることを伝えたりはしていますが、やっぱり避難の決め手は気象情報ではなく最終的には「信頼できる身近な人の**あぶないから一緒に逃げようだ**」ということを実感しました。

今は防災士養成講座で気象分野の講師を務める際、この本の内容などを伝えていますが、願っているのは「防災士のみなさんが**身近な信頼できる人**になってほしい」ということです。私が出来るのは「ラジオで伊藤さんが**いつもとは違うトーン**で話している、これは結構危ないな」と感じていただくことです。もちろん、気象情報の中で、危ない地域の方にはなるべく具体的に伝えるようにはしています。しかし、そこから先の安全確保は、その地域の方々の日頃の備えと、最新の情報確認、避難スイッチをいつ押すかにかかっているのです。

マイ・タイムラインは、一人一人にカスタマイズした「安全確保への行動計画表」

安全確保の一助になるのが**マイ・タイムライン**です。

マイ・タイムラインとは大雨などによる災害から身を守るために、いつ・なにをすればよいかを時系列で整理した個人の防災計画で、表やフローチャートのように一覧できる形に記すことが多いです。

マイ・タイムラインを記すツールは、自治体独自で作成したものが増えてきていますし、マイ・タイムライン作成講習会が自治体や学校単位などで行われています。

国土交通省では**逃げキッド**というツールで小学生から大人までマイ・タイムラインを普及させることを目指しています。

多くの作成ツールには、①マイ・タイムライン完成シート　②マイ・タイムライン作成例　③作成のポイントとなる情報や非常持ち出し品リストな

荒川治水資料館に置かれていた東京マイ・タイムライン

国土交通省の逃げキッド、東京マイ・タイムライン、松山市のマイ・タイムライン

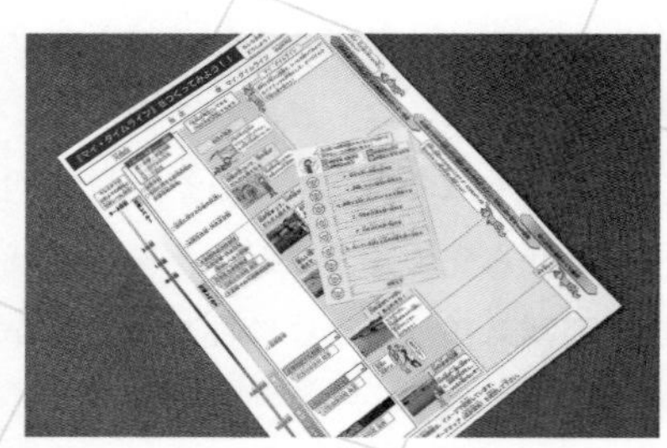

逃げキッドのマイ・タイムライン作成シート

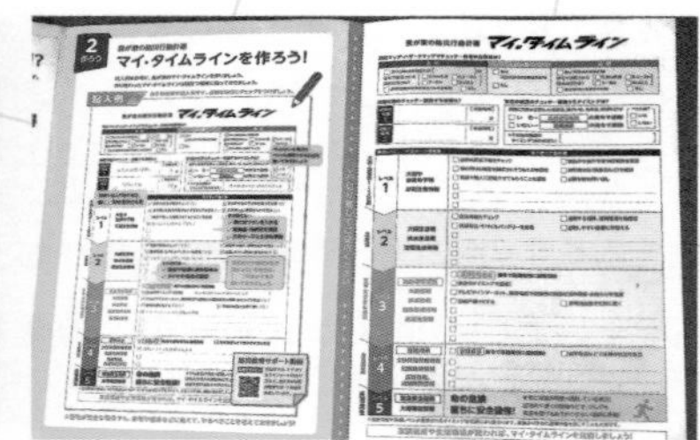

松山市のマイ・タイムライン作成シート

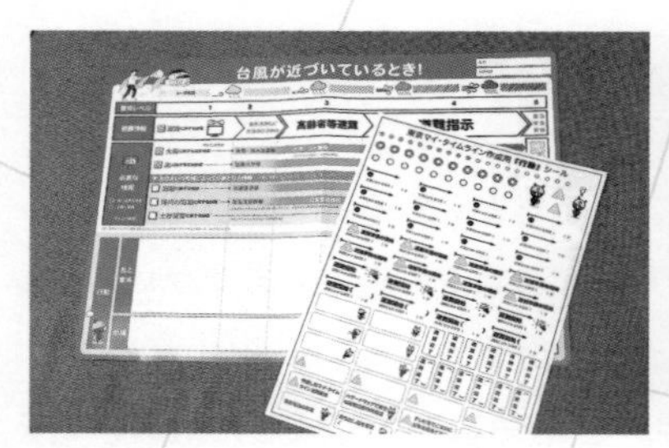

東京マイ・タイムライン作成シート

松山市・目黒区・大田区発行のハザードマップや防災マニュアル

国土交通省　関東地方整備局　水災害対策センター「Webでマイ・タイムライン」のQRコード

冊子ではなくダウンロードによる入手も可能。
この国土交通省のものは汎用性がある。各自治体（都道府県や市町村）名とマイタイムラインで検索するとそれぞれの見本や解説ページにたどり着くことが多いのでぜひ参照を。

どのチェックシート　などがあり、さらに作成を助けるシールや冊子が含まれているものもあります。自治体によってはウェブサイトからのダウンロードが可能だったり、スマートフォンのアプリでも作成できる場合があります。

いざという時には慌ててしまい、避難持ち出し品や避難場所に迷ってしまうこともあるかと思います。それを日ごろから備えて落ち着いて安全確保するための手引きとなるのが**マイ・タイムライン**です。川の増水氾濫は、雨が降り出してから災害発生までにある程度の時間があります。大雨になるかどうかを把握し、雨が降り出してから災害発生までのどのタイミングで避難をするかなどを予め決めておき、**家族ぐるみ地域ぐるみ**で安全を確保する目安になります。

真備町の方々も「一時的に避難所に行ってすぐ戻ってくるつもりでいたから、ほとんど何も持たずに出てしまったよ。まさか水が引くまで長い避難生活を送るとは」とおっしゃっていたように、自分の家や職場などが、①浸水想定区域に入っているか、②浸水する深さ、③浸水継続時間などを予めハザードマップで確認しておきましょう。なお、水害は河川の決壊だけではなく、**高潮**や**ため池決壊**によっても起こりますし、排水機能が追い付かない**内水氾濫**によっても起こります。

避難場所は、原則として川を渡らずに移動できる場所を選ぶこと。何でもない時にはあっという間に到着できる距離でも、道路が冠水したり、避難する人が増えたりして倍以上の時間がかかる場合があります。また昼間と夜では景色が変わって見えたり、冠水すると溝やマンホールに落ちてしまう恐れもあります。平常時に**安全点検さんぽ**などを行って、道中の確認をしておくと良いでしょう。

2019年の台風19号では、避難所に人が殺到してしまい、本来避難しなければならない人が入れなかったということがありました。周囲に崖も川もない頑丈な建物の2階以上に住んでいる人が慌てて避難所に行く必要はありません。雨風が収まるまで自宅待機・在宅避難をするケースが多いかと思います。在宅避難でも**長期化や停電**への備えは大切です。

停電してしまうと、エアコンや電話、風呂、トイレ、冷蔵庫、洗濯機などが使えません。食料や水、モバイルバッテリー、電池、カセットコンロ、冷却シート、カイロなど季節によって必要なものが変わってきます。一度買ったらそのままではなく、定期的な点検・見直しなどが必要です。私も気づくと一度も使っていなかった懐中電灯の中で電池が劣化していたことがありました。食品は**ローリングストック**といって備蓄品を定期的に消費しながら買い足すことが有効です。

事前に車を高台にあげたり、ペットと一緒に避難する場合など、それぞれの家庭によって備える項目も変わってきます。常備薬やメガネ、アレルギー対応食品など個人で必要なものもあります。また停電によってカードや電子マネーが使えず現金での買い物を余儀なくされることもあります。ある程度の現金も用意しておくと良いでしょう。……など、急には思いつかないこと、ふと思いついたことなどをマイ・タイムラインに記しておくことが大切です。

何でもないときの雑談から備えのヒントや安心感を

家族の連絡方法や集合場所も決めておきましょう。また、近所の人とも**いざという時にどう行動するか**などを雑談形式で話しておくと、お互いに参考になることが見つかり、いざというときに心強いかと思います。私は以前住んでいたマンションで、突然停電になった時に初めて隣の部屋の女性と顔を合わせて会話をしました。年齢が近かったこともあり、それ以来時々食事に行くなど引っ越すまで**頼りになるお隣さん**でした。特に都心部では隣近所にどんな人が住んでいるかわからないということも珍しくありませんが、私はなるべく隣近所の方々とも顔見知りになるようにしています。何かあった時に助けてもらうことがあるかもしれませんし、小さいお子さんがいるご家庭などに対しては、私も役に立てることがあるかもしれません。また、離れた家族と安否確認をすることがある場合も、お互いに近所に頼りになる人がいるという状況だと安心感が高まります。

移動を伴う避難をする場合は、**明るいうち、状況が悪化する前**が基本です。気象情報や自治体の情報も参考に、早めの避難が必要なこともあります。お年寄りや赤ちゃんなどと一緒に逃げる場合は**まだ傘をさして普通に歩ける**状況のうちに移動することがポイントです。冠水した道や風が強まって傘が役に立たない状況になってからでは動きが取れなくなる恐れがあります。東日本大震災の津波から避難した人が話してくださったのは**みんなが車で逃げるから橋の手前や合流地点で渋滞してしまい、そのうち津波が見えてきたので、車を置いて走って逃げた**ということです。走って逃げるのは最終手段です。健康で脚力に自信がある人でも、たまたま足を怪我していて走れない場合もあります。是非、走らなくても大丈夫な時間的・気持ち的な余裕を持って移動しましょう。

また、**避難持ち出し品が重すぎ**て道中で動けなくなってしまった人がいたそうです。避難場所まで運べる重さを検討し、両手はあけて移動しましょう。必要なものだけでなく、ひとつくらいは**癒し**になるもの（電力を使わず、音や香り、光などで周囲に影響しないもの）も入れておくと良いともききました。小さな子にはおもちゃなどを用意するかと思いますが、大人でもお気に入りの本や写真、手紙、推しグッズなど**リュックにしのばせるには何がいいか**を考えると避難の光明になりそうです。

住んでいる場所によって起こる災害も、避難する状況も一律ではありません。この項目を読んで思いついたことを**我が事**として備えて頂けたら幸いです。

⑧ 熱中症警戒アラート

「暑さも気象災害、近年は40度超の頻度も増えている」

気温だけではなく、より熱中症の要因を考慮した「暑さ指数」を参考に

近年は「夏は台風で亡くなる人よりも熱中症で亡くなる人の方が多い。暑さも気象災害だ」と言われています。

私が気象予報士になったころは「日本で一番暑いのはどこだ？」というのがクイズになるほどでした。なぜなら日本の最高気温40.8度を観測したのは、沖縄や西日本ではなく東北・山形だったからです。だいたいが「えぇ～!?」という反応で「1933年７月25日に山形市で観測されました。フェーン現象が要因です」と正解が解説されたものです。

ところが2007年８月16日、埼玉県熊谷市と岐阜県多治見市で40.9℃まで気温が上がり、国内の最高気温が74年ぶりに更新されました。熊谷は「あついぞ！熊谷」というキャッチフレーズで町おこしが行われていて、多治見

熊谷市の百貨店前の温度表示
「あついぞ熊谷」で町おこしをしていた2011年８月11日、熊谷の予想最高気温が39度とのことで、熊谷の暑さを味わいに向かった。暑さを伝えるニュースの時にはかなりの頻度で登場する温度表示。現地の人に聞くと「どうせ暑いなら１番で」と受けとめている傾向だったが「日本一の暑さ」から「暑さ対策日本一」に力を入れている。この日の最高気温は37.8度どまり。

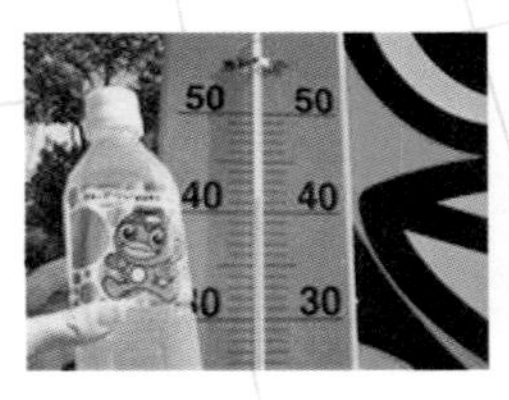

多治見駅前の気温表示
2007年８月16日に熊谷と並んで74年ぶりに暑さの記録を更新した岐阜県多治見市。多治見駅前では「うながっぱ」のボードが温度計を手にお出迎え。観光案内所では水分補給のうながっぱウォーターも売られていた。2008年８月10日撮影。

市もゆるキャラの「うながっぱ」が注目されました。しかし、74年ぶりの記録もその６年後に塗り替えられました。2013年８月12日に高知県四万十市で41.0度を観測。当時は日本の最高気温も最低気温も41度で覚えやすいと気象解説で紹介しました（最低気温－41度は1902年１月25日に北海道旭川市で観測）。ところが、このネタも長くは使えませんでした。５年後、

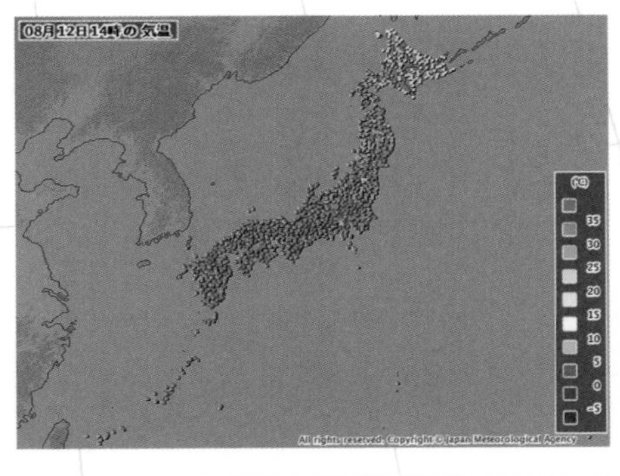

2013年８月12日14時の気温
この日、高知県四万十市のアメダスで41.0度を観測し、日本の最高気温を更新。74年ぶりの記録は６年で上書きされてしまった。日本の最低気温も－41.0度で覚えやすかったが、このネタも数年で使えなくなる。

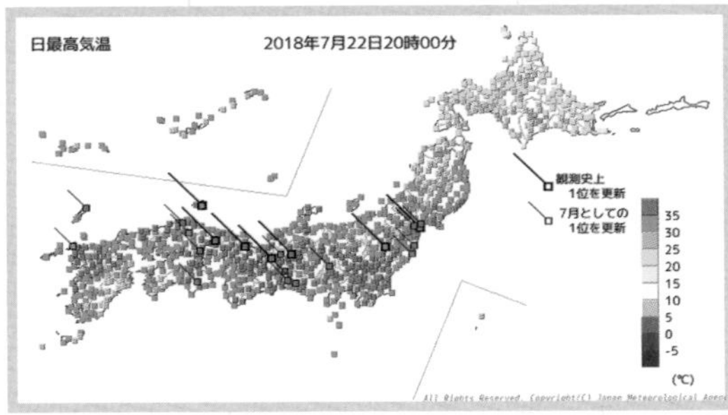

2018年７月22日の最高気温
この日は全国667地点で真夏日、猛暑日は2018年最多の237地点。岐阜県郡上市八幡地区で観測史上１位の39.8度、名古屋市は７月１位の39.5度（138年間の統計史上）、仙台市も36.7度で７月１位（91年間の統計史上）となり、東京も当夏最高の35.6度を観測。翌日はさらに暑くなる予想だった。

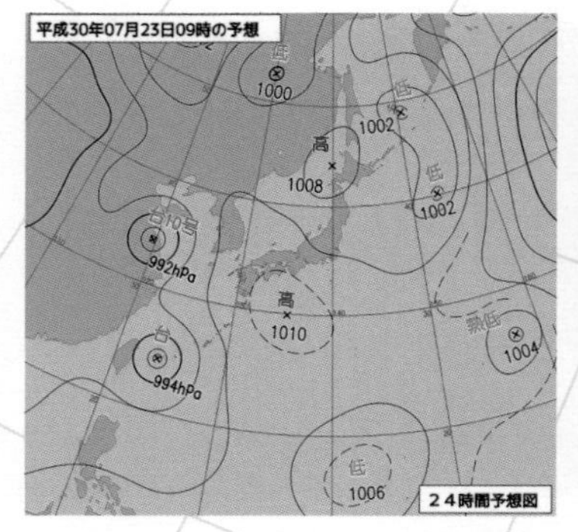

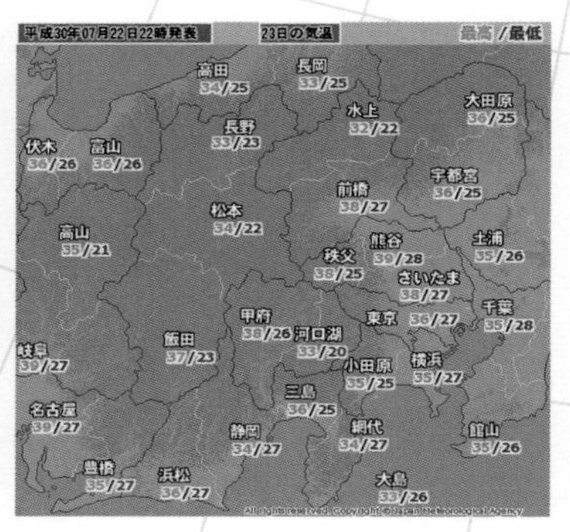

2018年７月23日の予想気温と予想天気図

高気圧に覆われて広く晴れ、関東には西寄りの風が吹く予想で熊谷・名古屋・岐阜で39度まで上がる予想。夜間も気温が下がらず最低気温も高い。

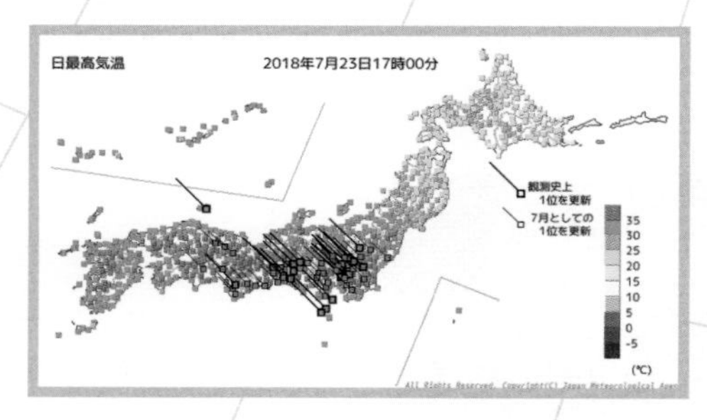

2018年７月23日の最高気温

日本の最高気温が塗り替えられた日、熊谷で41.1度を観測。多治見は当夏２度目の40度超、甲府は５年ぶり４度目、東京青梅では都内で初めて40度台を観測。都心は史上３番目の高温となる39度、観測地点が北の丸公園内に移っていなければもっと高かった可能性も。猛暑日は前日より多い241地点だった。

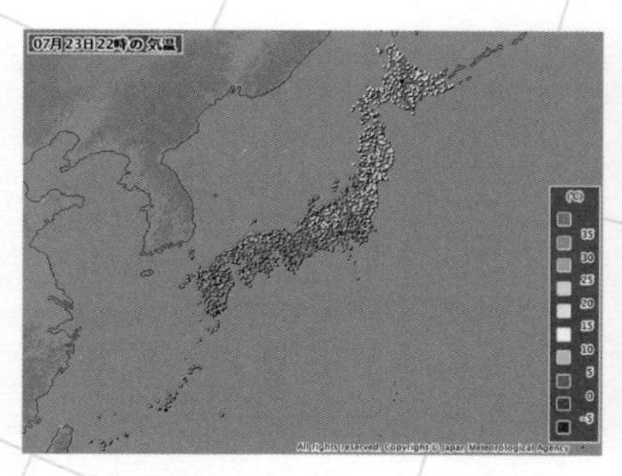

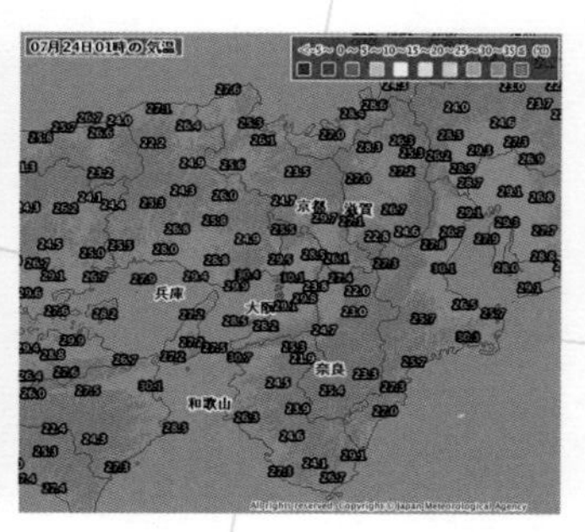

2018年７月23日22時の気温と24日１時の気温

夜間に気温が下がらないことも熱中症への要注意事項。夜10時でも30度を下回らず、近畿地方は日付が変わっても30度超の地点があった。

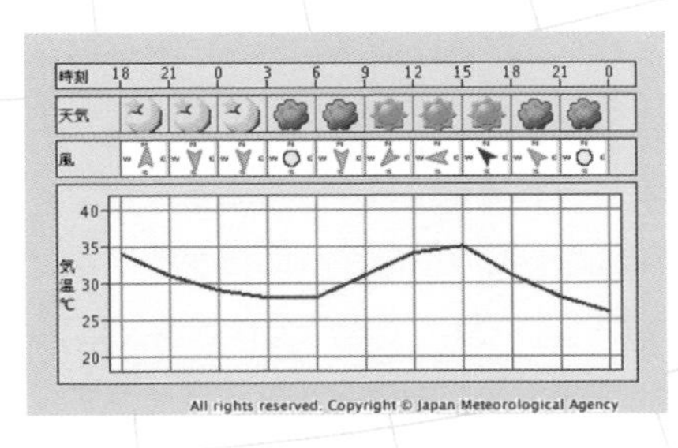

2018年７月24日の熊谷の時系列予報

前日に日本最高の41.1度を観測し、翌朝も30度を少し下回る程度までしか下がらない予想。ただ、日中は東風に変わることで気温上昇が抑えられるとみられた。それでも35度と充分高く、実際の最高気温は37.4度だった。気温は低くなっても、湿度が高くなることで熱中症への警戒感は引き続き強い。

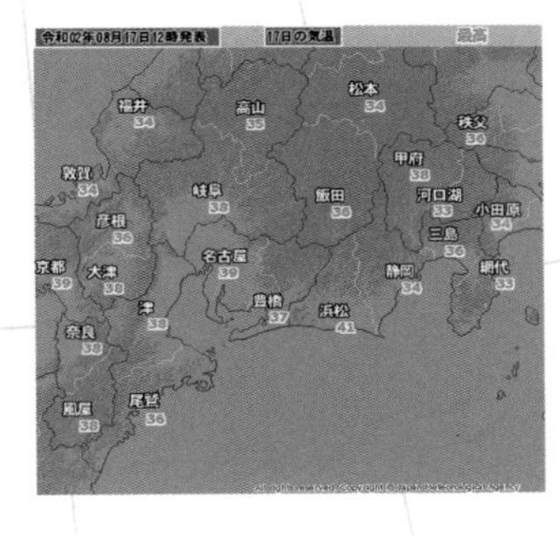

2020年８月17日の予想最高気温

浜松の予想最高気温が12時に上方修正されて41度に。予想の段階で日本一の高さは珍しい……と、画面を残しておいた。

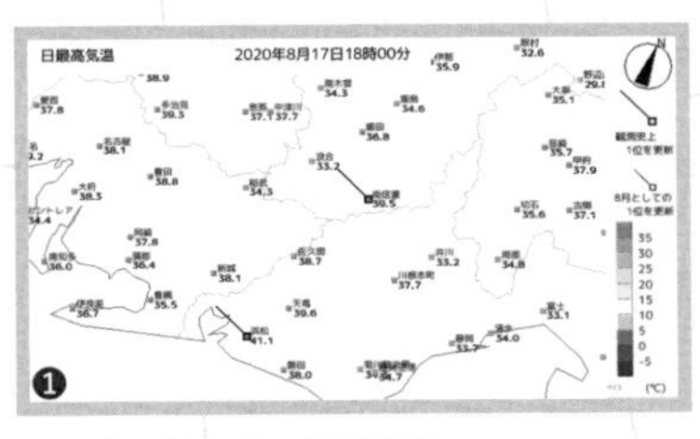

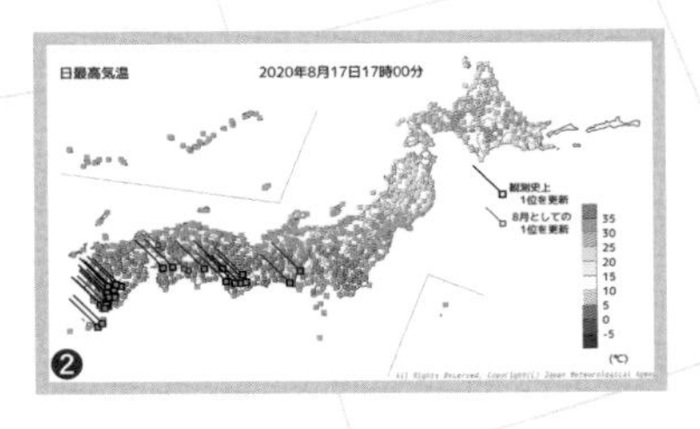

2020年８月17日の最高気温

浜松の気温はほぼ予想通りの41.1度を観測（❶）。２年前の熊谷と並び全国最高気温。このほか宮崎・都城39.3度、兵庫・洲本38.0度も観測史上１位を更新し、九州南部や四国、紀伊半島などでアメダス１位の高温に。

2018年７月23日に熊谷が41.1度を観測、このころには熊谷は「暑さ日本一」ではなく「暑さ対策日本一」をPRしていましたが、再び暑さで頂点に立ってしまったのです。さらに2020年８月17日に浜松でも41.1度を観測しました。

四万十市が41.0度を観測した2013年前後からは、最高気温が40度を超える地点がたびたび現れるようになりました。「今年も○か所で40度を観測し」という形で報じられ「40度が大ニュース」ではなくなりつつあります。それと同時に熱中症の危険も呼びかけられるようになってきました。

東日本大震災があった2011年は夏の電力不足の懸念から節電が呼びかけられる中、前年同様の猛暑が予想されていました。気象庁では最高気温35度以上が予想された場合に**高温注意情報**を発表して熱中症への注意を促すようになりました（当時は対象外だった沖縄や北海道ものちに33度以上で発表されるように）。

最高気温の予想だけでなく**30度以上の時間帯**も記されていて、関東でも気温が上がりやすい埼玉県では、朝９時〜夜９時ごろまで30度以上という日も少なくはありませんでした。

ただ、この情報は気温のみで発表されたので、実際に熱中症の要因となる湿度の高さなどは考慮されていませんでした。そこで気象庁と環境省が連携をして**暑さ指数**に基づく**熱中症警戒アラート**の提供を開始。2020年から関東甲信地方で試験運用が始まり、2021年から全国で運用されはじめました。

暑さ指数は熱中症を予防することを目的として1954年にアメリカで提案された指標です。暑さ指数（WBGT）は、Wet-Bulb Globe Temperature（湿球黒球温度）の略称で、人体と外気との熱のやりとり（熱収支）に着目し、気温だけでなく**湿度**と**日射・輻射（ふくしゃ）など周辺の熱環境**も加味されていま

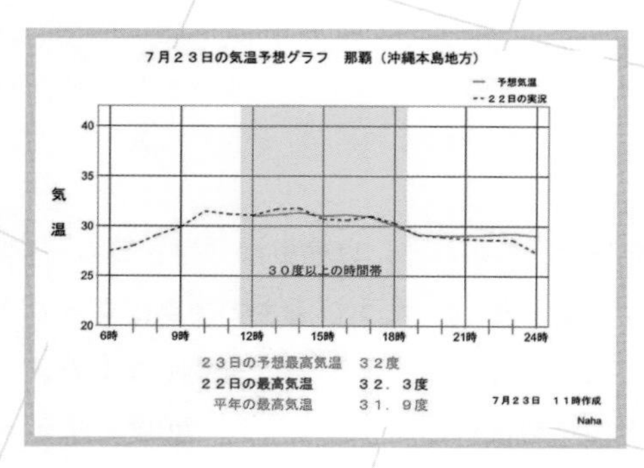

2012年7月23日の高温注意情報
「高温注意情報」は予想最高気温が35度（地域によっては33度）以上で発表されていた。前日の気温と当日の予想最高気温、30度以上の時間が示されていた。熊谷などは朝9時から夜9時ごろまで30度以上という日もあり、湿度や風、陽射しや各々の体調などのコメントを加えて解説に役立てていた。

暑さ指数を測る装置
黒い球は、黒色に塗装された薄い銅板（直径約15cmで中は空洞）で出来ていて、中心に温度計を入れて観測。これは、弱風時に日なたにおける体感温度と良い相関がある。2021年7月20日皇居外苑で撮影。

す。労働環境や運動環境の指針として有効であると認められ、暑さ指数31以上で、原則、運動は禁止とされています。暑さ指数は環境省のウェブサイトで確認できます。

2022年12月の段階では、環境省ではさらに強い熱中症特別警戒アラートを発表する方針を固めていると報道されています。自治体では指定された避暑施設を開放するなど、熱中症から身を守る対策を強化するのが目的です。

暑さから身を守るためには、暑さを知ることも大切です。

毎日、天気予報で発表される気温は、各地の気象台（やアメダス地点）で観測されています。

センサーは「芝生の上」「地上1.5m」「直射日光が当たらず」「風が吹き抜ける」場所にあります。自分が過ごす場所が「炎天下」や「緑や日陰がない」なら、天気予報の気温よりも5度前後は暑いかも……と用心をして下さい。35度の猛暑日となれば、40度近い空気の中を歩くことになるかもしれません。道路に近い所を歩く幼い子供やペットは、さらに高温にさらされています。

猛烈な暑さになれば、窓を開けても入ってくる外気は35度以上ということも考えられ、室内でも火を使う台所などはかなりの高温になります。

温度計を使って客観的に温度を確認することも大切です。たとえば、炎天下から屋内に入った時に「涼しい」と感じますが、実際に屋内の気温を測ると32度だったりすることがあります。28度設定の冷房も使わないまま過ごしていると、体力を消耗し、熱中症になってしまう恐れがあります。

熊谷気象台のアメダス気温計
天気予報で用いられる気温は①芝生の上にある　②高さ1.5mにある　③直射日光を受けない　④風を送られている　センサーで測っている。この測器で2018年7月23日に日本最高の41.1度を観測した。街なかのアスファルトの上、炎天下で風が無い所はもっと暑いはず。特に地面近くを歩く子供やペットは一層暑さへのケアが必要。2011年8月11日撮影。

また、暑さに身体が慣れていない**梅雨の晴れ間**や**梅雨明け直後**は重篤な熱中症になる危険が高いといわれています。気温が高くなくても湿度が高い日は要注意です。

熱中症を防ぐには、直射日光に肌を晒さず、風を送り、首や脇の下など太い血管が通っている部分を冷やすこと。のどの渇きを覚える前に水分を補給することも大切です。1998年に甲子園の暑さ対策を取材した際に**定期的な水分補給**、**移動のバスに乗る際に水分補給**など早い段階から注意をしていたのが印象的でしたが、年々暑さも厳しくなり、2018年からは開会式や試合中にも給水タイムがとられるようになりました。

炎天下の都心の道路
暑さ指数の測器近くの皇居外苑内堀通り。日陰が全くなく、人の気配もない。当初、東京五輪のマラソンコースにもなっていたが北海道に変更された。一般の人が歩くのは躊躇するほどの陽射しと照り返し。2021年7月20日撮影。

同じ気象条件でも個人の体質や体調によって熱中症のリスクは異なります。特に集団での作業や運動時は周囲に合わせるために無理をしてしまうことがあります。定期的に周りの人の顔色や口数などを確認し**具合の悪そうな人はいないか**を点検することも必要ですし、具合の悪さを感じたら早めに申告することも大切です。

熱中症は気象災害といわれると同時に、涼しいところで身体を休めていれば命まで失うことは希です。熱中症警戒アラートを参考に、無理なく過ごしてください。節電を心がけるがあまりに医療費が高くついてしまうことがあるかもしれませんし、命を危険にさらす恐れもあります。適切に冷房を使い、自宅でなくても公共の施設や商業施設など冷房が効いたところで**ひと涼み**して、暑さから身を守りましょう。

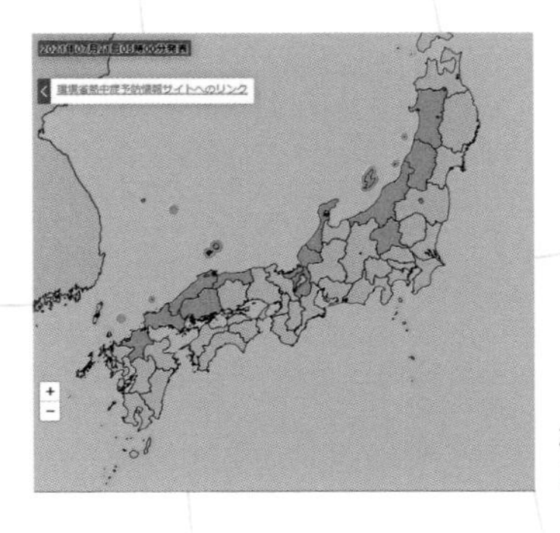

2021年7月21日5時発表の熱中症警戒アラート
日本海側で多く警戒が呼びかけられている。

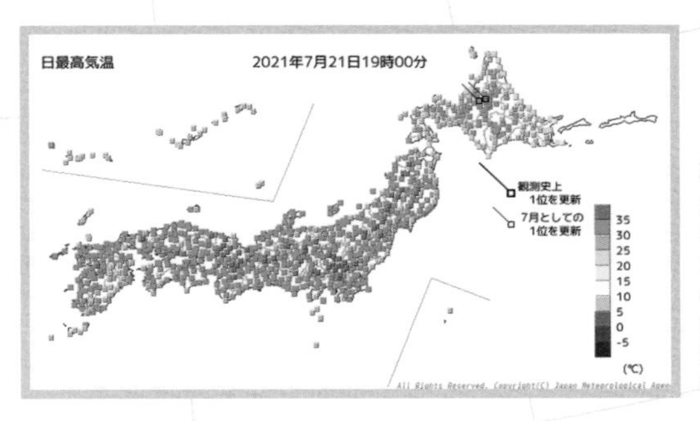

2021年7月21日の最高気温
山梨の勝沼で37.7度まで上がるなど66地点で猛暑日。気温だけでなく、湿度なども考慮されて熱中症警戒アラートは出されている。無理をせず、涼しいところで休むことが大切。

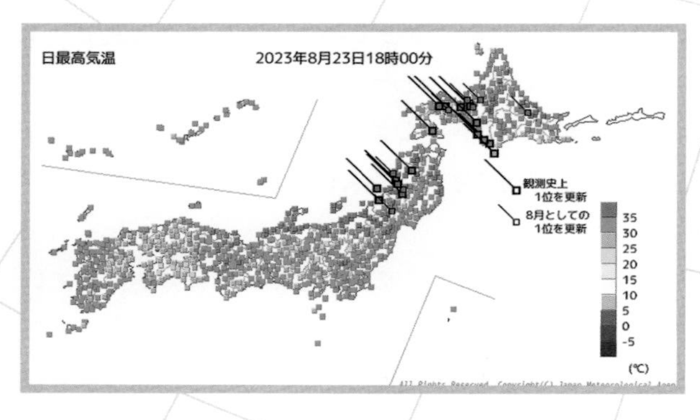

2023年８月23日の最高気温

東北や北海道で統計史上最高を記録。札幌は1876年からの統計史上１位となる36.3度、秋田は1882年からの統計史上１位となる38.5度を観測した。140年以上で経験したことのない暑さとなった。また、稚内・苫小牧・室蘭では統計史上初めての熱帯夜（最低気温25度以上）となった。

熱中症警戒アラート発表中：石狩・空知・後志

2023年8月23日(水)　8月23日

時	暑さ指数(℃)	気温(℃)	黒球温度(℃)
1	25.4	27.1	25.8
2	25.3	27.1	25.9
3	25.3	26.8	25.8
4	24.9	26.5	25.4
5	24.6	26.2	25.4
6	25.2	26.6	27.4
7	27.5	28.0	36.6
8	29.3	30.4	40.4
9	30.2	32.2	42.7
10	31.1	33.2	45.4
11	32.2	34.0	46.9
12	33.3	35.0	51.3
13	31.2	34.8	42.3
14	32.8	36.0	49.5
15	32.1	35.1	45.5
16	31.0	34.1	42.6
17	28.6	31.5	33.1
18	27.6	31.0	30.4
19	26.8	30.1	28.8
20	---	---	---
21	---	---	---
22	---	---	---
23	---	---	---
24	---	---	---

(赤)危険　:31～
(橙)厳重警戒:28~31
(黄)警戒　:25~28
(水)注意　:21~25
(青)ほぼ安全:~21

2023年８月23日の札幌の暑さ指数

20時に確認したので19時までの表示。気象庁の熱中症警戒アラートの画面から環境省熱中症予防情報サイトへのリンクがある。札幌の14時の気温は36度で暑さ指数は32.8。暑さ指数には輻射熱などの要素が含まれていて31以上で「危険な暑さ」。気温より数字が低くても31以上で運動は原則中止。

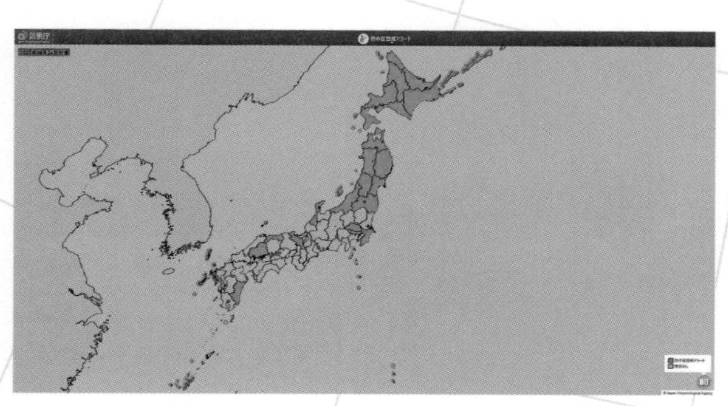

2023年８月24日の熱中症警戒アラート

前日から気温の高い状態が続いていたこの日は2021年の導入以来、初めて東北北海道の全域に発表された（釧路・根室地方と宗谷地方で初）。すでに夏休みが終わっている地域もあったが、北海道教育委員会によると、道内の小中学校など94校で休校、318校が下校時間を繰り上げたと報道された。

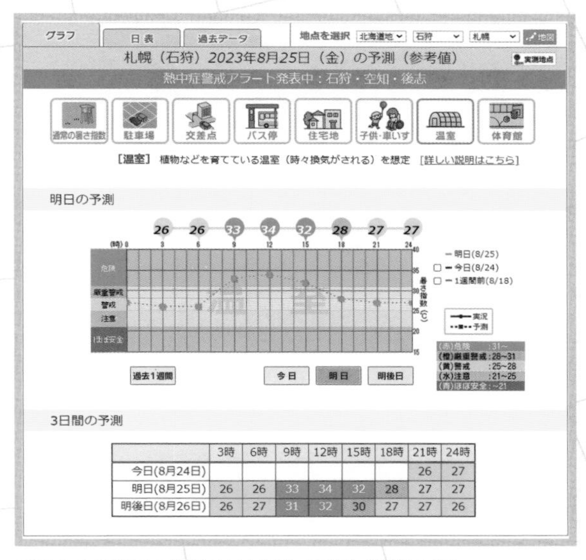

	3時	6時	9時	12時	15時	18時	21時	24時
今日(8月24日)							26	27
明日(8月25日)	26	26	33	34	32	28	27	27
明後日(8月26日)	26	27	31	32	30	27	27	26

2023年8月25日の札幌の暑さ指数の予測（温室の例）

通常の観測下だけでなく、エアコンなどの空調設備がない学校の体育館・住宅が密集した風通しの悪い場所・地表面に近い高さ50cmを想定した子供や車いすなど個別の想定での暑さ指数を表示している。図の例は時々換気がされる温室。翌日の正午は34と予想されているので作業は危険。できれば作業を中止するか、早朝や夜などに注意しながら行いたいところ。

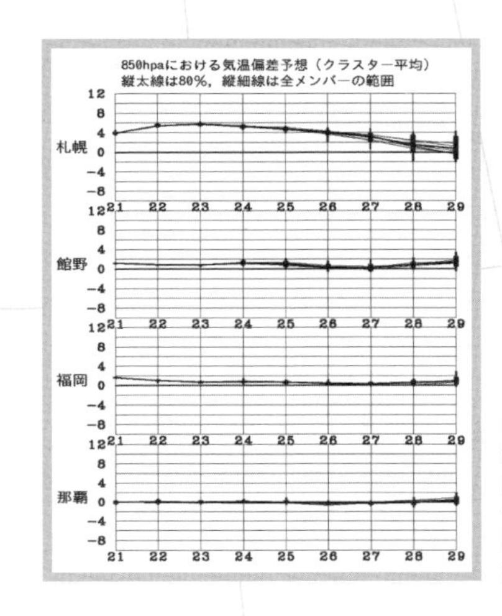

上空1500m付近の上空の気温予想

2023年8月23日の前後は北海道上空が平年より6度近く高いと予想されていた。陽射しや風の影響で平年を大きく上回る暑さに注意が呼びかけられていた。実際に8月23日は旭川や札幌で35度を超えるなど、北海道は平年を10度前後上回るこれまでにない暑さに。

⑨ 週間予報の信頼度

「水曜日が外れても土曜日の予報は自信あり」の根拠

味方につけるとかなりのお得

気象予報士になりたての頃、先輩予報士に「昔は牡蠣を食べるときに『気象台』とか『天気予報』って唱えるといいと言われていたんだよ。その心は……『当たらない』から。」という新人が笑っていいのか迷う話を教わったことがありました。

しかし、最近は**天気予報、当たるわね**という声も多く聞くようになってきました。実際に気象庁の天気予報の精度検証結果によると、東京地方の翌日の降水の有無の的中率は1990年ごろの80％台前半から、2020年ごろには80％台後半まで上がっています。最高気温の誤差は2度超だったのが1.5度近くまで狭まっている傾向です（年によって精度の違いはあります）。

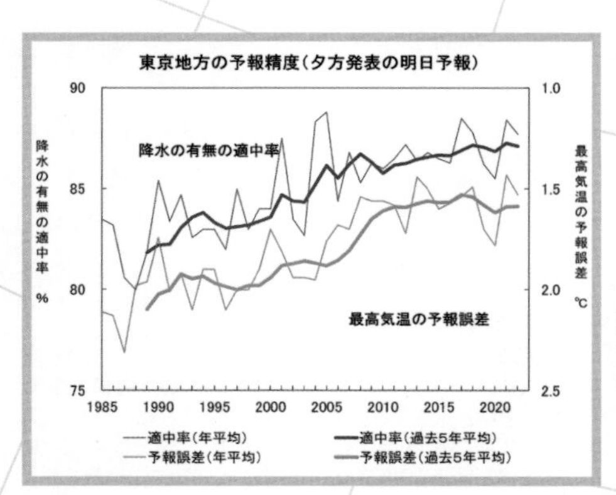

東京地方の予報精度（1985年以降）
東京地方における夕方発表の「明日予報」での、降水の有無の的中率と最高気温の予報誤差は年によって高い低いはあるが、精度は高くなっていることがわかる。

私自身、気象予報士になる前は**どうせ先々の予報は当たらない**と週間予報はあまり信用していませんでした。例えば、次の土曜日は運動会！週間予報では晴れ！と楽しみにしていたら、前日や当日に雨の予報に変わってしまった……などという残念な経験をお持ちの方も多いかと思います。

この残念さを少しでも回避できる術が**週間予報の信頼度**です。

たいていテレビやインターネットサイトの週間予報では、日付と地点、天気と気温が表示されますが、気象庁のウェブサイトの週間予報にはA・B・Cのアルファベット欄もあります。これが「信頼度」です。

気象庁では2008年3月26日から**降水の有無の精度も含めた予報の確からしさ**を3段階で表示し始めました。ランク分けは、晴れや雨といった天気を決める気圧配置がどれだけ正確に予想されているかによります。

Aランクなら時間が経っても予報は変わらない、Cランクだと前日に変わる可能性がある……というイメージです。この信頼度、味方につけるとかなりのお得です。

6月25日17時　埼玉県の週間天気予報

日付		26 火	27 水	28 木	29 金	30 土	1 日	2 月
埼玉県 府県天気予報へ		曇時々晴	晴時々曇	晴時々曇	曇時々晴	曇	曇時々晴	晴時々曇
降水確率(%)		10/10/0/10	20	20	20	30	30	30
信頼度		／	／	A	A	B	B	C
熊谷	最高(℃)	33	34 (31～36)	36 (33～39)	35 (31～37)	33 (31～35)	33 (30～36)	33 (29～37)
	最低(℃)	21	22 (20～23)	23 (21～24)	22 (20～24)	22 (20～24)	22 (21～25)	23 (20～25)

平年値	降水量の合計	最高最低気温	
		最低気温	最高気温
熊谷	平年並 18 - 48mm	19.6 ℃	27.3 ℃

2018年6月25日の熊谷の週間予報

この年は史上最も早く6月29日に梅雨明けの発表があった（関東甲信地方）。週間予報でも6月29日にかけて晴天が続き、予想最高気温は35度前後。気温の幅を見ると28日は39度の可能性もある。梅雨のうちに39度の予想は危険。週間予報の信頼度もAランクなので急に予報が変わり雨で気温が低くなるようなことはなさそう。（気象庁ウェブサイトより一部加筆。）

8月17日5時　京都府の週間天気予報

日付		17 月	18 火	19 水	20 木	21 金	22 土	23 日
京都府 府県天気予報へ		晴時々曇	晴時々曇	晴時々曇	晴時々曇	晴時々曇	曇時々晴	曇時々晴
降水確率(%)		−/0/10/0	10/10/10/0	10	20	20	30	30
信頼度		／	／	A	A	A	C	B
京都	最高(℃)	39	36	38 (36〜40)	39 (37〜41)	37 (35〜40)	34 (31〜36)	34 (30〜36)
	最低(℃)	／	26	25 (24〜26)	26 (24〜27)	26 (25〜28)	26 (24〜27)	25 (24〜27)

平年値	降水量の合計	最高最低気温	
		最低気温	最高気温
京都	平年並 4−31mm	24.2℃	33.2℃

2020年8月17日発表の京都の週間予報

信頼度はAが並んでいるが、天気ではなく気温に注目。2020年8月の京都の平均気温は30.5度で1880年からの統計史上「最も暑い1か月」となった。8月半ばまでもすでに暑かったが、8月17日月曜日からの1週間は、39度で始まり、週後半は高ければ連日40度台になる恐れがあった。この時期の最高気温の平年値は33度くらいで、熱中症に厳重な警戒が呼びかけられた。実際に月曜38.7度、火曜36.3度、水曜38.3度、木曜38.6度、金曜38.8度を観測した。

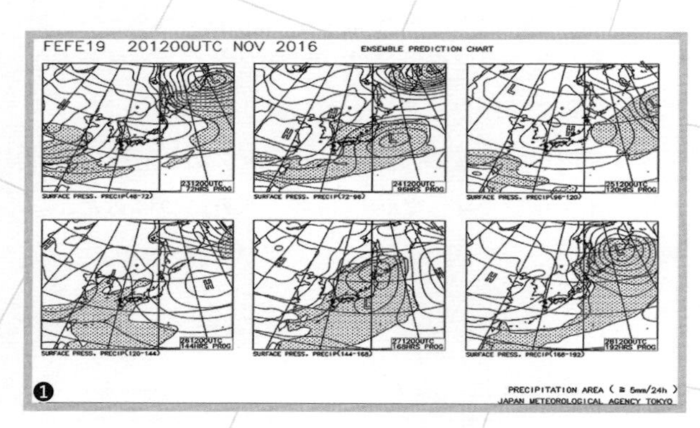

週間予報の元となる資料

6日間の地上の気圧配置が計算されている。この期間は低気圧が次々と日本付近を通過する予想。低気圧の移動速度や通るコースによって、雨の降るタイミングや降る量、雲のかかり方や回復の仕方が変わってくる。

11月21日17時　東京都の週間天気予報

日付		22 火	23 水	24 木	25 金	26 土	27 日	28 月
東京地方 府県天気予報へ		曇一時雨	曇のち一時雨	曇時々 雨か雪	晴時々曇	曇時々晴	曇一時雨	晴時々曇
降水確率(%)		60/20/10/20	50	80	20	20	60	20
信頼度		／	／	B	B	A	C	B
東京 ❷	最高(℃)	19	14 (9〜15)	7 (5〜8)	12 (10〜14)	13 (10〜15)	16 (13〜19)	15 (11〜19)
	最低(℃)	9	6 (5〜8)	3 (2〜5)	4 (2〜5)	5 (3〜6)	8 (6〜10)	9 (7〜11)

2016年11月21日夕方の週間予報

すでに❶の段階よりも23日が早く天気が崩れる予報になっている。24日は低気圧の通るコースによって降水時間や降水量が変わるものの、晴れはしない傾向でB。さらに気温によっては雪の可能性も。低い場合は最高気温が5度どまりということも（雪の予報が出ていたら、直前にもっと低くなることもあるので要チェック）。26日は前日からの高気圧圏内で雨はないと自信ありのA。27日は低気圧が日本海と太平洋に予想され、どちらがの影響を受けるかで気温も不確定（28日の気温も幅が大きい）。

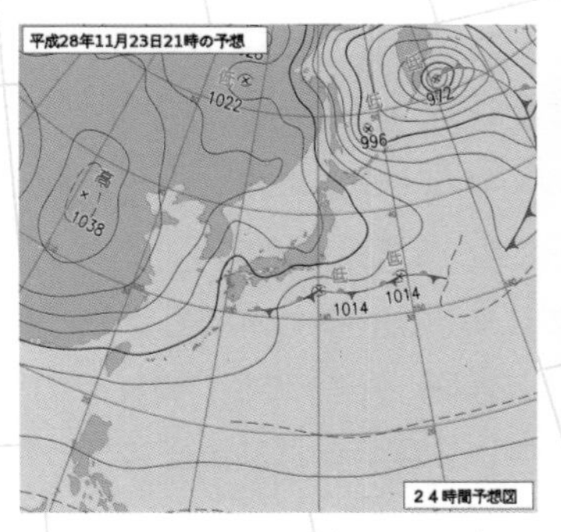

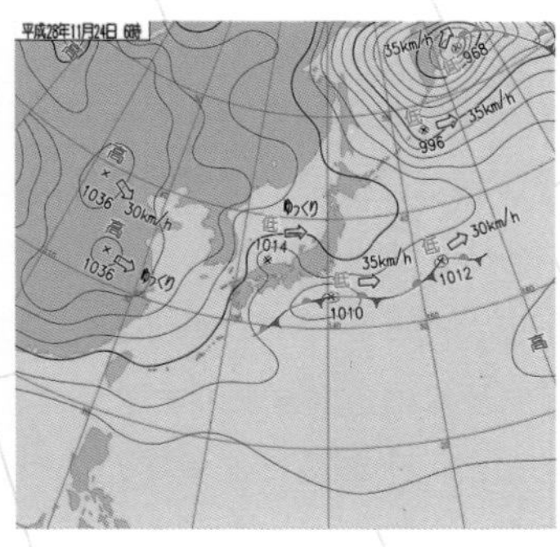

2016年11月23日夜の予想図と24日朝の天気図

❶の上段左の23日は高気圧圏内で晴れのち曇り、中央の24日はいわゆる「南岸低気圧」の気圧配置が予想されていたが、当初の予想より早めに天気が崩れた。23日夜に低気圧が発生して、24日は低気圧が2つ連なって通過。先頭の低気圧が寒気を引き込み、次の低気圧で雪が降るかも……11月の雪の可能性は大きく報道された。

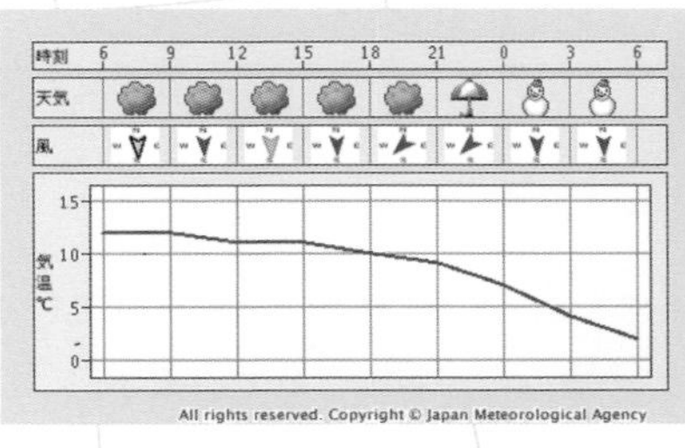

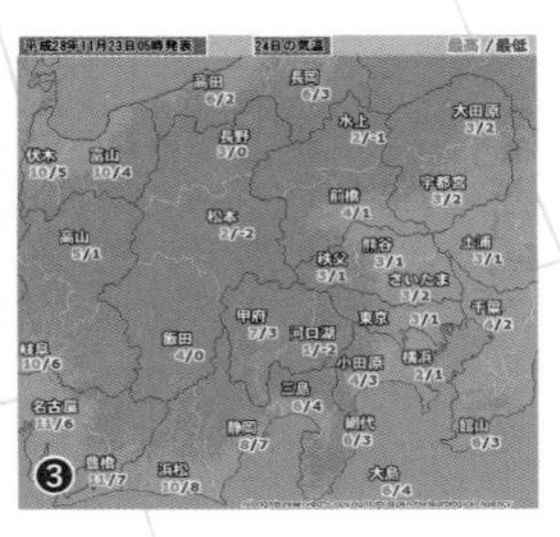

2016年11月23日の東京の時系列予報と24日の予想気温

北海道上空に11月として記録的な寒気が流れ込んでいて（根室中標津空港で−17.4度）、関東の南の低気圧がこの寒気を引き込むと、雨が雪に変わる予想。さらに積雪の恐れが出てきた。11月に東京の予想最高気温3度はなかなか無いし（❸）、❷の週間予報で予想されていた気温の幅より低くなった。

2016年11月24日ラジオスタジオから見た代々木公園

都心は6時15分にミゾレを観測、54年ぶりの「11月の初雪」。さらに11時には積雪状態となり、1cmには満たないが、史上唯一「11月の積雪」の記録に。熊谷は12年ぶりに早い初雪で11月として66年ぶりの積雪、宇都宮は4cm積もり11月唯一の1cm以上の積雪に。

週間予報の信頼度を味方につける２つのポイント

1.「先の予報ほど当たらない」ことはない。

週間予報は日を追って精度が鈍るのではなく、当てやすい日と当てにくい日があります。予想される気圧配置によって天気が決まりますから、絶対に低気圧が来ると予想される日や絶対に高気圧に覆われると予想される日は、天気予報に自信があります。難しいのはその移り変わりの日です。

たとえば、水曜日に低気圧が近づいて、金曜日には高気圧に覆われる場合、水曜は「雨」、金曜は「晴れ」、木曜が「移り変わり」になります。木曜は雨雲が通過するのが早ければ晴れ、遅ければ雨の可能性があります。

こういうときの3日間の信頼度はA・C・Aとなることがあります。

木曜の予報が外れたら金曜の予報も外れる……というわけではなく、金曜は安心して大丈夫というメッセージがAに込められています。晴れマークや曇りマークが並んでいても、ランクが異なっていれば天気が変わるかも……と用心することもできます。

2.「服装選び」の幅がわかる

週間予報にはABCの他に、気温にも当たりやすさが込められています。最高・最低気温の下に（カッコ）で予想の幅が表示されています。

例えば、晴れて最高気温が25度の日でも、実は「(21～29)」とあって、快適な21度の場合もあるし、暑すぎる29度の場合もあるということを含んでいます。雨で17度の日でも「(14～20)」とあれば、上着が必要な14度から、濡れても寒くはないくらいの20度の可能性があるということです。「運動会の天気が知りたい！」「旅先の服装はどうしたらいいんだろう？」という時は、この信頼度を参考にすると、これまでよりも安心して準備を進めることができるでしょう。

週間予報といえば１週間分の天気予報でしたが、ゴールデンウィーク期間は特別に１週間を超える予報を気象庁が事前に報道機関に発表していました。ところが、2012年３月からは民間の気象会社が10日先の天気予報や信頼度を発表できるようになり、さらに2019年６月19日からは気象庁が２週

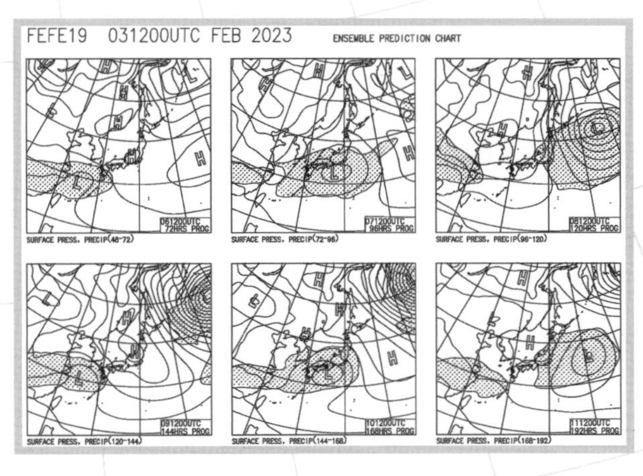

2023年2月3日の週間予報のモトの資料

2月7日と10日に南岸低気圧が通り、短い周期で天気が変わる予想。2月5日あたりの見通しでは、7日の低気圧は陸地から離れた所を通り、10日の低気圧は陸地に近い所を通る予想で、10日の雨か雪に注目が集まった。

東京都の天気予報（7日先まで）

2023年02月04日17時 気象庁 発表

日付		今夜 04日(土)	明日 05日(日)	明後日 06日(月)	07日(火)	08日(水)	09日(木)	10日(金)	11日(土)
東京地方		晴時々曇	晴後曇	晴時々曇	曇後一時雨	曇後晴	晴時々曇	曇一時雨か雪	曇一時雨
降水確率(%)		-/-/-/10	0/0/10/10	10	60	30	20	50	50
信頼度		-	-	-	B	A	A	C	C
東京 気温 (℃)	最高	-	10	13 (12〜15)	10 (8〜15)	14 (12〜16)	10 (8〜12)	4 (3〜10)	12 (9〜17)
	最低	-	3	2 (1〜4)	3 (2〜4)	4 (1〜5)	2 (0〜4)	1 (-1〜3)	1 (-3〜5)

2023年2月4日の東京の週間予報

低気圧が2回通り、火曜と金曜に雨マーク。火曜と金曜は気温差が大きく、金曜は雪の可能性も。

東京都の天気予報（7日先まで）

2023年02月09日17時 気象庁 発表

日付		今夜 09日(木)	明日 10日(金)	明後日 11日(土)	12日(日)	13日(月)	14日(火)	15日(水)	16日(木)
東京地方		晴後曇	曇後雪か雨	曇時々晴	晴時々曇	曇一時雨	曇時々晴	晴時々曇	晴時々曇
降水確率(%)		-/-/-/0	10/50/80/80	30	20	50	30	20	10
信頼度		-	-	-	A	C	C	A	A
東京 気温 (℃)	最高	-	4	13 (11〜15)	13 (11〜15)	13 (10〜17)	10 (8〜13)	8 (5〜10)	8 (6〜10)
	最低	-	2	1 (-1〜3)	3 (2〜5)	6 (3〜8)	3 (0〜5)	0 (-3〜2)	-1 (-3〜1)

2023年2月9日の東京の週間予報

火曜日の低気圧は陸地から離れた所を通ったため、昼間は日差しもあって気温が高かった。金曜日の雨は水曜から「大雪に関する情報」が出されるなど、雪の可能性が引き続き高く、前日発表の予報でも最高気温4度で「雪か雨」。雪の確率が高い。翌週の雨は不確定で、半ばの冷え込みに注意。

間気温予想の発表をスタートさせるなど、先々の天気や気温を知ることができるようになりました。なお、気象庁では2週間のうちに極端な高温や低温、冬季の日本海側で大雪が予想されるときには「早期天候情報」として注意を呼び掛けることがあります（別項参照）。

⑩ 早期天候情報

「少し先の厳しい暑さ寒さを予想、日本海側では大雪の備えも」

服装選びのタイミングにも

気象庁は2019年6月19日に2週間予報を開始した際、「熱中症や急激な気温の変化への事前準備に活用できるほか、農業分野における作業計画への活用や高温や低温による被害を軽減するための早めの対策など、経済活動において事業運営に活用できると期待。旅行やイベントの準備、季節用品の入れ替えのタイミングなどに利用することができる。」と解説しました。その中で、特に注意が必要な地域を示すのが**早期天候情報**です。

2008年3月21日に運用が始まった時は**異常天候早期警戒情報**という名称でした。

2007年に試行運用をしたところ、農業分野の協力機関からは、水稲の冷害が最も懸念される時期に早めに情報を入手することで、対策の周知徹底を図ることができたなどの評価があったそうです。

早期天候情報は、その時期としては10年に1度程度しか起きないような著しい高温や低温、降雪量（冬季の日本海側）となる可能性がいつもより高まっているときに、6日前までに注意を呼びかける情報で、原則月曜と木曜の午後に発表されます。

気象予報士は毎日更新される、上空1500m付近の気温予想（平年値との差）などの資料を見て、「この先、強い寒気が来て低温や大雪に注意が必要になる」などと注意を呼びかけますが、一般の人も資料を読まずに注意が必要かどうかが一目でわかります。**地方ごとに赤と青の配色で発表**され、特出することが無ければ「なし」と表示されます。

例えば春先に高温が予想されたら早めに薄手の服を用意しよう、真夏にさらに高温が予想されたら外出や運動の計画を減らす検討を、晩秋に低温が予想されたら早めに厚手の上着を用意したり冬用タイヤへの切り替えを検討したり、真冬に低温が予想されたら暖房の燃料を多めに確保……などと活用できます。寒さや雪を待っている時期の高温予想や、夏の低温など農作物や

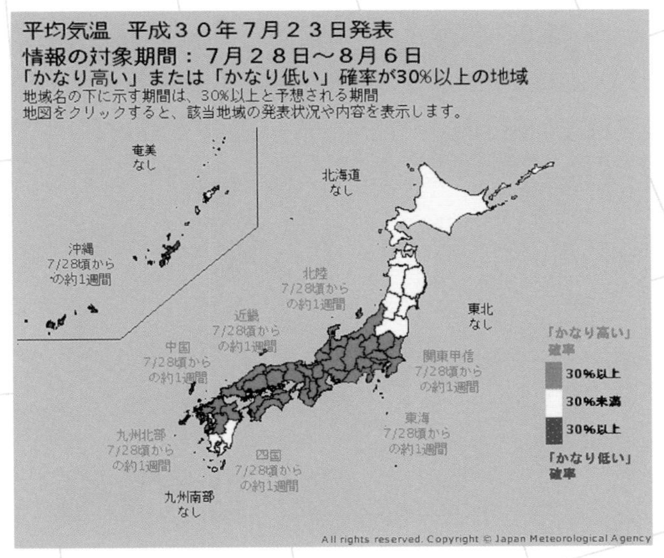

2018年7月23日発表の早期天候情報

関東甲信で6月中に梅雨が明け、7月初めに発生した西日本豪雨をはじめとする「平成30年7月豪雨」の爪痕が残る2018年7月23日、「この先もまだ暑い」という情報が発表された。平年値で見ても、年間で最も暑さが厳しい頃だが、その平年値よりもかなり高いと予想されたことで被災地での生活や復旧活動中の熱中症への厳重な警戒が呼びかけられた。

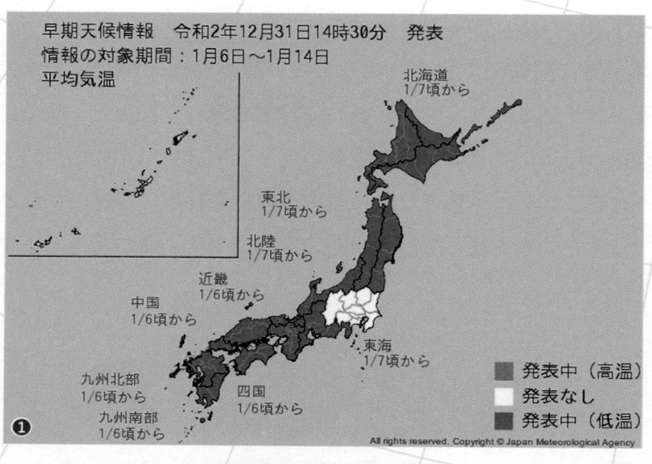

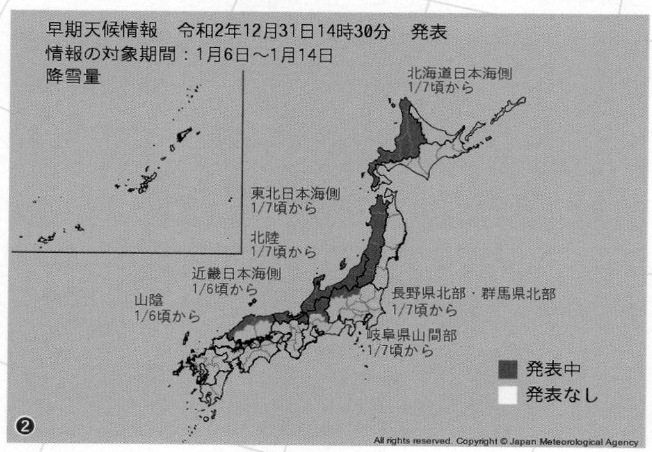

2020年12月31日発表の早期天候情報

広い範囲で1月7日ごろから1週間程度は平年よりかなり気温が低くなり（❶）、本州や北海道の日本海側では平年よりかなり多くの雪が降る予想（❷）が発表された。区分は関東甲信や東海になる長野県・群馬県の北部や岐阜県の山間部に対しても大雪への注意が呼びかけられた。

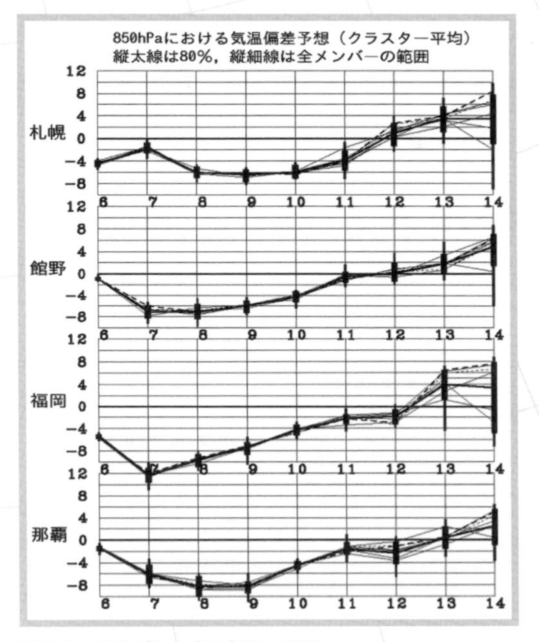

2021年1月半ばの上空の気温の予想

❶と❷で12月31日に「年明け1月7日ごろからの寒さや大雪」への備えが呼びかけられたように、1月5日の予想によると1月7日ごろを中心に上空に強い寒気が流れ込む傾向がほぼ固まった。実際に強い寒気によって北陸では立ち往生が相次ぐなどの大雪に見舞われた（p.88参照）。12月31日の段階で知ることが出来たら、移動のルートの検討や燃料やスケジュールの調整等にも役立てることがあるかもしれない。先々の傾向を把握しておくと、直近の週間予報や天気予報での注目点も際立つ。

行楽への影響を事前に把握して対策を講じる参考にもできます。

注意点としては**6日先からが対象**なので、目先の低温や高温は反映されません。日々の天気予報と合わせてご確認ください。

⑪ 季節予報

「長期予報はズバリではなく ぼんやり予報… でも知っておくと有利」

今年の夏は冷夏?猛暑?

天気予報の期間には大きく分けて3種類あります。

①今日・明日、②1週間から2週間ほど、③1か月以上です。

きょうあすの天気予報は**短期予報**、1か月以上のものは**長期予報・季節予報**と呼ばれ性質が異なります。短期予報は日々の天気や気温で「雨が昼過ぎから降る」「最高気温は19度」などのズバリ予報。これに対して長期予報は「冬（12〜2月）の天候は、平年値と比べて雨が多いか、寒いか」などという予報で予測方法も異なります。

まず、天気予報の基本は、空気の流れを基に雨や気温を予測することです。現在、日本だけでなく世界中で気温や風、雨量などの気象観測が行われ

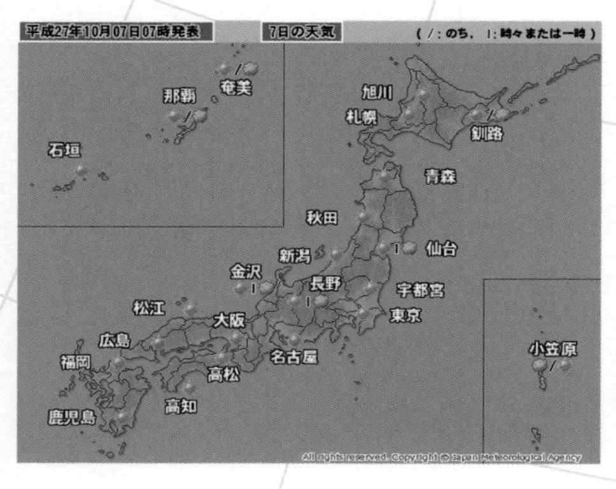

2015年10月7日の天気予報
「今日の天気は晴れ」「明日は西日本で雨」などというのが短期予報、都道府県をさらに細分して発表。

ていて、そのうち一定の時間（日本時間だと9時と21時）の観測データから、将来の空気の状態を**スーパーコンピューターで計算**しています。朝9時の実況を基に、夜9時→翌朝9時……と、空気の状態がどう変化するかが導かれるのです。

ただ、これには誤差がつきまといます。世界中でまんべんなく気象観測が行われているわけではないのでデータが不十分だったり、計算上の地域よりも狭い範囲で起こる事象もあったりするからです。日々の短期的な予報の範囲なら精度が良くても、時間が経つほど誤差が大きくなります。

そこで、季節予報ではいわば**多数決システム**をとっています。生じるで

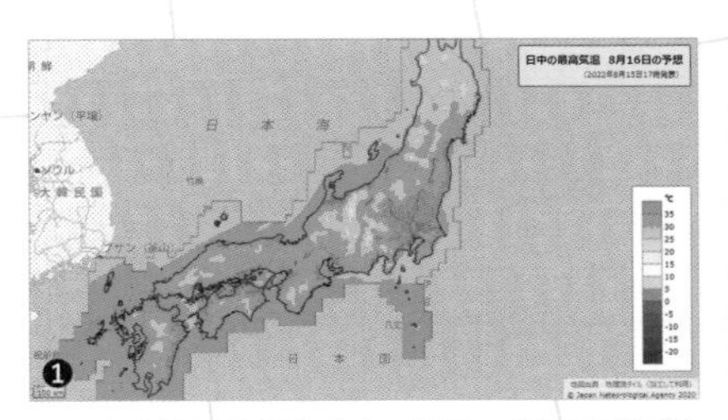

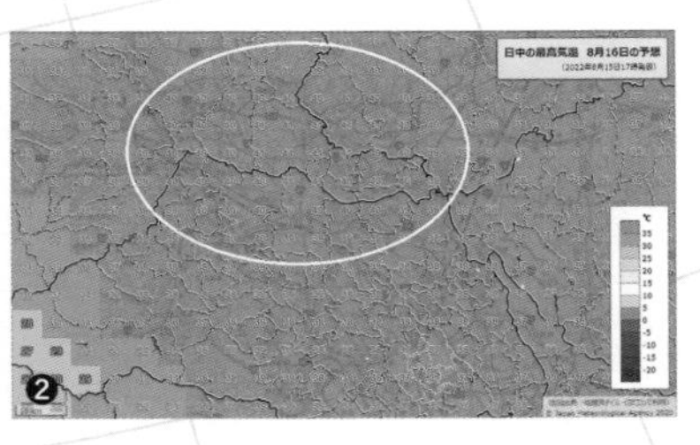

2022年8月15日17時発表の明日の予想最高気温
地点ごとではなく、メッシュ状で天気や気温の予想を発表（❶）。東北南部から九州にかけて35度以上の猛暑日のエリアがあり、拡大すると群馬県から埼玉県付近には40度以上のエリアがある（❷）。短期予報はすぐに答え合わせが出来る。

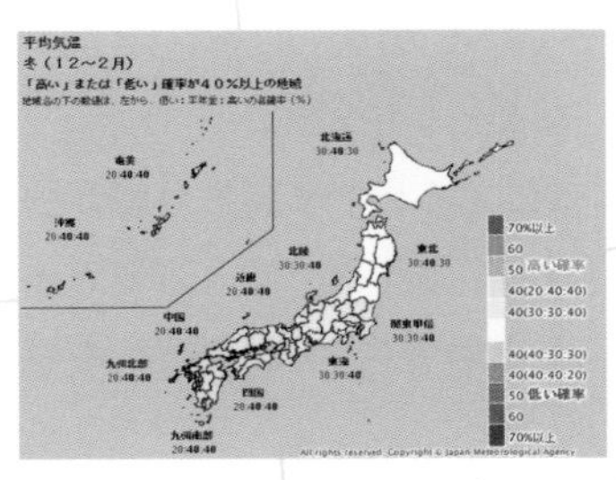

季節予報2015年冬の気温の予想と2015年冬の平均気温のまとめ
2014年12月から翌2月までの3か月（気象の区分で「冬」）の平均気温は西日本や沖縄奄美で高い傾向が予想されたが、2015年3月2日に発表された「冬の天候」によると、東・西日本と沖縄奄美は寒冬だった。「3か月の平均気温が平年と比べて高いか低いか」という予想は期間が終わってみないと結果がわからない。この冬の予報は外れてしまった。

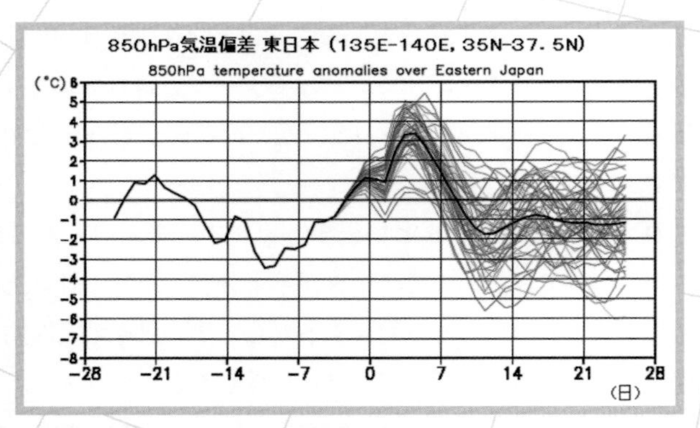

1か月予報におけるアンサンブル予報の例

地上約1,500mの気温の平年差の予測。気温は7日間の移動平均なので、初期日から6日目までを平均した予測結果が3日目に示してある。初期値にわずかなバラツキを与えただけで50のメンバーが異なる予測結果を示している。黒の実線が50のメンバーの平均で、期間の後半の方が平均からのばらつきも大きい。

あろう誤差を逆手にとって、色々な誤差の可能性から**平均的な答え**を導き出すのです。ある日の空気の状態を基にあらかじめ50もしくは51パターンの誤差を生じさせ、それぞれの計算結果を導きます。

この50もしくは51パターンを、気象庁では**メンバー**と呼んでいて、同じ答えを出すメンバーが多いか、バラバラかをみるのです。例えば、1月はほとんどのメンバーが「2度くらい高い」といっているのに、2月は「2度高い」から「3度低い」までばらつきがある……などとなります。

その振れ幅の平均をとったものを発表の目安にするのです。振れ幅が狭ければより信頼度の高い長期予報を発表できますが、振れ幅が広くなると予測が難しくなります。様々なシナリオが考えられる中で、平均的な傾向を選ばなければなりません。

夏の予報は、夏が終わった後に平均した結果「どうだったか？」の予想

さらに、海水温など広範囲の情報を考慮する必要もあります。長期的な天候は空気の状態だけでなく、海の様子や積雪なども関わってくるのです。

例えば、海水温と天気の関係を示す代表的な言葉**エルニーニョ**。

これは、日本からはるか遠く南米ペルー沖の海水温が平年と比べて高いということです。ペルー沖の海水温が高いと、日本に比較的近いフィリピン沖の海水温が低くなって、そこで発生する雨雲が少なくなります。その結果、日本付近の高気圧が弱まる。そうすると、夏は冷夏・冬は暖冬傾向になります。この海と空気の連鎖反応は「風が吹けば桶屋が儲かる」ではありませんが私自身も毎回解説前には確認しなければならないほど、一言では難しい仕組みです。

予報の期間も長く、必要なデータの範囲も広く、さらに計算結果の平均をとる必要があるため、発表形式がかなり漠然としています。

「平年との差」が「3つの階級（低い・並・高い）」でしか示されず、「3階級合計で100％になる確率を分配する形」で発表されます。対象地点も

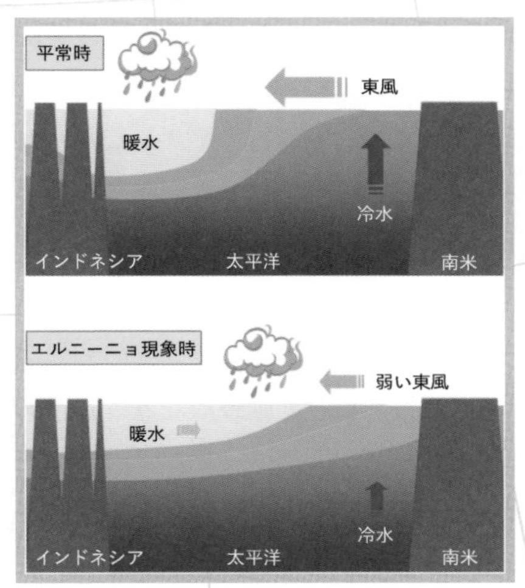

エルニーニョ現象とは

赤道付近では貿易風と呼ばれる東風が吹いていて、暖かい海水は太平洋の西側（インドネシア近海）に吹き寄せられる。一方で東側の南米ペルー沖では深いところの冷たい海水が沸き上がる。海水温が高い太平洋西部では大量の水蒸気により積乱雲が盛んに発生（上）。ところが、東風が弱くなると、ペルー沖の冷たい海水の湧き上がりも弱くなるため、平常時より海水温が高くなる。また西部でも吹き寄せられていた暖かい海水が東側へ戻るように広がる。これがエルニーニョ現象で平常時よりも積乱雲が発生しやすい海域が東へ移る（下）。

エルニーニョ現象の日本の天候への影響のQRコード

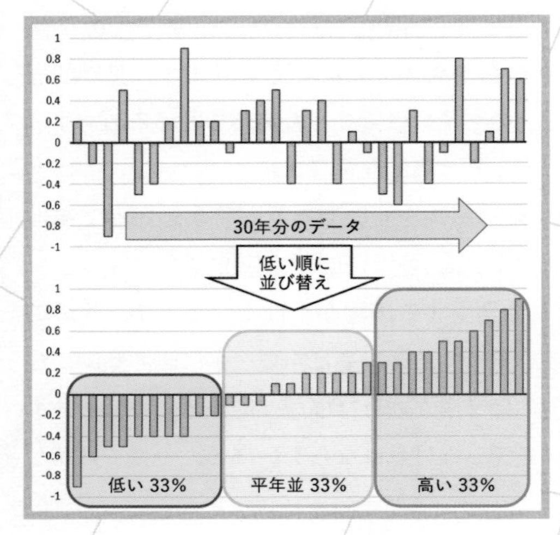

平年並の仕組み
季節予報では、1か月間や3か月間の平均的な天候（気温や降水量など）が平年よりも低く（少なく）なるのか、平年並となるのか、平年よりも高く（多く）なるのかを予報するが、この「低い（少ない）」、「平年並」、「高い（多い）」といった3つの階級は、1991年〜2020年の30年間の値のうち、11番目から20番目までの範囲を「平年並」として、それより低ければ「低い」、高ければ「高い」と定めている。「平年並」の範囲は、地方や予報対象期間ごとに異なり10年ごとに更新される。

「東京」「那覇」などではなく、狭くても「近畿」「関東甲信」、広ければ「北日本」「西日本」などです。

例えば「北日本の12月の気温は、平年より低い確率30％・平年並みの確率40％・平年より高い確率30％」という発表内容です。しかもこの「12月の気温」は**12月が終わった段階で平均した気温**です。このため、12月中にとても寒い日があったり、とても暖かい日があったりしても31日間を平均してしまえば**結果的に平年並み**になってしまうことがあるのです。なんともぼんやりした予想です。

そもそも長期予報は農業向けに利用されていました。冷害などへの備えを促すためです。近年は経済効果や一般的な関心（熱中症や節電など）も高まっていることから、報道でも取り上げられることが多くなり、その分「冷夏といったのに、暑くて当たらないじゃないか」などと話題になることがあります。

このズバリではなく漠然とした予報の中でも、**注目点**を読み取ることが出来ます。確率が偏っているか平均的かで**特に気をつけることがあるか**の有

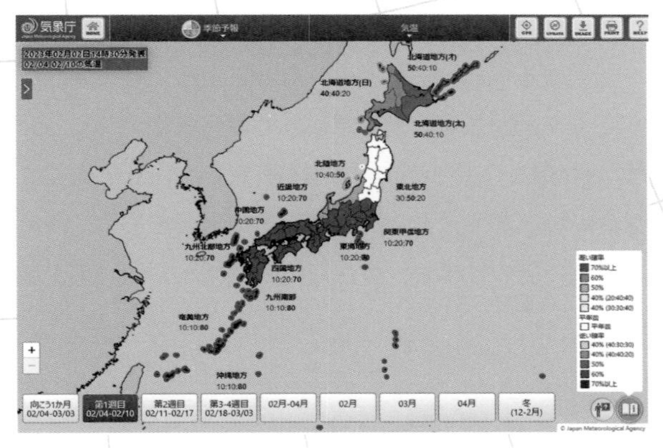

2023年2月2日発表の1か月予報

向こう1か月のうち第1週目の気温の予想。関東以西は高い確率が70～80％と高い。沖縄から九州南部にかけては「これ以上ない高い確率」で、低いと平年並みが10％ずつしかない。一方、北海道は高い確率が10～20％しかない。

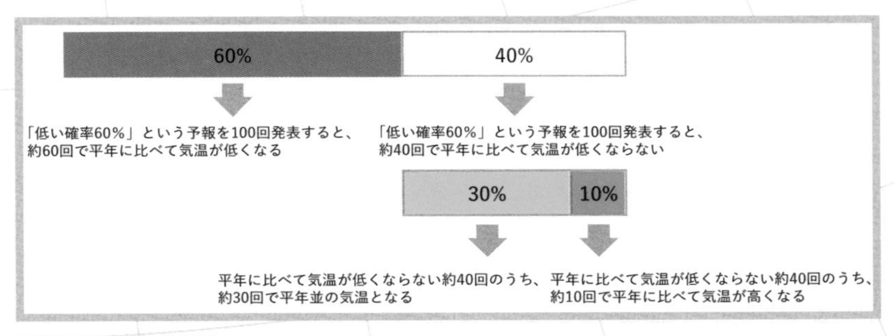

季節予報の確率的予測

3つの階級それぞれが発生する確率を示しているので、「高くなる確率は60％です」など若干まどろっこしい表現になってしまう。確率表現は「低い（少ない）」「平年並」「高い（多い）」の3階級それぞれに対して示す必要がある。

無がわかるのです。

特出すべきことがないときは、「低い・並・高い」が「30・40・30（％）」となります。どの階級も差がありません。

一方、「10・10・80（％）」となれば「明らかに平年より高くて暖冬」、「10・40・50（％）」でも「平年並みかもしれないけれど、寒冬になるよりは格段に暖冬の確率が高い」といえます。

長期予報を信じた結果、「高校野球２日順延」を目撃することに

では、この長期予報を活用するポイントを私の体験からお伝えします。

まず「この夏は気温が高くて雨が多い」と予想された場合です。

私が準備するのは①湿気対策と②夏の行楽の雨対策です。気温が高くて雨が多い＝蒸し暑いとなるので、ドラッグストアで除湿剤などを早めに多めに買っておきます。毎年恒例の夏の行事も、暑さ対策だけでなく雨対策が必

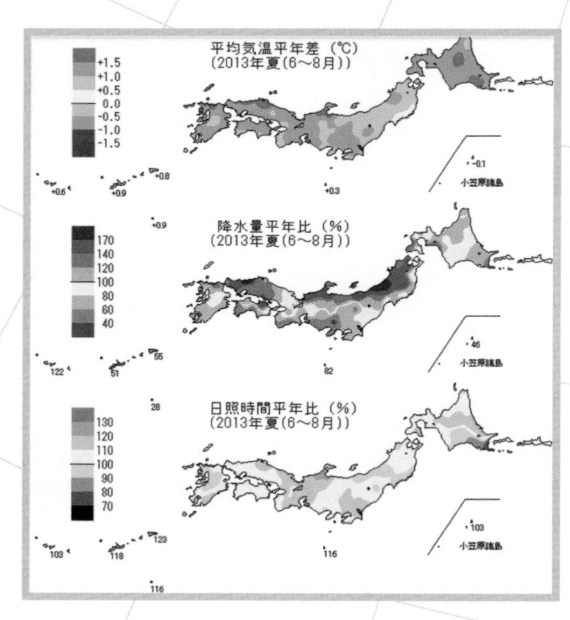

2013年夏の天候
2010年以降４年連続で全国的に「暑い夏」となり、８月12日には高知県四万十市で41度を観測。日本の最高気温の記録が塗り替えられるなど、「近年の暑さは異常」とメディアでも盛んに取り上げられていた。

晴れた日の甲子園球場
「夏の甲子園」といえば「炎天下」で暑さ対策が重要。名物のかちわり氷も日なたではあっという間にお湯になってしまう。2012年８月８日撮影

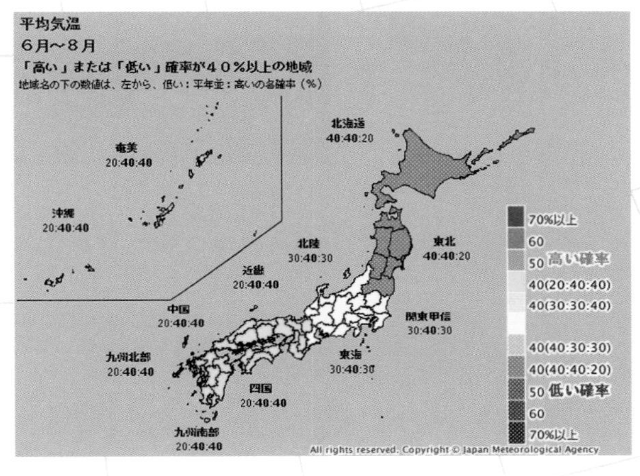

2014年夏の予想
4年続いた猛暑から、「北日本で冷夏」になる予測が発表された。関東は平年並みの予想だったが、「暑さに注意」だけの夏にはならないかもしれない……と大雨や湿気などへの備えも検討した。

要になるかもしれないと考慮します。

私は高校野球を甲子園に見に行くのが毎夏の楽しみで、春に日程が発表された時点でホテルを予約し、前後の日は近畿観光の計画を立てています。そんな中、2014年の夏はそれまで4年連続「西～北日本は猛暑」だったのが「北日本で冷夏」という予想が出ました。

そこで「これは毎年猛暑対策しかしなかったけれど、もしかしたら雨が降るかもしれない」と見越して1日順延になっても翌日に観戦できるように2泊同じ梅田のホテルを予約しました（たいてい1泊は梅田、もう1泊は京都など）。

実際に2014年は台風が来て開会式が順延。まさかの予想が当たりました。ところが私の予想を上回り、翌日も順延になってしまったのです。開会式の2日順延は大会史上初めてのことで「想定外」とはこのとこだな、と土砂降りの甲子園にチケットの払い戻しに行きました。2014年の夏は4年連続の暑い夏が途切れ、**平成26年8月豪雨**が発生しました。甲子園が順延になった日、三重県に大雨の特別警報が発表され、翌週末も前線の影響で京都を中心に災害が発生、8月20日には広島の土砂災害が発生しました。

2014年8月9日の甲子園

台風11号の接近等により、甲子園球場は朝から激しい雨（左）。２日順延が決定し、入場券売り場には「本日・明日中止」の表示（上）。開会式の中止は1960年の第42回大会以来54年ぶり３度目、開幕から２日続いて全試合中止となるのは初めてだった。

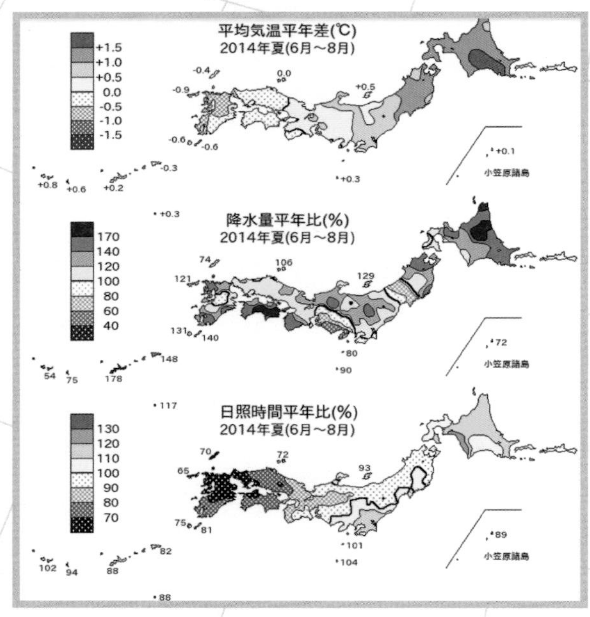

2014年夏の天候

2014年９月１日に発表された「夏の天候」によると、西日本は2003年以来11年ぶりの冷夏で日照時間もかなり少なかった。特に西日本太平洋側では1946年の統計開始以来、８月の月間日照時間の少ない記録と月降水量の多い記録を更新。一方、北・東日本では、日本の東海上の高気圧が強く、南から暖かい空気が流れ込んだため５年連続の「暑い夏」に。７月30日からの「平成26年８月豪雨」の影響などで、降水量が多くなった地域が多い。

2021年や2022年の８月も台風ではなく前線停滞による長雨で各地で災害が発生しました。「連日のように晴れて暑い」という備えだけではなく「前線停滞や次々に来る台風による大雨への備えも必要」な夏も度々現れています。

長期予報の担当者は、例えば8月半ばに日本付近に台風が来るかも？　などと推測ができます。８月半ばの降水量が平年より多く予測されていることなどで導きます。しかし、台風がどこに上陸するか？　８月何日に上陸するか？　あるいは上陸しないか？　という具体的な予測は担当外です。夏の大まかな傾向が「気温が低くて雨が多い」と予想されたら「いつもとは違う夏かも」と備えるヒントにはなります。

冬の場合は寒さや雪への備え、春や秋は「早く夏が来る（暑くなる)、早く冬が来る（寒くなる)」「なかなか春が来ない（低温)、冬の訪れが遅い(高温)」などの目安になります。

先ほどの例は行楽面でしたが、防災面でも「氾濫したことがある川の近くに住んでいるので用心しておいた方がいい」とか「大雪で除雪が困難になる可能性があるから人員を多めに確保しておこう」などの心構えが出来ます。

ただ、あくまでも「予想対象期間が終わってから平均して、平年と比べて」なので、日々の変化は大きいです。暖冬といってもとても寒い日がしばらく続いたり、冷夏予想だった分、数日程度の猛暑で熱中症搬送者が多発したりということもあります。

一か月予報は毎週木曜日の午後に発表されます。

それと併せて、月曜と木曜の午後に更新される「早期天候情報」も参考に、中長期の傾向を掴んで先々の天候へのリスクヘッジをすることをお勧めします。

⑫ いざという時のラジオ

耳からの情報で 心強くなるか心細くなるか?

目や手を動かしながら
スムースに情報を得る

災害時の非常持ち出し品に必ず**ラジオ**が含まれていますが、実際にラジオを聴く習慣のある人は、テレビやインターネットと比べると多くはありません。そんな中、いざ停電時に改めてラジオを聴くと、**情報量の少なさ**で不安になったり、自分で情報をとれないもどかしさが募ったりすると聞きます。

テレビやインターネットなら、全国の天気予報の画面一枚で、「私は東京」「私は大阪」と人によって注目点を変え、「日本海側は雨が降る」などと全体を一瞬で把握できます。多くの人が**目からの情報収集**に慣れてしまっているので、ラジオからの情報では物足りなく感じると思います。

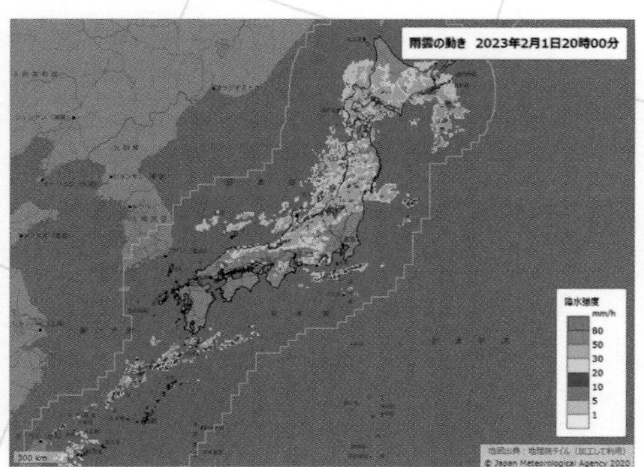

2023年2月1日の雨雲レーダー
このような画面を限られた時間内に言葉だけで表現するのがラジオの難しいところ。テレビなら「ご覧の通り」で済むこともある。優先順位を決めて、聴いている人が出来るだけ同じような図を思い描いてもらえるように言葉で描写していく。

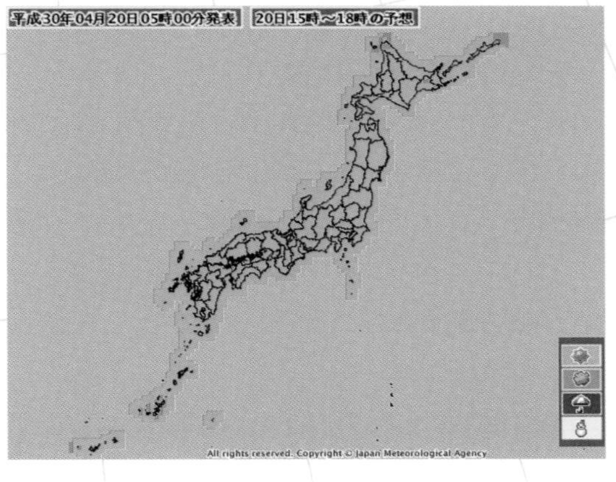

2018年4月20日の天気分布予想と予想天気図

高気圧に覆われて「全国的に晴天」という時も逆に困る。10秒で終わらせることもできる天気を、長い時には5分間解説しなければならない。聴いている人に「長いな」と思わせずに5分間埋めるためには工夫が必要。(私もこういう日は「無駄に長いな、余計な話が多いな」と思われているはず。) なお、このような「どうやっても崩れる要素が無い晴天」のことを「一円玉天気」とよぶ……と気象予報士の先輩から教わったと放送で紹介したこともある。

予報通りの快晴

2018年4月20日に撮影。全国各地から「晴れている」というメールなどが届くと安心する。ありがたい答え合わせになる。

ラジオは一つ一つ順番にしか情報が流れず、たとえ好きな音楽がかかっていても、鉄道の運行情報や気象警報が発表されたらその曲が遮られてしまいます。テレビのようにテロップを入れて番組続行とはいきません。このため、ラジオの情報量は文字や映像に比べたらかなり少なくなってしまいます。しかしその分耳から入ってくる情報は非常にシンプルで、目や手を動かしながらもスムースに得ることができます。

天気予報は単純な言葉が多い。映像をイメージしやすく、ラジオになじむ入門編

ラジオでの気象情報は、ニュースコーナーの終盤に伝えられることが多く、内容や対象地域は実に様々です。全国ネットの番組は全国が対象、ミニFM局ではその都道府県内の予報がメインです。専任の気象キャスターや予報士がいない番組では、アナウンサーやパーソナリティーが気象庁や気象会社が更新している天気概況文と天気予報を読むことが多いのです。

例えば3月某日の気象庁発表の天気予報は、

「現在、関東甲信地方は全般に晴れています。きょうは高気圧の中心が日本付近から次第に遠ざかりますが、東日本は引き続きその圏内となるでしょう。上空の気圧の谷が午後には東日本に接近する見込みです。このため、関東甲信地方はおおむね晴れますが、午後は雲が次第に厚くなり、夜には曇るでしょう。

【東京地方】きょうは朝晩曇るでしょう。予想最高気温18度。あすは曇り時々晴れとなるでしょう。」

となっています。

このような内容を耳だけで聞き取る場合、具体的な天気や気温以外の概況文を聴くコツがあります。

「低気圧が発達」→風が強くなる、「大気の状態が不安定」→天気の急変で雷雨あるかも、「冬型」→日本海側と太平洋側で天気が分かれる、「前線が停滞」「高気圧の圏内」→しばらく天気が変わらない、という程度をおさえておけば十分だと思います。

まず、ラジオをつけてみましょう。ラジオを持っていない人はパソコンやスマートフォンのアプリからでも利用できます。それぞれの局によって多少異なりますが、朝の番組はニュース・スポーツ・経済情報・天気予報がコンパクトにまとまっています。その中で、伝え手は**ラジオならでは**にこだわって情報を発信しています。

たとえば、私が早朝に全国の気象情報を伝える場合、**テレビを見たのと**

2023年2月5日の月
放送では「東京では月が見える」と伝えると、各地から「見える」「見えない」などの反応が届く。全国的に晴れていると、皆で同じ月を見ている一体感も生まれる。月が見えることで天気予報が当たっているか外れているか、聴いている人も全国の天気実況が想像できる。

同じかそれ以上に得をしてもらおうと心がけて構成をしています。新聞の「見出し」「内容」「コラム欄」のような順番になっています。

まずは、スタジオからの眺めや実際に各地のお天気カメラを見て空の様子を実況します。そこで自分の所と同じか違うかを感じてもらい、気象情報が始まることを伝えます。

気象情報の本題はどの地域が最も注意が必要かからです。これが見出しで、次に各地の天気予報や予想気温を読み上げます。穏やかな天気の場合は季節の便りを加えます。周りで見つけた東京の春のサインから、地方の気象台に取材したものまで、なるべく偏らないように紹介しています。

ここで、ラジオの短所でもある一つ一つ順番にというのが、逆に良い点にもなるのです。九州に住んでいても強制的に北海道の情報を耳にするので、遠くの知人に思いを馳せたり、気温や天気の差から南北に長い日本列島を頭の中に思い浮かべたり、いわば脳トレになります。私自身もそれを意識してもらえるように、大きな温度差や気象の記録などを随時紹介しています。テレビやインターネットからなら自ら選ぶことはない情報が、新たな発見になることもあります。

近年はスマートフォンの普及で、高齢の方もインターネットの気象情報や画像を見る機会が増えています。頭で先にイメージしてからインターネットを見ると、自分の想像との答え合わせもできます。特に雨雲レーダーや時系列の天気予報などを補ってもらえます。

日ごろからラジオを聴いて慣れ親しんでいる声があると、非常時の安心につながるようです。暗い部屋に一人でいても、ラジオからいつもの声が聴こえて、その情報が信頼できると思えたら、少し心強くなれるのではないでしょうか。ラジオで気象情報を伝えることは難しいですが、音声だけで安心を伝えられるように努めていこうと思っています。

ラジオで天気予報を伝えること……早朝5時から伝えるために

ここで、早朝の全国向けの天気予報を伝えるためのスケジュールなどをご紹介します。

朝5時前後に気象庁からの全国の天気予報が入り、荒天時は気象情報や注警報が発表され、雨量や気温などの気象実況が更新されます。

いちばん情報が混み合う時間帯に10分程度で5時14分ごろから3分間の本番に向けて原稿を作成します。原稿というよりメモ書きです。しかも記号や数字と殴り書きの文字です。文章になっていないものを読み上げるので、内心ハラハラです。つっかえると「アナウンサーはしっかり読んでいるのに伊藤さんは下手だ」というご意見が届き、心が折れることもあります。

ただ、それ以上にやりがいやありがたみを感じるのが、多くのリスナーの皆さんとのやりとりや「伊藤さんの解説はわかりやすい」というお声と、現場の出演者やスタッフのみなさんが見守って協力して下さることです。

以前はメールや郵便でのやりとりでしたが、今はスマホの普及からリアルタイムでリスナーさんからの反応が届きます。これが気象解説にとって非常に役に立っているのです。気象庁の観測網では**雪を観測する地点が少なく**、場所によって雨か雪の判別が難しいからです。

以前はSNSでたとえば「千葉・雪」と検索して見知らぬ方の投稿を見て、その人達が本当に千葉にいるか、日ごろから信頼できそうな投稿をしているかを確認して「千葉は雪のようだ」と判断していました。ところが今では「東京は雨です。皆さんの所はいかがですか？」と発信すると、各地から「雪」「雨」などの反応が届きます。

常連さんともなると、お目にかかったことはありませんが、背格好や

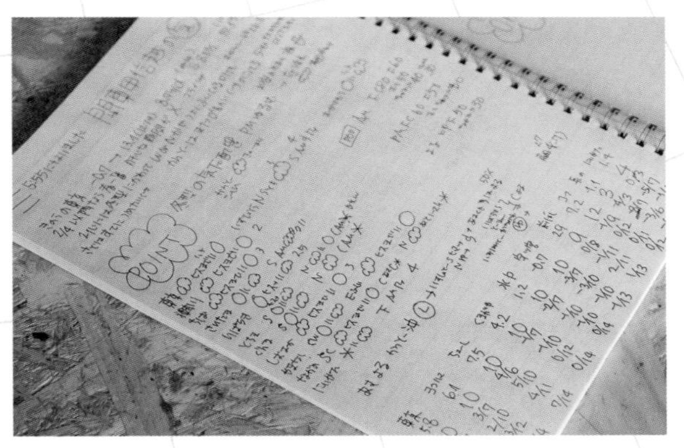

仕事道具

ノートに放送用のネタ・データ・天気予報・ポイントなどを書き込んで、朝5時から8時半までの9回程度の出番に臨む。ここから次々入る気象情報や雨量のデータ、リスナーさんからの反応などを書き入れて、次の放送時間に備えるため、ほかの人には解読不能な状態になってしまう。このノート1枚分を15分弱で記入し、5分間「関東甲信越の気象情報」を話している。ノートの利点は、①手を動かすことで暗記できる②ポイントがひと目でわかる③急な出演時間の変更にも対応できる④片目で時計やパソコンを見られるサイズ感。

これまで作った事例解析

日々の天気予報を伝えていると、予報が外れた日や大きな災害が発生してしまった日が存在する。2000年から日本気象協会に所属した10年間で先輩方に外れた理由を教えてもらったことなどを自分なりに沢山まとめてきた。アナログだが、手を動かすことで記憶に残り、次の解説に役立つ。さらに5年間ぐらい作成を続けたことで、これらの引き出しから似たような例を説明できるようになった。時代の流れとともに、今はブログなどデジタルにまとめるようになった。

日々の行動などが目に浮かぶようになっていて、愛知で大雨というと「あの方は大丈夫か」、岩手で冷え込みというと「あの方は寒いだろう」と勝手に思いを馳せながら話すようになっています。

できるだけ多くの方とつながりたいので、日ごろから季節感を共有しようと、桜やキンモクセイのパトロール（開花状況をSNS上で報告しあうこと）をしたり、満月や流星群、虹など**皆で空を見上げる時間**を分かち合ったりしています。気象情報に関係ないという意見もいただきますが、季節感や空の変化を知るきっかけになっていただけたらと思っています。

こういった中で荒天になると「伊藤さんのトーンが変わっている、きょうは大変だ」と**切迫感**が届くようになってきたようです。日常があるから非日常が際立つのでは……と思いますし、リスナーさん同士の**思いやりの輪**も広がっているのも嬉しいです。

このような**日ごろ**がいざという時の安心ラジオにつながればいいなと願っています。

私の例で長々と紹介してしまいましたが、全ての伝え手がこのような想いをもって試行錯誤をしながら放送を届けています。皆さんのお耳に親しんだ番組や声を持つだけでも、いざという時の頼もしい味方になってくれるはずです。

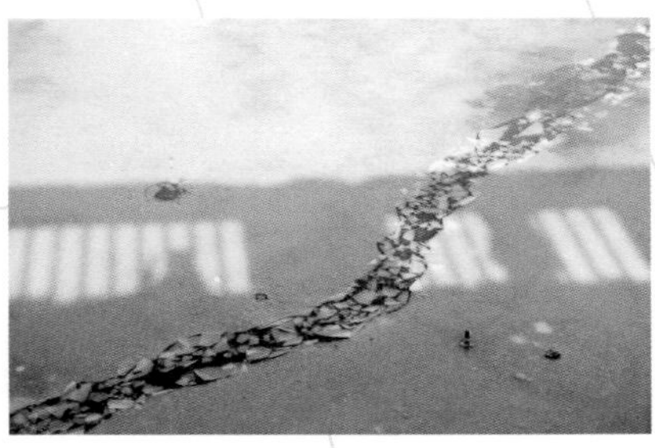

おわりに

気象キャスターはトピックスを見つけ、構成を考え、原稿を書き、読み、時間調整をすることで、①記者、②ディレクター、③出演者、④タイムキーパーの一人4役をこなしている場合があります。テレビもラジオも番組の最後の数分間の出演という場合が多いですが、その最後の数分間のための準備に数時間をかけて、臨機応変に対応できるように努めています。

私は気象予報士の資格を取るまでは、単に「晴れた空が好き」という感覚で空を眺めていました。伝える側になってから、自分が知らなかった地域の災害や、気象情報を生み出すまでの気象庁の皆さんのご苦労を知ることで自分の浅はかさを痛感しました。信頼される気象解説をするために、先輩方に追いつくために、日々の仕事で感じた点や予報が外れた点を書き出し、災害のまとめを自作するなどの経験を積み重ねました。

実は中学時代から将来の夢が「お天気お姉さん」でしたが、就職活動時には気象予報士制度も無く、フリーキャスターというポジションも無く（もちろんあってもなれるものではありませんが)、思いついたのがアナウンサーになって天気を読むということでした。アナウンス学校に通ったものの「天気予報だけやりたい」という希望では採用されるわけもなく、証券会社に就職しました。そこで株などを通して経済を知ったことも、今となっては気象解説に役立っています。

テレビのキャスターや気象番組の制作を経て、20年近くラジオで気象解説をしています。

　こちら側で見ている気象情報や空の様子を言葉に変換して投げて、受け取って下さる方々が脳内で言葉から映像に変換する……そんな「見えない相手とのキャッチボール」がやりがいです。NHKラジオを選んで聴いてくださるリスナーさんや、朝の気象情報を伝える機会を下さっている番組の制作関係者の皆さまには感謝以上の感謝でいっぱいです。

　この本の発行にあたり、きっかけを作って下さった伊藤和明先生、私の意図を組んで編集をして下さった近代消防社の三井栄志さん小林賢行さん、防災士養成講座で講師をする機会を下さった甘中繁雄さん、一部の原稿に目を通してくださった気象庁の黒良龍太さんをはじめ、日ごろから質問に答えて下さる気象庁や気象台の皆さま、今まで支えてくれた学生時代からの友人や野村證券銀座支店でお世話になった皆さま、家族はもちろん、気象予報士になって初めての職場となった株式会社ウェザーマップの森田正光さんはじめ予報士の皆さん（全くの素人からご指導いただきました）、日本テレビの正力源一郎さん、千野成子さん、木原実さんや報道・気象センターの皆さん（テレビでの情報の届け方を学ばせて頂き「主役はキャスターではなく気象情報」の言葉がその後の道標になりました）、続いて所属した日本気象協会で解説のヒントを下さった下山紀夫さん、予報士の先輩・同期とハレックスの皆さん（気象解説の楽しさと深さを教えていただきました）、初めてラジオに出演した文化放送の皆さん（ラジオで伝える楽しさを知りました）、臨時出演したニッポン放送の皆さん（時々しか出なかったのに出演を楽しみにして下さり励みになりました）、2023年現在の職場であるNHKラジオセンターの皆さん、所属している天気予報研究会や災害気象学会に感謝しています。

　この本を手にして下さった皆さまが、天気予報や空の変化、災害から身を守ることへさらに興味を持っていただけたら幸いです。どうぞこれからも安全で心豊かな日々を過ごせますようお祈りしています。

備え力がつく！　天気予報の見方聴き方

2024年1月25日　発行

著　者　伊藤みゆき
発行者　三ツ井栄志
発行所　株式会社 近代消防社
〒105-0021
東京都港区東新橋１丁目１番19号（ヤクルト本社ビル内）
TEL (03)5962-8831
FAX (03)5962-8835
URL http://www.ff-inc.co.jp
〈振替　東京 00180-5-1185〉

ISBN978-4-421-00984-2 C0044